AN ILLUSTRATED ENCYCLOPEDIA OF
TANKS OF WORLD WAR II

第二次世界大战
坦克全图鉴

二战时期各国坦克的识别指南

包括德国、日本、意大利、美国、英国、法国、苏联、瑞典、捷克斯洛伐克、
匈牙利、波兰、加拿大、澳大利亚的主力坦克与特种坦克，以及
鲜为人知的试验车与未完成的计划

谢佳鑫 编著　　王涛 绘

民主与建设出版社
·北京·

图书在版编目（CIP）数据

第二次世界大战坦克全图鉴 / 谢佳鑫编著 ；王涛绘.
北京：民主与建设出版社，2025．5．-- ISBN 978-7
-5139-4911-8

Ⅰ．E923.1-64

中国国家版本馆 CIP 数据核字第 2025BG7099 号

第二次世界大战坦克全图鉴
DI-ER CI SHIJIE DAZHAN TANKE QUAN TUJIAN

编　　著	谢佳鑫	
绘　　图	王　涛	
责任编辑	宁莲佳	
策划编辑	罗应中　顾超逸	
封面设计	王　星	
出版发行	民主与建设出版社有限责任公司	
电　　话	（010）59417749　59419778	
社　　址	北京市朝阳区宏泰东街远洋万和南区伍号公馆 4 层	
邮　　编	100102	
印　　刷	重庆亘鑫印务有限公司	
版　　次	2025 年 5 月第 1 版	
印　　次	2025 年 5 月第 1 次印刷	
开　　本	889 毫米 ×1194 毫米　1/16	
印　　张	16	
字　　数	650 千字	
书　　号	ISBN 978-7-5139-4911-8	
定　　价	169.80 元	

注：如有印、装质量问题，请与出版社联系。

序言

记得第一次接触指文图书的作品还是在高中时期，大概是2013年或2014年，是在校内书店购得了一本《二战美国陆军单兵装备》。自己开始撰写军事方面的文章则是在大学时期，比较高光的时刻应该是在2018年前后为光明网《军事科技前沿》栏目撰稿，随后又从事了《国防时报》网络端的写作工作。

2020年大学毕业后曾在北京做了半年多的军事类编导和文字编辑，后来老家有带编入伍政策，号召本科毕业生参军入伍，我便欣然投笔从戎。2023年3月退伍后歇息了一阵，大概是当年年底或2024年年初，又开始了纸媒文章的写作工作，目前已在《坦克装甲车辆》《兵工科技》《海陆空天惯性世界》《军事文摘》《兵器》《航空知识》《舰船知识》等军事期刊上发表多篇文章，另有学术论文《从核战略需求看高超声速飞行器在核领域的设计与使用趋势》入选中国国防科学技术信息学会第十六届学术年会论文集并被评为高价值论文。

编撰本书的时候总有恍如隔世之感，虽然这并非学术著作而是硬核科普作品，但十余年前的青年读者如今成为能给其他青年读者创作书籍的作者，这种成长、传承与回馈无疑是让人欣慰的。

按照我个人的出版规划，在写不动之前至少要编撰三本著作，其一是讲述军事技术如何影响军事决策（或者说是如何发挥各种兵器及技术的优势），其二是讲述战术发展历程，其三则是梳理核战略的发展历程。过去一直以为自己会从上述三个主题中选出一个率先动笔，不过世事难料，今天读者们看到的这本《第二次世界大战坦克全图鉴》就是本人编撰的第一部著作了。

我一直认为只有结合当时的技术水平、作战地域、军事理论水平等各方面因素来评价武器装备才有意义。但若依照这种思路来编纂本书，就会遇到一个相当棘手的问题：同一时代可能有好几种坦克面临着相同的外部因素，那么应该在每个坦克的条目下都把时代、环境背景讲清楚吗？如果事无巨细地介绍的话，重复内容会很多；如果不详细介绍，又容易让人看不懂。我曾尝试把背景因素的介绍完全纳入各章的总论当中，这样只需要写一遍，但难免会让读者颠倒着看。最后的结果是，在介绍各个具体型号时，主要梳理与其紧密相关、对其起直接作用的背景因素；各章的总论则尽可能从整体上梳理一国坦克的技术路径与运用理念的发展脉络，条件允许的情况下还会对比各典型型号的特点。

另外应当指出的是，本书并非凭我一人之力完成，而是一个十几人的小团队共同努力的成果。这些同志中，半数有军工类院校的求学经历，其他非科班出身者则大多有在国家级期刊上发表文章的经历。他们在资料梳理和初稿撰写方面贡献良多，在此介绍一下部分同志，并对所有参与编撰工作的同志表示由衷的感谢：

刘寰，负责德国坦克一章；
江睿，负责日本坦克一章；
费牧豪，负责意大利坦克一章；
章宸瑞，负责美国坦克一章；
周宇，负责英国坦克一章；
郭欢，负责法国坦克一章；
杨海佑，负责苏联坦克一章。

另有梁智馥、汤皓然等同志不同程度参与全书的编纂工作，这本书的完成离不开上述诸位同志的辛勤努力。同时我也要感谢诸多前辈的指引，他们除了对本书提供直接帮助外，更主要的是对我个人在军事研究和创作上提供了指引（排名不分先后）：

国防科技大学教授、中国国防科学技术信息学会常务理事付强；
《军事系统工程》期刊总编杨胜大校；
32151部队高级工程师苏兴；
原南京军区政治部季宝立大校；
中国科普作家协会国防科普专委会秘书长、原解放军出版社军事科技编辑部主任张照华大校；
指挥与控制学会秘书长助理张俊文研究员；
清华大学国际关系学系吴日强教授；
南京理工大学教授、机械工程学院火炮系副主任刘宁；
吉林大学副教授、中国航空学会直升机分会委员于显利。

当然，本书中的疏漏和不足之处皆应由我一人负责，在此欢迎读者朋友多提宝贵建议，或者单纯来聊聊天谈谈自己的看法也是极好的。总之，希望各位能喜欢这本书。

谢佳鑫

目录

▼ 法国战役期间德国国防军第 7 装甲师的二号坦克（左）与38(t)坦克（右）。

Germ

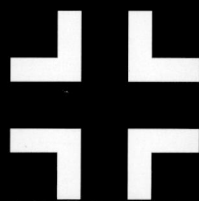

any

德　国

▲ 半履带运兵车伴随坦克机动——只有辅助兵种实现了摩托化，坦克的作战效能才能得到充分发挥。

　　第一次世界大战后，德国受《凡尔赛条约》的限制，被禁止生产坦克和开展相关的研究工作。但自1926年起德国便试图绕开上述限制，在位于国外的试验基地对坦克结构及其主要部件开展了广泛的试验研究并生产了样车。

　　尽管如此，德国军队在当时仍然很少有机会接触真正的坦克，以至于在组织运用装甲车辆的演练时不得不使用一种体积庞大、只能在公路上行驶的四轮车辆。直到1928年，包括最激进的装甲兵军官在内的大多数人都未曾见到过真正意义上的装甲战斗车辆。第一次世界大战后德国制造的首批装甲车辆，也就是一号坦克，要到1932年才开始设计。

　　生产一号坦克主要是为了满足演练的需求，古德里安将军在自己的回忆录里说道：

　　"在1932年那个时候，绝不会有人料想到，我们将来会有一天开着这种用于训练的小型坦克去与敌人作战。"

　　真正能用于作战的坦克要想投产还需要相当长的一段时间，远超军队的预期。为解燃眉之急，德国研制了一种比一号坦克更像坦克（最起码不只装备机枪），但可能并不特别适合作战使用的小坦克，这就是装备了20毫米机关炮的二号坦克。

　　虽然这两种武器几乎注定难以在战争中大显身手，但德国装甲部队在使用它们进行演练的过程中获得了宝贵的坦克运用理念，这些理念在后来的战争中大放异彩。

　　首先是将装甲兵作为地面作战的核心，古德里安的回忆录是这样描述的：

　　"坦克无论是单独使用，还是与步兵一起使用，都不会具有决定性意义。依据我对战争史的研究和英国人的演练，以及我自己利用模型所获得的经验，我坚信，除非其他兵种也具备与坦克一样的速度与越野能力，坦克——这种一直被视为只能支援其他兵种的兵器——才能最大限度地发挥应有的效力。我认为，在与所有兵种的协同行动中，坦克必须排在头等位置，其他所有兵种都必须位居坦克之后，处于辅助地位。把坦克塞入步兵师的做法是错误的，必须组建装甲师。此外，还应当在装甲师中编入各兵种，以便最大限度地发挥装甲师的效力。"

　　也就是说，在当时的技术条件下，机动能力是坦克最重要的性能指标，其次才是火力和防护，其他兵种应该作为辅助来适应这种速度而不是要求坦克慢下来等待他们。

　　为了让其他兵种能够有效配合坦克的作战节奏，在战前乃至整个第二次世界大战期间德军一直试图使这些辅助兵种实现摩托化，具体要求包括为步兵、炮兵、工兵和医疗单位配备半履带装甲车，为侦察和通信单位配备轻型坦克等。然而，由于工业生产能力的限制，这些需求始终未能得到满足，直到苏德战争时期骡马仍是后勤保障的主力军，包括重型火炮在内，很多装备的牵引都是由骡马完成的。

　　其次是集中运用装甲兵。即便战前经过紧锣密鼓的扩军备战，闪击法国时德军仍然在坦克的数量和质量上较法军相差甚远。所以，在组织和指挥方面予以弥补就成了"救赎之道"，德军将并不充裕的装甲力量组织成装甲师、装甲军这种较大的单位来集中使用，以弥补数量上的劣势。

基于指挥上的需求，德军在坦克设计中始终较为强调良好的视野和信息传输能力。

视野方面，主要是合理设置车长战位，然后就是配备更精密、放大效果更好的光学仪器（在光学仪器上德国具有得天独厚的优势）。

信息传输主要分为两个部分。

其一是跨车辆乃至跨军兵种的联络，尤其是协调空中力量对地支援。为了满足联合作战的需求，二战期间德国坦克的无线电普及率极高，甚至连最早期只配备两名乘员的一号坦克都配有无线电，其操作由驾驶员负责。这样的重视程度使装甲部队指挥员在作战中能指挥到单车。可以说在整个第二次世界大战期间，德国装甲兵在本兵种内部乃至多兵种之间的协同作战领域一直具有指挥上的优势，在苏德战场这种优势提供了很大帮助。与之形成鲜明对比的是，战争初期苏联红军装甲兵还要依赖旗语通信。

其二是车辆内部的人员沟通，坦克在作战时会产生极大的噪声，而发动机的轰鸣声本身就不小，在舱室内回响就更影响指令的传达了。车长在作战时可能还要把上半身探出车体外观察战

▲ 德国装甲兵海报，注意这名车长的耳机、喉部送话器，以及画面左侧背景中的指挥/通信车。

▲ 1942年6月20日，希特勒在奥地利圣瓦伦丁的尼伯龙根工厂视察安装了长身管75毫米炮的新型四号坦克。

▲ 巨人的战斗——德军"虎"式坦克正在碾压苏军T-34。在这张宣传画中"虎"式的比例看起来不太准确。

场情况，如果每下达一道指令就要把身子缩回来趴到乘员耳边喊叫，作战效率将会受到极大的削弱。这在一战时期不是什么紧要问题，因为当时的坦克只需要向前猛冲，碾过铁丝网，为后方步兵开辟道路，大部分作战内容都是发起战斗前确定的。但在二战中车长就需要实时指挥以应对战场上千变万化的情况了，所以德军为坦克车长们配备了喉部送话器，这种设备能贴合人体喉部直接拾取喉头振动来传递语音给接收端，即便存在强烈的外部噪声也不会影响拾音效果。

闪击波兰时，德军已经装备有一号、二号轻型坦克，三号、四号中型坦克。在波兰和法国的使用经验表明，三号坦克原有的37毫米坦克炮战斗性能较差，发射的炮弹往往无法穿透法军重型坦克的装甲，于是从1940年开始德军将三号坦克的37毫米炮换为50毫米炮以加强火力。

苏德战争爆发后，德国不断提升已有坦克在火炮威力、防护能力上的指标。1942年，四号坦克的主炮换成了43倍径75毫米火炮，这款坦克炮的原型是75毫米Pak 40反坦克炮，为了将其装进炮塔，工程师把炮管长度从46倍径缩短到43倍径。1941年年底，一号和二号轻型坦克被淘汰。1943年6月三号也

不再生产，其底盘被用于制造其他型号的特种战车，包括比较著名的三号突击炮。

这四种战前就投产的坦克在吨位上比较能代表德国装甲兵对坦克机动性的要求，为了保证机动性，其重量严格限制在24吨以内——这一重量是根据德国境内桥梁的承重能力确定的。在第二次世界大战中因战争需要诞生的多个全新坦克型号几乎完全与对机动性的追求背道而驰，批量装备部队的"黑豹"坦克、"虎"式坦克、"虎王"坦克一个比一个沉重，分别超过了40吨、50吨和60吨。

"黑豹"坦克是三种战时坦克中最有意思的一个，也是二战期间德军七种主要坦克中唯一一个具有明显"苏联血统"的型号。按照德军原定的坦克研发计划，本来会有一种20余吨的坦克作为五号坦克服役。在设计过程中苏德战争爆发了，德军忽然发现自己的对手拥有一种重30余吨、装备76.2毫米火炮、机动能力极强，名为T-34的坦克，然后一切就都被打乱了。当时德军最拿得出手的四号坦克在火力和防护能力上相比T-34完全处于下风，于是他们对新坦克提出了更高的要求，最终结果就是战斗全重从20余吨飙升到40余吨，主炮使用的70倍径的长

▲ 柏林街头一辆压塌道路陷入地下管道的"虎王"。

身管75毫米炮，车身大量采用从T-34身上学来的倾斜装甲设计以强化防御能力。

交错负重轮设计是另一个值得关注的特点（"虎"式坦克沿用了这种设计，"虎王"则有与之类似的改良设计），并且引起了后人的激烈争吵。赞赏者认为这样的设计能使坦克和装甲车辆的履带接地压强维持在一个较低的水平，从而增强了在复杂地带的通行能力，在苏德战场上的大片泥泞沼泽地带这一能力极为重要。批评者则认为这种复杂的设计本身就意味着低可靠性和更高的生产成本，维修也必然会更加烦琐。

"虎"式坦克是德军大规模列装的第一种重型坦克，其装备的88毫米坦克炮在相当长一段时间里能够击穿任何敌方车辆的装甲。在防护方面，同为战时服役的"虎"式却没有像"黑豹"一样采用倾斜装甲设计，事实上"虎"式往往被视为最能体现德国人"执拗"性格的坦克——横平竖直、棱角分明，几乎是由一个个方块和规整的圆柱体结合而成的。

即便没有倾斜装甲的加成，"虎"式坦克的实际防护能力仍在相当长一段时间里处于近乎"无敌"的状态，无论是在西欧平原还是在苏德战场它都给对手留下了足够深刻的印象。

"虎"式坦克身上比较明显地体现了德国坦克设计思路的转变——火力与防护性能的优先级逐渐上升，机动能力的重要性则逐渐降低。不可否认，"虎"式坦克的火力和防护能力使之成为一种致命的武器，还在战争史上留下了"'虎'式坦克恐惧症"这一名词，然而即便是700马力的12缸迈巴赫发动机也只能为其提供每吨12马力左右的单位重量功率，相比之下苏联的T-34是每吨19马力、美国的M4"谢尔曼"是每吨16马力。同时"虎"式坦克的耗油量惊人，油箱甚至只能支持两三个小时的推进，在高强度作战中这样的续航能力明显是不够用的。

最后列装的"虎王"坦克可以说是二战德国坦克在火力与防护上的巅峰，也是问题集中爆发的一个型号。过大的车重和过于复杂的机械设计都很成问题：接近70吨的重量让转向系统不堪重负，实战中经常突然报废；700马力的发动机也必须全速运转才能带动沉重的身躯，这又大大缩短了发动机寿命；最后，即使是在今天，大多数桥梁和道路都很难承受"虎王"的重量，在基础设施不甚良好的地区它几乎寸步难行。种种因素结合起来，因故障而损毁的"虎王"甚至比战损的还多一些。

Panzer I

轻型坦克 | 一号坦克

一战后德国大规模量产的第一型坦克

　　一号坦克是作为训练坦克设计的，其装甲非常脆弱，只有13毫米厚。尽管如此，该型坦克仍然在德国吞并莱茵河东岸、奥地利、苏台德区和波西米亚地区的过程中充当了钢铁先锋的角色，在第二次世界大战全面爆发初期也发挥了重要作用。

起源

　　德国军备发展计划的时间表安排得非常紧张，然而军方在短时间内却无法完成对坦克车组乘员的训练，德国的军工企业也需要时间来熟悉坦克的研制与生产流程。因此德国军方决定研发一款"短平快"的轻型坦克，作为大规模扩编装甲部队前的过渡装备。1931年，德国陆军军备局提出了订购一种5吨级别，装有2挺机枪的轻型坦克的要求。德国的很多军工企业，如莱茵金属、曼恩、克虏伯、亨舍尔、戴姆勒-奔驰等，纷纷拿出了自己的设计方案，可以说一号坦克是这些德国军火巨头合作的产物。这个坦克发展计划可谓"一石三鸟"：首先，新型坦克能让基层官兵获得充分的训练，也能让将领们演练当时最新的装甲作战理论。其次，坦克研发人员可以借此快速积累经验。最后，军工企业可以借此机会完成产业升级与整合。

秘密生产

　　为了躲避国际联盟的监视，德国一度与苏联签订秘密协议，在苏联境内设立德国坦克兵学校，一号坦克的样车亦被送往这里进行测试。一号坦克的量产最开始也是秘密进行的，有很多坦克都只有车体，没有安装炮塔及武器。为了掩人耳目，德国政府和企业界含糊其词地宣称："这些履带式车辆并非德国国防军名下资产，而是属于德国民间的履带式农用机械装备。"然而，德国陆军正是靠这些"农用履带拖拉机"完成了首支团级装甲部队的组建工作。1934年春季，德国政府给了德国国防军第一次驾驶全履带式装甲战斗车辆进行演习的机会。

主要变体

　　除了没有武装的训练型之外，一号坦克还有两个主要变体，分别是A型和B型。A型的车体和行走机构同训练型一样，但增加了一个装在车体右侧的机枪塔，两挺机枪并列装在机枪

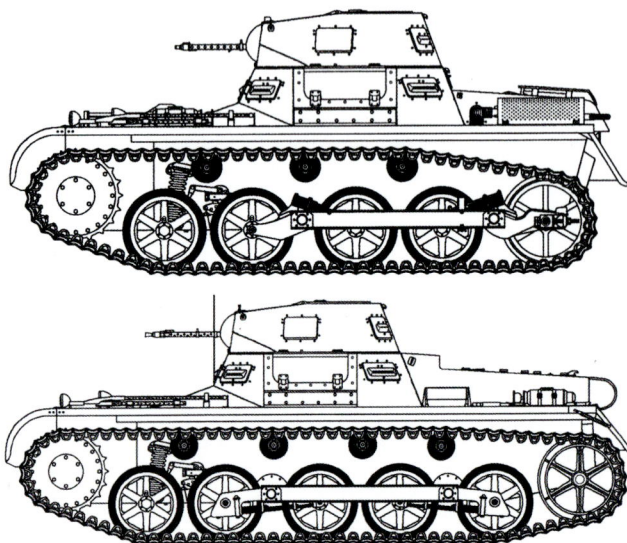

▲ 一号A型（上）与一号B型（下）行走机构有明显的不同。

塔前部的防盾上。驾驶员位于机枪塔左侧的车体内部，从车体左侧舱门进出。虽然只有两名乘员，但机枪塔和车体上分别设置了5个和6个观察窗，视野比较开阔。因为气冷发动机散热效率不佳，坦克后部发动机舱上设有两个散热格栅。为了彻底解决发动机容易过热的问题，迈巴赫公司推出了一款液冷发动机。装备新发动机的一号坦克称作一号B型，底盘比A型略长并增加了一对托带轮和一对负重轮，诱导轮不再充当负重轮。为了便于发动机散热，后部车体的散热格栅也得到了改进。

制造与服役

一号A型在1934至1936年间量产，1935年装备了3个训练用装甲师，同年在多布伦茨的检阅仪式上公开亮相。B型则从1935年生产到1937年，1935至1940年间服役于德国各一线装甲师。这两个变体共有1867个底盘，其中有1643辆是整车，另有190辆被改装为指挥坦克。一号坦克参加了西班牙内战、波兰战役和入侵法国、南斯拉夫的行动。1940年之后，它们逐渐退出各一线装甲师，作为装甲兵后备部队的训练车辆发挥余热。

基本参数（一号 B 型）	
乘员	2人
战斗全重	5.8吨
车长	4.42米
车宽	2.06米
车高	1.72米
发动机	1台迈巴赫NL38 TR直列6缸液冷汽油机（98马力）
最大速度	40千米/时
最大行程	170千米
主要武器	2挺7.92毫米MG 13K机枪（备弹2250发）
机枪塔装甲	前部13毫米、侧面13毫米、后部13毫米、顶部8毫米
车体装甲	前部13毫米、侧面13毫米、后部13毫米、顶部6毫米、底部6毫米
机枪防盾	13毫米（弧形）

Panzer II

轻型坦克｜二号坦克

一种相当可靠的应急产品

与一号坦克一样，二号坦克也是在德国撕毁《凡尔赛条约》后诞生的。它并不是一种战力非常强大的坦克，但却是德国坦克发展史上极为重要的一环。二号坦克的大规模列装对提高装甲部队基层官兵的技战术水平与作战素养起了不可磨灭的作用，也让装甲部队的各级指挥官积累了大量的实战经验，锤炼了指挥能力。对德国坦克设计人员和军工企业来说，它也是一个宝贵的"经验包"。另外，单纯从技术角度来说，二号坦克也是一款非常适合前线使用的轻型侦察坦克。

起源

德军在训练中发现，一号坦克的发动机功率较低，车载武器火力薄弱，无法满足训练中型坦克乘员的需要，因此在未来主战装备研制完成以前装备一型中型坦克乘员训练用坦克势在必行。德国陆军军备局于1934年6月要求克虏伯、亨舍尔和曼恩三家公司拿出一型10吨级训练坦克的设计方案，这种坦克要装备20毫米机关炮和同轴机枪。为了避开国际联盟的监视，新坦克以农用拖拉机的名义研发。

克虏伯公司首先完成了设计，他们的方案是一号坦克的放大版。亨舍尔公司的方案则采用6对负重轮，使用弹簧式悬挂系统。在曼恩公司的方案中，行走机构也采用与亨舍尔公司相似的设计。最后德国军方选定了曼恩公司的方案并下令由曼恩公司制造底盘，由戴姆勒-奔驰公司制造车体上层结构和炮塔。另外，博格曼公司、法莫公司和米亚格公司也参与了生产。

1935年年末，10辆预生产型，即二号a1型完成制造。该车装有一台130马力迈巴赫HL57 TR型6缸液冷汽油机，武器为一门20毫米KwK 30火炮和一挺7.92毫米MG 34同轴机枪。此后，a2、a3、b、c等预生产型相继问世，自b型开始，发动机改为140马力的迈巴赫HL62 TR汽油机，履带宽度也有所增加。

生产与服役

1937年，二号坦克的正式生产型号——A型、B型等开始量产。西班牙内战期间有15辆二号坦

克被送往战场进行试验。1938至1939年该车参加了吞并奥地利和捷克斯洛伐克的行动。1939至1940年它也是波兰战役和法国战役中的德军主力坦克。在各种行动中，它展现出了相当高的可靠性。

入侵波兰时德军共装备了1223辆二号坦克。当时大多数德军坦克营配有33辆二号坦克，坦克团则装备69辆（每个团2个营，每营33辆，团部3辆）。由于本该作为坦克战主力的三号坦克尚未大量生产，二号坦克的20毫米炮成了反坦克作战的主要火力。在战斗中二号坦克14.5毫米厚的装甲显得非常脆弱，因此后方工厂不得不为尚在生产线上的坦克增加装甲。

截至1939年年末，二号坦克已经生产了1200辆以上，其中有1092辆可用于西线作战。但由于入侵挪威的战斗占用了部分坦克，最后仅有955辆用于法国战线。这时作为德军骨干的二号坦克无论在火力方面还是在防护方面均不如对手的坦克，只能靠更先进的战术来压制对手。

基本参数（二号 F 型）	
乘员	3人
战斗全重	9.5吨
车长	4.81米
车宽	2.22米
车高	2.15米
发动机	1台迈巴赫HL62 TR直列6缸液冷汽油机（140马力）
最大速度	40千米/时
最大行程	200千米
主要武器	1门20毫米KwK 30机关炮（备弹180发）
辅助武器	1挺7.92毫米MG 34机枪
炮塔装甲	前部30毫米、侧面15毫米、后部15毫米、顶部10毫米
车体装甲	前部35毫米、侧面15毫米、后部15毫米、顶部10毫米
主炮防盾	16毫米（弧形）

　　1941年6月，入侵苏联的"巴巴罗萨行动"开始之后，德军装甲营普遍配备20～25辆二号坦克，其中每连有一个由5辆二号坦克组成的装甲排，营直属的支援排也使用二号坦克。还有一部分二号坦克强化了无线电设备，被改装成高阶装甲部队指挥官的座车。二号坦克使用的新式Pzgr 40穿甲弹初速可达997米/秒，比原来增加了50%，完全可以与同时期的苏军轻型坦克对抗。在入侵苏联初期，它通常担负肃清残敌、支援侧翼、侦察，以及要地防卫等任务。

逐渐退场

　　二号坦克虽然是闪击战开始时的主力装备，但毕竟是一种应急产品，存在先天不足。这在1941年的东线战斗中暴露无遗。1941年6至9月间，苏德战场二号坦克的损失达到了393辆，1942年上半年又损失了159辆，其防护和火力水平明显难以适应严酷的东线战场环境。1941年夏，德军曾打算对前线各装甲师的二号坦克再次进行大规模火力和防护性能升级，但后来还是放弃了这一计划。当三号和四号坦克进入稳定量产阶段时，显然没有进一步发展标准型二号坦克的必要了。因此，在1941年3月至1942年12月生产了524辆二号F型后，标准型二号坦克逐渐退出现役，到装甲兵训练学校担任教学用车去了。

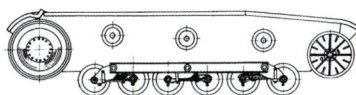

二号a型

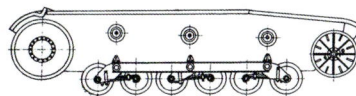

二号b型

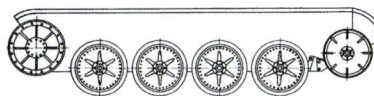

二号D型、E型

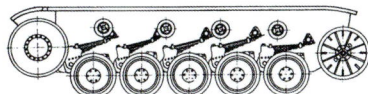

二号c型、A型、B型、C型、F型

▲ 二号坦克行走机构的演变。

Panzer III

中型坦克｜三号坦克

用于和坦克交战的"主力坦克"

基本参数（三号 L 型）

乘员	5人
战斗全重	22.3吨
车体长/全长	5.56米/6.41米
车宽	2.95米
车高	2.50米
发动机	1台迈巴赫HL120 TRM V形12缸液冷汽油机（320马力）
最大速度	40千米/时
最大行程	155千米
主要武器	1门42倍径50毫米KwK 38坦克炮/1门60倍径50毫米KwK 39坦克炮
辅助武器	2挺7.92毫米MG 34机枪
炮塔装甲	前部57毫米、侧面30毫米、后部30毫米、顶部10毫米
车体装甲	前部50毫米（＋20毫米）、侧面30毫米、后部50毫米、顶部17毫米、底部16毫米
主炮防盾	50毫米（＋20毫米）

1934至1935年间，德军要求研制一种15吨级的"主力坦克"，用于和坦克交战。曼恩、亨舍尔、戴姆勒-奔驰、克虏伯和莱茵金属等公司纷纷提出了设计方案。经初步鉴定后，军方要求前三家公司各自制造一辆样车。通过比较试验，戴姆勒-奔驰公司的"37毫米火炮坦克"方案（Vs.Kfz.619）获胜。在综合了其他样车的一些优点后，Vs.Kfz.619改称三号A型坦克。在古德里安等装甲部队指挥官的要求下，德国陆军军备局曾考虑采用50毫米坦克炮，但由于生产和后勤方面的制约，最终还是选定了37毫米坦克炮。为了平衡装甲部队的意见，炮塔预留了换装50毫米坦克炮的空间。Vs.Kfz.619的两辆无炮塔样车在1936年组装完成，分别被送往乌尔姆和库默斯多夫试验场进行测试。1937年戴姆勒-奔驰公司又生产了8辆预生产型，并给最初的2辆样车加装了炮塔。一个庞大的坦克家族的传奇故事，正是从这10辆三号A型开始的。

三号A型

如前所述，三号A型只是预生产型，仅制造了10辆。它保留了最初的设计，行走机构采用5对大直径负重轮和2对托带轮，悬挂装置的弹性元件为垂直螺旋弹簧。由于坦克乘员对这种设计评价不高，后来生产的型号再也没有采用这种行走机构。三号A型有一个安装了一门37毫米炮和两挺7.92毫米同

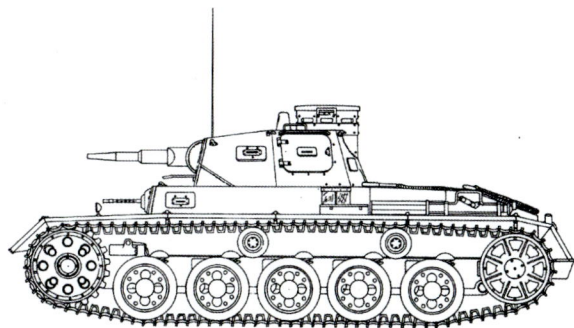

▲ 三号A型。

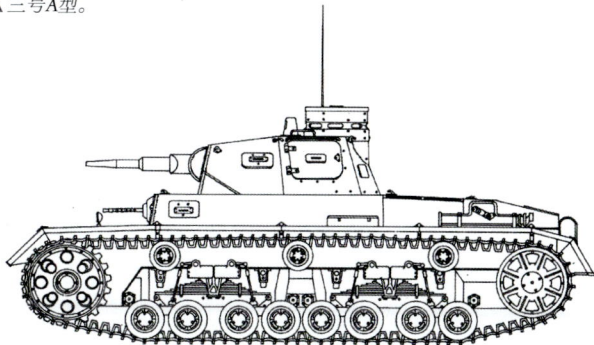

▲ 三号B型。

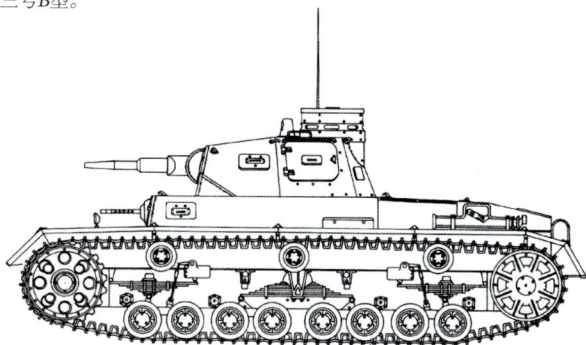

▲ 三号C型。

轴机枪的炮塔，第3挺机枪装在车体前部，由无线电员操作。它的动力来自一台V形12缸汽油发动机，通过五挡变速器传递给位于车体前部的主动轮。其15毫米厚的装甲可以保证坦克不被中口径机枪击穿。

三号B型

三号B型与A型最大的不同在于行走机构，它有8对小直径负重轮，每两个负重轮共用一个平衡臂，每两个平衡臂共用一组钢板弹簧。B型的负重轮有很大的运动行程，越野能力获得了大幅提升。另外，托带轮的数量也由两对增加到了三对。由于改变了车长指挥塔舱盖的开启方式，指挥塔的高度稍有增加。车体前部的变速器检查窗由方形改为圆形，发动机的进气口由侧开式改为上开式，无线电天线的位置略微向后移动，同时车体后部上方的布局也有所改变。

三号C型

C型的车长增加了18厘米，悬挂装置仍为钢板弹簧平衡悬挂，不过每侧的悬挂分成三组。中间4个负重轮每两个一组安

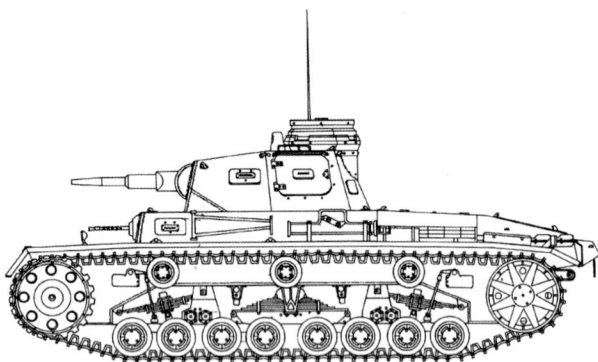

▲三号D型。

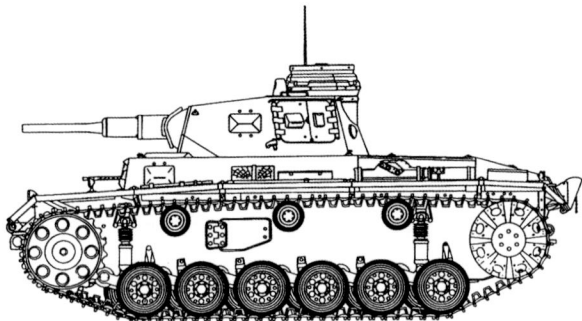

▲三号F型。

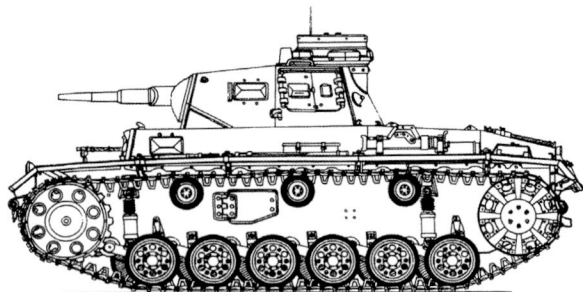

▲三号E型。

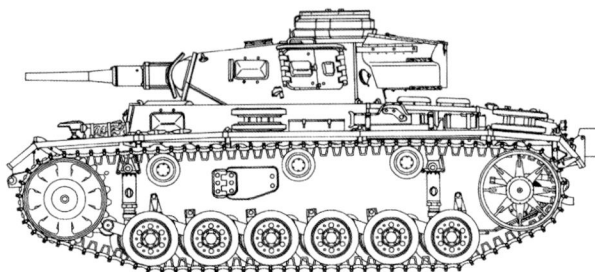

▲三号G型。

装在一个平衡臂上，两个平衡臂共用一具大型钢板弹簧。1、2号负重轮和7、8号负重轮两两一组，各安装在一个平衡臂上，每个平衡臂配有一具较短的钢板弹簧。C型的行走机构并不适合大量生产，而且极易受损，维护困难。

三号D型

D型的车长比C型增加了7厘米，炮塔正面、侧面和后部的装甲增厚到30毫米，采用了新型车长指挥塔。其行走机构与C型很相似，但采用了新的主动轮和传动装置。另外，发动机进气口重新改到车体侧面，车体左侧增加了机枪架，变速器的检查窗改为方形。D型在波兰战役结束后开始退役，但后来作为特种装甲部队的装备又参加了入侵挪威的战斗，这使其服役期延长了几个月。

三号E型

E型是三号坦克的第一个批量生产型，和D型相比负重轮减少到6对且直径略有增加，全车长度则大为缩短。它首次采用扭杆悬挂，行走机构的可靠性和可维护性都大为改观。为了提高机动性，E型安装了迈巴赫HL120 TR V形12缸液冷发动机和新的传动装置，变速器有10个前进挡和4个倒挡，载油量也从D型的300升增加到320升。最初所有的E型配备的都是37毫米主炮，但在进攻法国时这种火炮就显得火力不足了，所以1940年到1942年间它们大多换装了42倍径50毫米火炮。另外，除了车体后部以外，E型的装甲全面增加到30毫米。这个型号

在车体两侧都有逃生舱口，无线电员旁边的车体还增加了一个观察窗，炮塔后部的轻武器射击孔由方形变为圆形。

三号F型

与E型相比，F型主要改进了发动机点火系统。经过改进的发动机称为迈巴赫HL120 TRM。F型的车体、炮塔与E型基本相同，仅有几处细微差别：首先是车体前部增加了一个冷却刹车装置用的通气孔；其次是一部分F型取消了炮塔上的老式潜望镜。最初F型主要装备37毫米主炮，法国战役开始后德军对约100辆F型进行了升级，换装42倍径50毫米炮并增加了外装式火炮防盾。从1940年8月开始，所有F型都开始换装50毫米主炮并加强车体装甲。

三号G型

把以往三号坦克上的内装式防盾改为厚37毫米的外装式防盾，同轴机枪也减为1挺。G型自1940年开始生产，截至1941年2月生产了600辆，其中大部分安装的是42倍径50毫米炮和观察窗带有外置装甲保护的新型指挥塔，少部分车辆因配件不足安装了37毫米炮和老式的车长指挥塔。另外，还有一些G型被改装成热带型，车内装有冷却风扇以适应北非的作战环境。

三号H型

基于法国战役的经验，H型在30毫米厚的车体正面主装甲

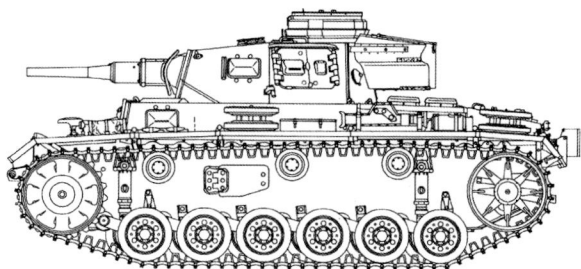

▲ 三号H型。

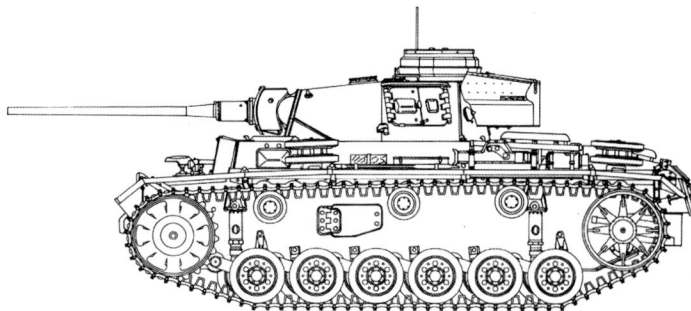

▲ 三号L型。

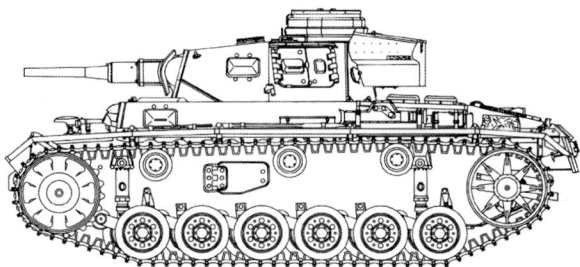

▲ 三号J型。

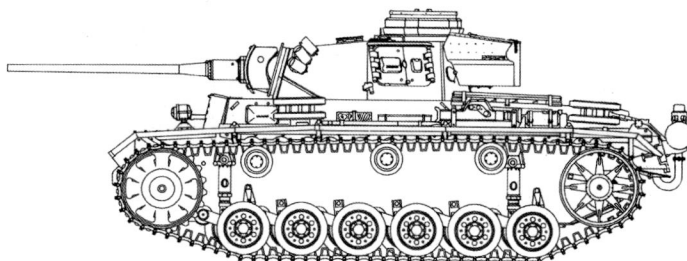

▲ 三号M型。

之外又增加了30毫米附加装甲。H型还是第一款拥有炮塔储物箱的三号坦克，不过三号坦克的其他主要变体很快都补装了储物箱。1941年时，苏军的大多数坦克炮和反坦克炮都无法击穿三号H型30毫米+30毫米厚的前装甲。

三号J型

J型是三号坦克中生产数量最多的一种，也是德军中第一型将主装甲加强到50毫米的坦克。从1942年4月起，火炮防盾和车体前上部都增加了20毫米的附加装甲。1941年3月至1942年7月，有1549辆J型安装了42倍径50毫米主炮，1941年12月至1942年7月，有1067辆J型使用60倍径50毫米主炮。

三号L型

L型的炮塔前装甲增厚至57毫米，火炮防盾正面和驾驶室正面亦安装了20毫米的附加装甲。该型取消了车身两侧的紧急逃生门、炮塔两侧的出入舱门，以及火炮防盾和炮塔侧面的观察窗。但由于生产线上的混乱，一些L型仍然保留了上述设施，这让人们很难区分挂有装甲护板、炮塔和车体侧面识别特征被挡住的J型和L型。由于战斗全重达到了22.3吨且重心靠前，三号L型的越壕能力仅有2米。

三号M型

M型是L型的细微改进版，增强了涉水能力。它重新设计了发动机进气口与排气口，密封了所有接缝，还在车体后部高处安装了截止阀，涉水深从晚期L型的0.9米增加到1.3米。此外，其炮塔两侧各安装3具发烟装置。1943年后出厂的M型还在车体和炮塔侧面加装了5毫米厚的装甲护板。有165辆M型底盘被改装成了突击炮，另有100辆M型被改装成喷火坦克。由于多种原因，最初订购的1000辆M型最后只有250辆完成，主要用于补充前线部队的日常损耗。

三号N型

N型于1942年6月投产，基本结构同J、L、M型相同，但主炮更换为24倍径75毫米火炮。这种火炮不仅能发射高爆弹执行火力支援任务，还能发射成型装药破甲弹对付装甲目标，反装甲能力优于长身管的50毫米炮。除了全新生产的之外，也有部分N型是用J型、L型、M型，以及其他战损三号的底盘改装而成。1943年3月之后出厂的N型都在炮塔和车体两侧装上了装甲护板。

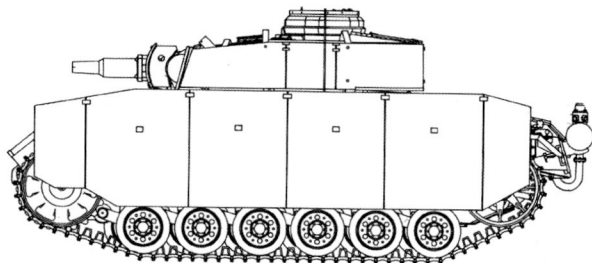

▲ 三号N型。

Panzer IV

中型坦克｜四号坦克

"忠诚的军马"，二战期间产量最大的德国坦克

20世纪30年代，以古德里安为首的一批德军军官开始计划未来战争中德国坦克的装备与使用，最后决定研制两种坦克：一种安装高初速反坦克炮，主要用来打击坚固目标和坦克；另一种使用口径更大的榴弹炮，主要用于支援步兵作战。前者的代号为ZW，后来发展为三号坦克，后者的代号为BW，后来发展为四号坦克。德国陆军军备局提出了BW的指标后，莱茵金属公司和克虏伯公司各自制造了样车，后来曼恩公司也接到了同样的要求。1936年4月，陆军军备局决定采用克虏伯公司的方案，将其定名为四号坦克，并开始进行小批量生产。

四号A型

A型是四号坦克的最初生产型号，带有预生产性质，主要用于部队试验。值得一提的是，在1937年10月1日的德国陆军装备表中，有61辆四号坦克在役，但此时尚无任何量产型四号坦克服役，所以只能把这个数字作为预先编制来考虑。

四号A型的行走机构采用了主动轮在前、诱导轮在后的布置方式，每侧有8个负重轮和4个托带轮，每两个负重轮由一套钢板弹簧悬挂装置支撑。动力来自一台迈巴赫HL108 TR液冷汽油发动机，配有5挡变速器。

炮塔配有一套辅助动力系统以提高转动速度，24倍径75毫米炮和一挺MG 34机枪装在火炮防盾上，另一挺机枪装在车体前部。15毫米厚的装甲可以抵抗轻武器发射的穿甲弹，乘员拥有手枪射击孔和数量众多的观察窗。驾驶员前部的车体向前突出，并且设置了右向观察窗。

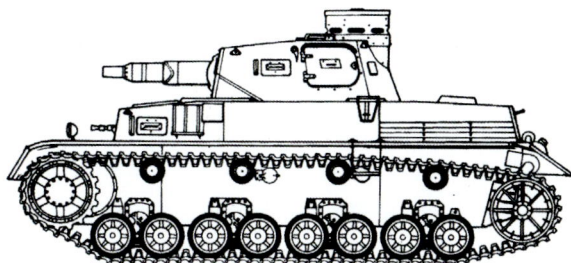

▲ 四号A型。

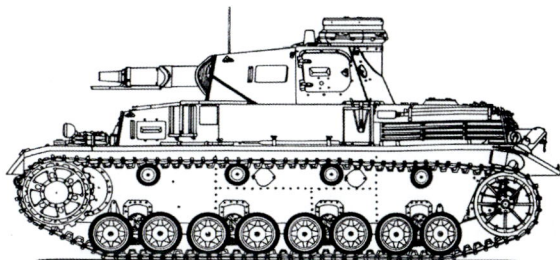

▲ 四号B型。

四号B型

四号B型于1938年4月开始生产，和A型相比炮塔、车体、发动机及变速器都有改动。

车体正面和炮塔正面的装甲都增厚至30毫米，炮塔前部被延长，火炮防盾处装甲亦增加至30毫米，但主炮俯仰角也由 -10°～ +30°缩减为 -10°～ +20°。车长指挥塔采用了新的设计，为车长观察窗加装了防护装甲。

车体前部无线电员位置向前移动，使原先驾驶室的突出部分消失，也使车体正面装甲变成整体式结构。为了增强防护能力，驾驶员位置前的观察窗被取消。无线电员的位置取消了车体机枪，但增加了轻武器射击孔，原来炮塔上的后向射击孔则由方形改为圆形。驾驶员和无线电员的舱盖由前后分开形式改为单开式大舱盖。

发动机换成了迈巴赫HL120 TE型，功率由四号A型的230马力增加到265马力，变速器换为ZF公司的SSG76型，带有6个前进挡和1个倒车挡。最大速度增加到了35千米/时，载油有所增加，为470升。经过改进后，四号B型的重量增加了400千克，达到了18.8吨。

四号C型

C型与B型相比几乎没有什么不同，只是给同轴机枪增加了装甲防护，炮塔外形略有修改，防护有所改善，另外天线也采用了新的材料。德军最初订购了300辆C型，但最后只完成了134辆，另有6辆底盘改造成了坦克架桥车，其余160辆的生产计划被放弃。从第41号车开始，C型采用改进了点火装置的迈巴赫HL120 TRM型发动机。1940年年底，部分C型加装了附加装甲。

基本参数（四号 G 型）	
乘员	5人
战斗全重	23.6吨
车体长/全长	6.63米/7.02米
车宽	2.88米
车高	2.68米
发动机	1台迈巴赫HL120 TRM V形12缸液冷汽油机（320马力）
最大速度	42千米/时
最大行程	210千米
主要武器	1门43倍径75毫米KwK 40坦克炮/1门48倍径75毫米KwK 40坦克炮（备弹87发）
辅助武器	2挺7.92毫米MG 34机枪（备弹3150发）
炮塔装甲	前部50毫米、侧面30毫米、后部30毫米、顶部8～10毫米
车体装甲	前部80毫米（50毫米＋30毫米）、侧面20～30毫米、后部20毫米、顶部10毫米、底部10毫米
主炮防盾	50毫米

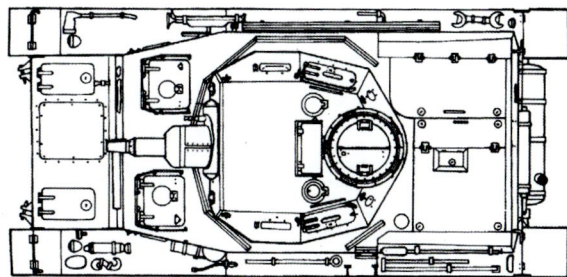

▲ 四号C型。

四号D型

D型全面强化了车体、炮塔与火炮防盾装甲，车体前部重新改为驾驶室向前突出的样式，不仅恢复了车体机枪，还在驾驶员右侧增加了手枪射击孔，炮塔上则安装了新式KZF 2型潜望瞄准镜。驾驶员和无线电员前部的车体增设了30毫米的附加装甲。发动机的进气、排气管道也经过重新设计，提高了进排气效率，另外车上还加装了发烟筒。1938年1月，克虏伯公司得到248辆四号D型的订单，但最后只完成了229辆。另有19辆底盘被改装成了16辆架桥车、2辆自行火炮和1辆"卡尔"重型臼炮。

四号E型

1940年9月至1941年4月，共有223辆E型走下生产线。E型与D型基本相同，但根据法国战役的经验进行了部分改进。E型有一个新设计的车长指挥塔，增加了防护能力。除了部分早期生产的车辆之外，所有E型都在车体前部和侧面加装了30毫米的附加装甲。行动装置的变化包括改进了主动轮，更新了驾驶盘等，发动机排气口也增加了装甲防护。另外该型还取消了炮塔顶部的长方形换气窗，取而代之的是强制排风系统。

四号F1型

F1型的车体和炮塔前部装甲增加到50毫米，车体侧面装甲增至30毫米，取消了附加装甲。为了便于生产，无线电员和驾驶员的位置又回到了同一平面上，球形机枪座也改为专用于50毫米装甲的形式。为了提高机动能力，履带宽度从380毫米增加到400毫米。该型的其他改变还有，驾驶员所用的双目式

潜望镜改为新的KFF 2型，炮塔侧面舱口由单向开合改为前后开合形式，炮塔后部的手枪射击孔改为三角锥形，机枪弹携带数量增至3192发，等等。1941年4月至1942年3月，共有462辆F1型完成生产。

四号F2型

1941年11月18日，德军决定给四号坦克换装当时正在研制的43倍径75毫米KwK 40坦克炮，以应对东线战场上T-34的威胁。原定搭载这种火炮的四号G型研制进度不如预期，于是德国人先为F型换装该火炮用来应急，这种车型称作四号F2。为了适配新火炮及其弹药，四号F2换装了TZF 5f型瞄准镜，修改了火炮高低机和炮塔手动旋转装置，调整了车长和炮长的座椅以腾出更多的空间。

四号G型

开始生产3个月后，四号F2型更名为四号G型。从1942年6月开始，部分G型在车体前部增加了30毫米厚的附加装甲，最后至少有900辆以上完成了这种改装。同样是在1942年夏天，G型开始安装新的炮口制退器，由原来的单气室式变为双气室式。1942年秋季以后的生产型上发动机采用了易于在寒冷天气下启动的冷却水交换装置，可将其他车上的温水迅速换到自己车上。1943年1月之后，为了增强正面防御能力，G型还取消了驾驶员用的KFF 2型双目潜望镜。1943年3月开始，为了对付反坦克步枪的打击，车体和炮塔侧面加挂了5～8毫米厚的装甲护板，对小口径反坦克炮也有一定的防护作用。1943年4月，主炮的炮管长度由43倍径增加至48倍

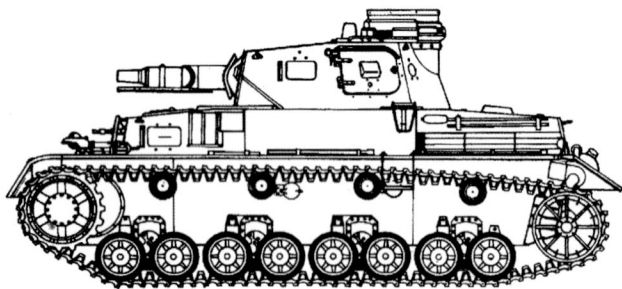

▲ 四号D型。

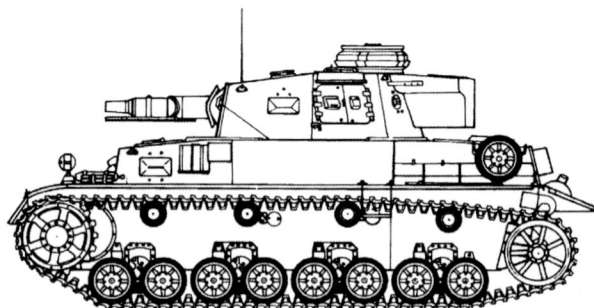

▲ 四号E型。

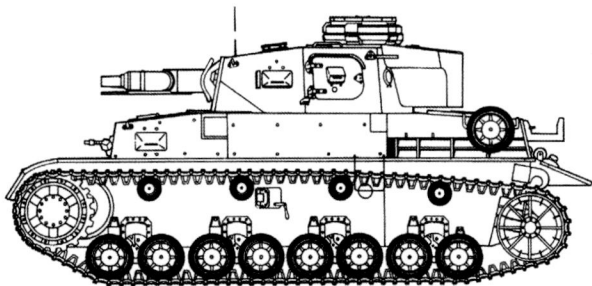

▲ 四号F1型。

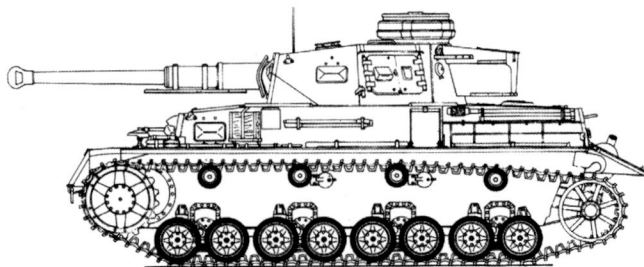

▲ 四号F2型。

径，初速和穿甲能力稍有提升。后期生产型上，车长指挥塔舱盖由对开式改为单向开合式。

四号H型

1943年4月至1944年7月生产了3774辆，数量为四号各型之最，可以说是四号坦克的决定版。H型与采用48倍径75毫米火炮的后期G型差别不大，但更换了变速器和负重轮，车体前部装甲由50毫米主装甲加30毫米附加装甲改为80毫米厚的整体式装甲，车长指挥塔的装甲也进行了加强，车体外挂装甲板改为网格式结构，整体防护能力大为提高。在反步兵方面，该型装备了被称作"S雷"的近战用高爆榴弹，指挥塔上还可以装高平两用机枪架。为了加强冬季作战能力，H型配有专用的雪地履带，可在相当程度上降低压强并增大抓地力。

▲ 1942年夏季苏联南部战线的四号F2型，长身管75毫米炮让它获得了同苏军T-34坦克一较高下的实力。

四号J型

J型是H型的简化版，取消了驱动炮塔旋转的电动机及其发电机，节省下来的空间内布置了200升容量的燃料箱，最大行程增加至320千米。但是这样一来炮塔只能手动旋转，极大地影响了战斗射击。1943年9月末开始，J型还涂装了"水泥"防磁装甲涂层，车重增加了大约100千克，但在确认盟军未装备磁性手雷后这道工序又于1944年9月被取消。J型的装甲基本与H型持平，但炮塔顶部由15毫米增加到了25毫米。

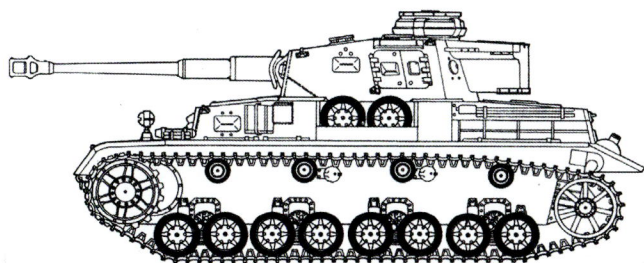

▲ 四号G型。

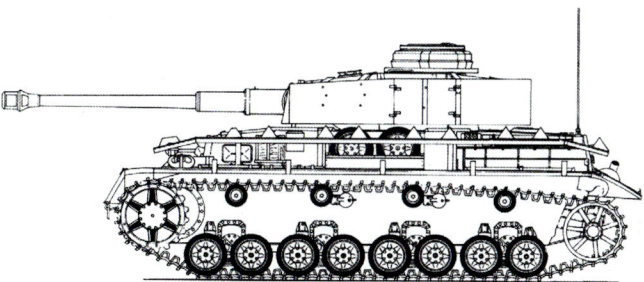

▲ 四号H型。

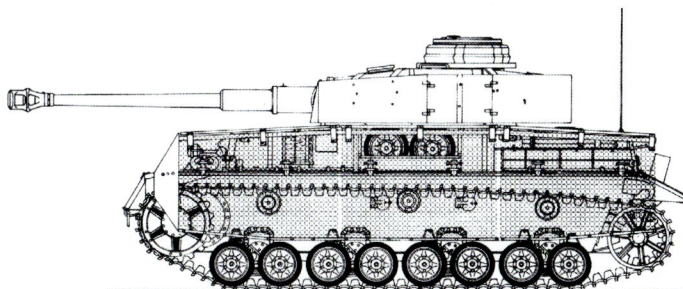

▲ 四号J型。

Panther tank

中型坦克 | "黑豹"坦克

二战期间火力、装甲、防护最均衡的德国坦克

1941年，德国入侵苏联伊始就遇到了T-34等苏军新型坦克的挑战。对俘获的T-34进行全面调查后，德军确认20吨级别的坦克是不能满足未来作战要求的，于是将原先的20吨坦克方案改为VK 30.01坦克方案，随即展开了研制30吨坦克的工作。此后，戴姆勒-奔驰公司和曼恩公司分头推进自己的研制计划——VK 30.01(D)和VK 30.01(M)。1942年3月6日，希特勒决定采用戴姆勒-奔驰公司的方案并同意订购200辆，但陆军军备局认为应该采用曼恩公司的方案。当年5月2日，尚未定型的新坦克被命名为"黑豹"。同月，在经过对比试验之后，统帅部决定以曼恩公司的方案为原型生产"黑豹"坦克。

总体设计

"黑豹"坦克的车体布置与之前的德国坦克大致相同，驾驶员和无线电员分别位于车体前部左右两侧，车体中央为炮塔吊篮，后部为动力舱。值得一提的是，在设计过程中，"黑豹"在很大程度上借鉴和参考了T-34坦克。它的车体装甲正面为60毫米（后增加至80毫米），侧面和后部均为40毫米。炮塔装甲正面为100毫米，侧面和后部均为45毫米。这些部位的装甲板皆为倾斜布置，不仅具有良好的避弹外形，也增加了等效厚度。其中，车体正面80毫米装甲的等效厚度可达140毫米，炮塔正面则约为102毫米。

动力方面，"黑豹"坦克使用一台迈巴赫公司的HL210 P30型12缸液冷发动机，功率650马力。与之相配合的是一台ZF公司的AK7200变速器，有7个前进挡和1个倒车挡。自1943年5月第251号"黑豹"D型开始，改用HL230 P30型发动机，功率增加了50马力。发动机两侧有独立的冷却装置及燃料箱——"黑豹"共有5个燃料箱，可携带730升燃料，其中130升为备用燃料。该车最大公路速度为46千米/时，最大越野速度为25千米/时，最大行程为200千米，备用燃料用以支持45千米左右的行程。

服役初期，由于焊接质量不过关，燃料经常会气化并冒出燃料箱，与灼热的发动机排气管接触后起火。为此，后期车型改进了冷却装置和燃料箱设计。另外，"黑豹"在设计时就采

用了自动灭火系统，在车内温度达到160℃时可以自动喷淋灭火液三次。这种自动灭火系统总是发生误喷，因此后来又增加了手动操作装置。

"黑豹"采用扭杆式悬挂装置，交错排列的负重轮直径很大，停车时的瞬时震动很小，这有利于停车后立即瞄准射击。起初，第2和第7对负重轮的悬挂上装有减振器，后来发现这种设计没有什么效果，便在"黑豹"G型上取消了这个装置。交错式布置可以使各个负重轮均匀受力，能够减少震动和磨损，但由于系统过于复杂，可靠性和可维修性较差，冬季还经常出现负重轮被淤泥冻住使坦克瘫痪的情况。

主炮是一门来自莱茵金属公司的70倍径75毫米KwK 42坦克炮，身管寿命3000发。使用Pzgr 39/42型穿甲弹，初速可达925米/秒，在1000米距离可击穿111毫米厚的均质钢板。使用

基本参数（"黑豹"G型）	
乘员	5人
战斗全重	45.5吨
车体长/全长	6.87米/8.66米
车宽	3.42米
车高	2.99米
发动机	1台迈巴赫HL230 P30 V形12缸液冷汽油机（700马力）
最大速度	46千米/时
最大行程	200千米
主要武器	1门75毫米KwK 42坦克炮（备弹82发）
辅助武器	2挺7.92毫米MG 34机枪（备弹5100发）
炮塔装甲	前部100毫米、侧面45毫米、后部45毫米、顶部16毫米
车体装甲	前部50~80毫米、侧面40~50毫米、后部40毫米、顶部16毫米、底部16~25毫米
主炮防盾	110毫米/弧形

Pzgr 40/42型钨芯穿甲弹，初速为1120米/秒，1000米距离穿甲能力为149毫米。但由于钨的供应量太小，钨芯穿甲弹的数量并不太多，每辆车仅有几发。起初这门主炮使用标准的TZF 12型双目瞄准镜，在A型的生产中改为TZF 12a型单目瞄准镜。该车通常载有穿甲弹、榴弹和烟幕弹，共计79发（A/D型）或82发（G型）。此外，7.92毫米机枪还有5100发备弹。

火炮防盾是110毫米厚的铸造件，呈圆弧形。炮塔可以电动或手动转动。使用电动机转动时转速由发动机转数决定，旋转一圈需要15～93秒。手动转动时，每转动手柄一圈可使炮塔转动0.366°。两个手柄一齐转动，也要转490圈才能让炮塔旋回一周，大概要花4分钟时间。

"黑豹"D型

D型是"黑豹"的第一个生产型，实际车重为44.8吨，大大超过了设计重量。其构造和原型车略有区别：车长指挥塔内移，取消了突出于炮塔侧面的部分；车体右前方增加了一个无线电员用的机枪射击孔；炮塔左侧增加了一个联络用的小舱

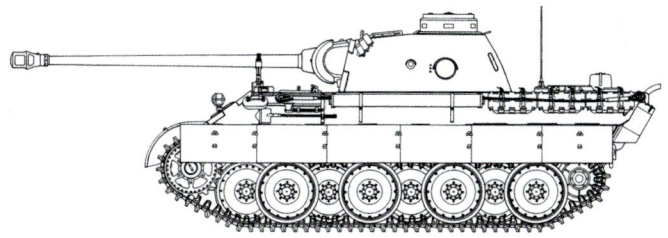

▲ "黑豹"D型。

口，后部也加设了逃生舱口。在初期生产过程中，厂方根据前线部队的反馈不断对该车进行修改，比如对燃料箱进行再焊接、增设换气孔、采用行星式变速器、给车长指挥塔加装TSR 1潜望镜，等等。

"黑豹"D型大量使用倾斜装甲，唯一的垂直装甲板是位置较低的车体下层侧面装甲。1942年秋以后车体首上装甲厚度由60毫米增加到80毫米，但曼恩生产的前20辆车使用的还是60毫米的车体首上装甲。70倍径75毫米KwK 42坦克炮和同轴机枪安置在弧形防盾后面，炮塔两侧和后部还设置了轻武器射击

孔。车体首上没有车体机枪基座，但有一个有装甲盖板保护的狭窄开口，车体机枪是通过这个开口向外射击的。驾驶员舱口为驾驶员提供了良好的观察视野，不过当舱口关闭时驾驶员就不得不用车体正面的观察窗来感知车外环境了。

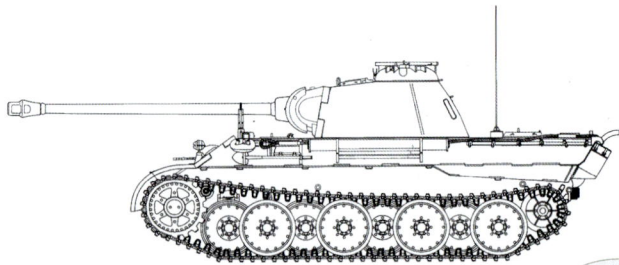

▲ "黑豹"A型。

"黑豹"A型

1943年，"黑豹"D型刚刚投入生产不久，军方就要求厂家提供改进炮塔的型号，这就是后来的"黑豹"A型。A型是"黑豹"的第二个量产型号，总体设计和D型一致，不过在炮塔内增设了L48型液压旋转装置并简化了炮塔正面和侧面装甲板的连接方式，还改进了原设计中防护和视野都不甚理想的车长指挥塔，并在塔顶焊接了一个高射机枪架。此外，车体首上装甲厚度也由原先的60毫米增加到80毫米。

自1943年11月起，"黑豹"A型用TZF 12a单目瞄准镜取代了原来的TZF 12双目瞄准镜。同年9月起，所有产品都涂上了防磁"水泥"涂层。1943年12月以后的A型大多装备了反步兵高爆榴弹。自1944年2月起，发动机装上了强制启动装置用来应付东线的寒冷天气。1944年，军备局还打算在指挥塔上装配红外夜视仪，但后来取消了这一计划。在生产过程中，还有部分A型在无线电员位置前装上了球形机枪座。

▲ 安装在"黑豹"G型车长指挥塔上的红外夜视装置。

"黑豹"G型

这是"黑豹"系列的第三个生产型。该车的车体上层侧面装甲从原先的2块组合式改为整体式，厚度从40毫米增加至50毫米，并且扩大了保护面积，但倾斜角度从40°减小到30°，这样的改造增加了305千克重量。同时，车体下部装甲从30～60毫米削减为25～50毫米，省去了250千克的重量。为加强车体正面的防护，驾驶员观察窗被取消，代之以一个可旋转的潜望镜。出于抵御燃烧瓶和弹片攻击的考量，发动机舱口被缩小。另外，G型还首次安装了有3毫米装甲保护的专用弹药舱。

G型采用了操作更简单的驾驶装置，并且为侧减速器加装

了冷却设备。在进行开舱驾驶时，驾驶员的座椅可以升起。行走机构基本没有变化，但在后来生产的车辆上取消了减振器。1944年9月生产了一批使用钢缘负重轮的车辆，这种负重轮计划用在1945年开始生产的F型上。当年10月起，车上还安装了个人加热系统和新的不会喷出火焰的排气管。

从1944年8月生产的"黑豹"G型开始，涂装改为三色斑点迷彩。9月，"水泥"防磁装甲被取消，火炮防盾面积增大以掩盖"窝弹区"的位置。也是在这个月，"黑豹"G型开始装备红外夜视装置。这套系统包括一个测距仪、一个200瓦功率的红外夜视瞄准镜和一个200瓦功率的主动红外线大灯。在夜间晴朗天气下可以看到600米外的目标。车长、炮长、驾驶员每人都可以配备一套这样的系统，夜间作战能力相当强悍。

Tiger I

重型坦克｜"虎"式坦克

最具传奇色彩的德国坦克

早在二战爆发前的1935年，德国陆军军备局就着眼于未来重型坦克的性能要求，下令研制600马力级别的大功率发动机。1937年，陆军军备局还要求亨舍尔、曼恩、戴姆勒-奔驰三家公司研制一型30吨级别的重型坦克，这就是"虎"式坦克的起源。

保时捷"虎"与亨舍尔"虎"

面对陆军军备局的要求，亨舍尔公司在DW2坦克的基础上增厚了装甲，加宽了履带，并改进了行走机构，制造了3辆样车和8辆预生产型车。随后，亨舍尔公司又在其基础上发展出了36吨级的VK 36.01坦克。军备局本来已经打算采购，但又于1941年5月取消了购买计划。VK 36.01仅在1941年3月和10月完成了3辆样车。接着亨舍尔公司还开启了65吨级VK 65.01坦克项目，但还没完成样车计划就被终止了。同一时期，保时捷公司也在致力于重型坦克的研制工作，先后推出了VK 30.01(P)坦克和VK 30.01(P)发展型45吨坦克，并且在电传动技术领域积累了一定的经验。

还没等最高统帅部下达命令，陆军军备局就于1940年11月12日订购了一批VK 30.01(P)坦克的发展型45吨级坦克，但希特勒命令还要再订购一批亨舍尔公司的产品，并将这批坦克

▲ 保时捷的落选样车VK 45.01(P)，今天仍然以"虎"P之名活跃在一些坦克游戏中。

命名为VK 45.01(P)和VK 45.01(H)，字母P和H分别代表保时捷公司和亨舍尔公司。

在当年2月，保时捷公司和克虏伯公司签订协议，讨论使用克虏伯88毫米高射炮的改进型作为主炮。其后克虏伯公司论证，改良型88毫米炮优于47倍径105毫米炮。同年5月，两公司签订了炮塔研制协定。另一方面，军方在对亨舍尔公司的订货要求中也写明要使用88毫米坦克炮。

保时捷公司的设计方案采用电传动，装两台101/1型10缸

310马力气冷发动机，车体外形较为庞大。在主炮选择上，本打算使用现有的88毫米炮，但东线的战斗经历表明88毫米火炮未必能压倒苏军的KV系列坦克，因此保时捷公司探讨了使用新式41型88毫米炮的可能性。不过，88毫米Flak 41火炮实在过于庞大，无法安装在VK 45.01(P)上。另一方面，苏军的T-34、KV等新型坦克极大地震撼了希特勒，他严令两公司迅速完成新坦克的研制工作以对抗苏军坦克。因此，保时捷公司决定，在头100辆量产型车上使用88毫米Flak 18火炮，然后换装Flak 41型，由克虏伯公司完成炮塔的设计工作。

1942年1月，保时捷公司还提出了自己的生产计划：当年1至6月每月生产10辆，7月12辆，8月14辆，9月起每月15辆……陆军军备局也于当年3月将VK 45.01(P)定名为六号坦克[VK 45.01(P)]且制作了编制表格，制式名称为Sd.Kfz. 181。

保时捷公司干得热火朝天的同时，亨舍尔公司也在进行着自己的研制工作。他们将已有的VK 36.01(H)方案进行了放大，把原先的75毫米炮改为88毫米Flak 18高炮，炮塔座圈直径也增加到了1850毫米，车体正面装甲超过100毫米。同时，由于舟桥承载能力的限制，还必须考虑坦克的潜渡能力。为了减轻接地压强，亨舍尔公司的VK 45.01(H)采用了宽达725毫米的kgs63/725/130型履带，致使全车宽度过大，不能直接由火车运输，必须在铁路运送前换装专门的运输用履带，这在实战中显得非常麻烦。

1942年4月26日，两公司的产品进行了对比试验。VK 45.01(P)在试验中故障频出，原本可靠性就不佳的电传动装置总是损坏，相对较为可靠的悬挂装置竟也出现了问题。最后，军备局决定将VK 45.01(H)定型为新式坦克。而已经制造的100辆VK 45.01(P)坦克底盘，有90辆被改装成了著名的"斐迪南"突击炮，3辆改为坦克抢救车，剩下的也都用作了其他类型的辅助车辆。亨舍尔公司的VK 45.01(H)虽然大为超重（计划45吨，实际54吨），但总体性能还堪用，因此投入量产。这便是六号坦克H1型，也就是"虎"式坦克。自1943年3月开始，"虎"式被称为"虎"E型坦克。在"黑豹"的放大型"虎"B投入研制后，"虎"式又被称为"虎"Ⅰ。

"虎"式初期型

初期型"虎"式于1942年8月开始量产，采用8对交错式负重轮和扭杆悬挂装置来承受54吨的车重。下部车体和上部车体以焊接工艺连接固定，上部车体增宽至盖住履带，以安装宽大的炮塔。车体侧面装有分成4部分的边裙板，后部有空气滤清器和排气管护罩。由Flak 18改进而来的88毫米KwK 36火炮和

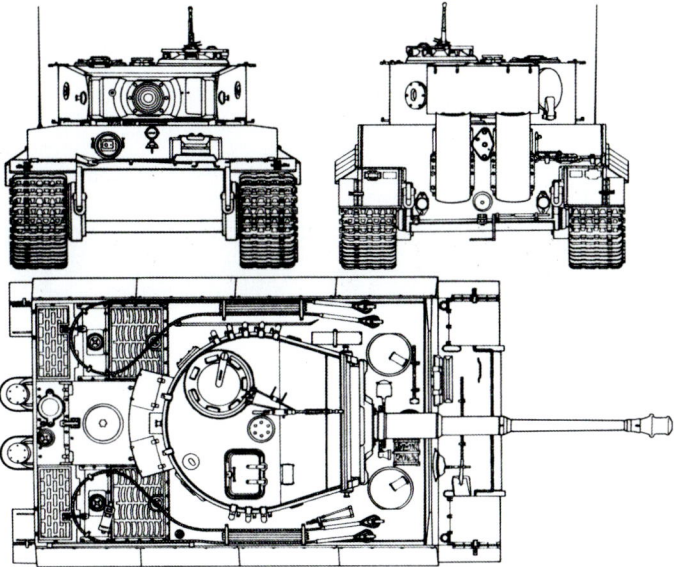

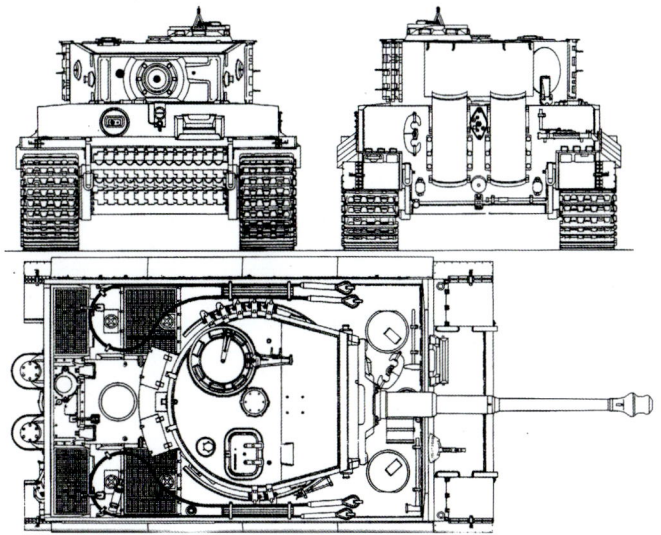

▲ "虎"式中期型。

▲ "虎"式后期型。

▲ "虎"式初期型。

MG 34机枪并列装在外部火炮防盾上，炮塔装甲板弯曲成马蹄形。炮塔后面有两个轻武器射孔，炮塔顶部有带观察缝的桶形车长指挥塔，炮塔两侧有发烟罐，后侧有用于放置备用部件的标准储物箱。尤为值得一提的是，在刚问世时"虎"式坦克的装甲相当厚，再加上使用的是含有镍铬成分的渗碳钢装甲，因此其防护能力相比同时期的对手要高得多。

"虎"式中期型

中期型"虎"式从1943年7月生产到1944年1月，最明显的特征是车长指挥塔由原来的桶形焊接式换成了半球形铸造式。新的指挥塔不仅更加低矮，而且视野更好。原先的观察缝变为7个潜望镜模块，每个模块都可独立更换。车长舱门向左后开启，防空机枪的滑动导轨被焊接在潜望镜护罩上面。炮塔右侧的轻武器射孔被取消，代之以乘员逃生舱口。为改善行驶性能，发动机由迈巴赫HL210 P45换成了迈巴赫HL230 P45，功率从650马力提升到700马力。其他变化还有，炮塔风扇移到指挥塔和填装手舱门之间、取消了炮塔两侧的烟幕弹发射装置、大灯由两具改为一具，等等。

"虎"式后期型

1944年1至8月生产的"虎"式称作后期型，生产工艺大幅简化。为了节省橡胶资源，其负重轮由胶缘负重轮变成了全钢负重轮，负重轮的布局亦由6层交错缩减为4层交错。炮塔左侧的轻武器射击孔和车体后部的空气滤清器皆被取消，瞄准镜也从中期型的双孔改成了单孔。"虎"式后期型的炮塔顶部装甲得到了加强，从25毫米提升到了40毫米。另外，填装手舱门后方安装了近战防御系统，用来发射榴弹和烟幕弹。

基本参数（"虎"式初期型）	
乘员	5人
战斗全重	54吨
车体长/全长	6.31米/8.45米
车宽	3.55米
车高	3.00米
发动机	1台迈巴赫HL210 P45 V形12缸液冷汽油机（650马力）
最大速度	38千米/时
最大行程	140千米
主要武器	1门88毫米KwK 36坦克炮
辅助武器	2挺7.92毫米MG 34机枪
炮塔装甲	前部100毫米、侧面45毫米、后部45毫米、顶部25毫米
车体装甲	前部100毫米、侧面60～80毫米、后部80毫米、顶部25毫米、底部25毫米
火炮防盾	100～120毫米

Tiger II

重型坦克｜"虎王"坦克

浪费战争资源的钢铁巨兽

从二战中期开始，德国为了提升坦克的战斗性能，采取了直线放大式的设计思路，导致车重节节攀升。坦克超重给作战部队带来了数不尽的麻烦，不过也迫使研发人员苦心研究重型车辆的动力与传动系统，并在纸面上取得了长足的进步。"虎王"就是其中一项成果，它采用了很多德国在二战末期获得的高新技术，但随着德国的节节败退，希特勒将希望寄托于各种稀奇古怪的新武器，"虎王"获得的研发资源并不算多。总的来说，"虎王"的防御力和火力远优于欧美盟军和苏联红军的各型坦克，但机动性太差，故障率太高，完备率与可修复性都很低。而且"虎王"相当耗费战争资源，生产数量很少，对战局的发展起不到什么关键作用，更无法改变纳粹德国的命运。

起源

1941年5月，希特勒召开的一次军事会议上，新式重型坦克的发展计划被正式提出。军方要求其具有能击穿敌人坦克的强大火力和敌人坦克无法击穿的厚实装甲。1943年1月，根据军方要求，一种取代"虎"式坦克的新式重型坦克的设计工作开始了。希特勒要求将其首上装甲加厚到150毫米，同时装上火力更强的坦克炮——在"虎"式坦克56倍径88毫米坦克炮的基础上，德国人发展出了身管更长、威力更大的71倍径88毫米坦克炮。最初陆军军备局责成保时捷、亨舍尔和曼恩着手设计，最终由位于卡塞尔的亨舍尔公司和位于斯图加特的保时捷公司来研发、竞争。1943年12月，德国陆军军备局审查评估后确定选用亨舍尔公司的VK 45.03（H）样车正式投产，定名为"孟加拉虎"（Königstiger），后被盟军讹传为"虎王"（King tiger）。

总体设计

"虎王"采用炮塔中置、动力舱后置的总体布局，车体和炮塔为焊接结构。其防护能力受到了德国军工部门的高度重视，车体首上装甲厚达150毫米，炮塔正面也有60～100毫米（保时捷炮塔）或180毫米（亨舍尔炮塔），并且车体与炮塔均有倾角或弧度，防护性能极其优异。

"虎王"有两种炮塔，早期生产型安装的是防盾呈弯曲状、车长指挥塔向左侧突出的保时捷炮塔（实际上由克虏伯公司设计）。由于保时捷炮塔存在窝弹问题，1943年12月亨舍尔公司受命设计一种新炮塔作为以后的标准炮塔。亨舍尔炮塔采用"猪头式"火炮防盾，炮塔前部为180毫米厚的平直装甲板，有9°倾斜角，侧面装甲的倾斜角度则从30°缩减为21°，车长指挥塔也不再向左突出。亨舍尔炮塔比保时捷炮塔重了1.3吨，但能多携带22发炮弹。

在火力方面，"虎王"安装了一门精度极高的KwK 43型71倍径88毫米坦克炮，身管长6.3米，装有炮口制退器，使用的弹种包括穿甲弹、破甲弹和榴弹。使用Pzgr 39-1风帽被帽穿甲时，1000米距离穿深为165毫米，2000米距离则为132毫米。发射Pzgr 40/43钨芯穿甲弹时，1000米距离的穿甲能力为193

基本参数（"虎王"坦克）	
乘员	5人
战斗全重	68.5吨（保时捷炮塔型） 69.8吨（亨舍尔炮塔型）
车体长/全长	7.38米/10.29米
车宽	3.76米
车高	3.08米
发动机	1台迈巴赫HL230 P45 V形12缸液冷汽油机（700马力）
最大速度	35千米/时
最大行程	170千米
主要武器	1门88毫米KwK 43坦克炮
辅助武器	2挺7.92毫米MG 34机枪
炮塔装甲	前部60～100毫米、侧面80毫米、后部80毫米、顶部40毫米（保时捷型） 前部180毫米、侧面80毫米、后部80毫米、顶部40毫米（亨舍尔型）
车体装甲	前部100～150毫米、侧面80毫米、后部80毫米、顶部40毫米、底部25～40毫米
火炮防盾	180毫米猪头式（亨舍尔炮塔）

毫米，2000米距离则是153毫米。火炮的高低射界为 − 8°∼ +17°，在液压系统驱动下，炮塔旋转360°需要19秒。炮弹的重量在20千克上下且长度超过1米，装填多有不便，因此"虎王"射速较慢，仅为每分钟6∼10发。最初这门火炮适配的是双目TZF 9b/1型瞄准镜，后来换装为单目TZF 9d型瞄准镜。

为缩短开发时间，"虎王"使用了与"黑豹""虎"式同系列的发动机，为迈巴赫公司的HL230 P45 V形12缸液冷汽油机，功率700马力。该发动机虽然可靠性较高，但无法为车重近70吨的"虎王"提供足够的动力。"虎王"的功重比只有10马力/吨，最大公路速度纸面上有35千米/时，实战中只能达到30千米/时，最大越野速度则只有15千米/时。和这台发动机搭配的是迈巴赫"奥尔瓦"401216B型机械式变速器，有8个前进挡和4个倒挡。此外，车上还安装了亨舍尔公司的L801型机械操纵系统。行走机构包括双扭杆独立式悬挂装置、液力减振器，以及重叠排列的800毫米直径负重轮。

技术缺陷

"虎王"坦克的大部分问题都是重量过大导致的。首先，转向控制系统负荷太大，经常突然报废。其次，发动机必须时刻保持全速运转才能带动坦克，不仅容易过热甚至熄火，还必然会极大地减损寿命并降低其可靠性。再次，发动机油耗惊人，在公路上1升油只能前进162米，即使油箱容积高达864升，其公路行程也不过170千米。归根结底，这是因为"虎

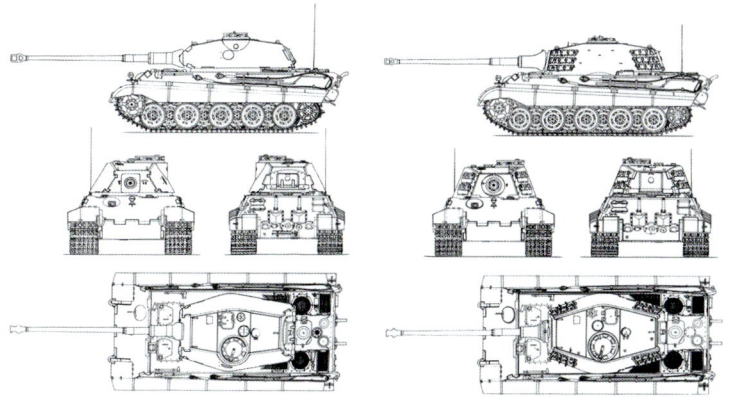

▲ 保时捷炮塔型"虎王"（左）与亨舍尔炮塔型"虎王"（右）。

王"未经过充分的测试验证便仓促投入了量产。

服役经历

1944年2月，德国国防军和武装党卫队的重装甲营都接收了"虎王"重型坦克。不过大多数的"虎王"配属在国防军，将近500辆量产型中只有约150辆属于武装党卫队。1944年，国防军第506重装甲营的"虎王"参加了荷兰的阿纳姆战役（即"市场花园行动"）。另据资料记载，有约150辆"虎王"参加了阿登战役，武装党卫队第101重装甲营（隶属"派普"战斗群）就出动了一些。在东线战场，"虎王"参与了匈牙利、波兰中部以及德国本土的战斗。

Japan 日本

▼1943年塔拉瓦岛上被车组遗弃的日军九五式轻战车。

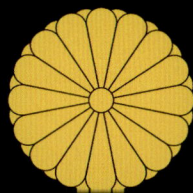

▲ 日军九四式轻装甲车和八九式中战车在远东战场某处街道上穿行。

日本是亚洲第一个真正的工业国，也是亚洲装甲力量的发祥地。要真正理解一个国家，了解其军事发展是必不可少的。如果说海军的存在表明这个国家"肢体健全"，那么陆军尤其是"装甲洪流"的存在则可以表明这个国家气息仍存。

二战结束后，德意志第三帝国灰飞烟灭，成群的"虎""豹"也在历史长河中归于沉寂。但这并不意味着德国陆军的消亡，冷战期间，西德国防军的全新"豹子"和东德人民军的苏式坦克剑拔弩张又井水不犯河水的对峙一度成为世人关注的焦点。时至今日，德国陆军仍凭借世界一流的坦克在北约体系中保有一席之地。

除了德意志第三帝国的陆军之外，随着二战结束而消失的还有日本陆军，亚洲第一支近代化军队的故事和那个军国主义扩张的历史一起画上了句号。不过重生后的日本仍然拥有一支"陆上自卫队"，仍然保有装甲力量，其战斗力甚至还相当可观。

当然，无论是当代德国国防军陆军还是日本陆上自卫队，它们在血统及文化基因上和二战期间的军队都没什么继承关系。

作为协约国的一员，日本在第一次世界大战后以战胜国的身份翻开了历史的下一页。对坦克这一于1916年初登战场，后来成为主力地面装备的新生事物，日本重工业部门和陆军给予了相当的重视。不过和一度位列世界第三的日本海军相比，日本陆军，尤其是他们的装甲部队，在历史的长河中渺小得微不足道。"大日本帝国陆军"从日俄战争的幼稚、莽撞成长到在马来亚发起令全世界瞩目的闪击战，不过用了三十八年时间。之后仅仅经过三四年，它便彻底从地球上消失了。而旧日本装甲力量的历史，在这段狂飙突进又快速消亡的故事中没占太大的比重。

这是一支矛盾的军队。一方面它能够穿越欧陆列强的夹缝探索出自己独特的发展道路，从而在战场上取得许多出其不意的胜利。另一方面，它极为保守，故步自封，思维方式滞后于时代数十年。两种极为矛盾的性质相互依存，预示着它将经历激烈的内耗。

进入20世纪30年代后期，日本开始尝试参考西方的最新设计，例如德国的二号、三号坦克，去开发在各个方面都不断进步的新型战车，一直到二战结束他们都在追赶西方同行。随着侵略战争规模的扩大，这些战车的足迹几乎遍布整个亚洲——从中国东北和蒙古的寒冷草原，到新几内亚、缅甸、东印度群岛的热带丛林。其中，九七式中战车与九五式轻战车以总计4400辆的产量撑起了日本装甲部队的"门面"。它们几乎活跃于一切日占区，是同盟国军队最常遭遇的日本坦克。

截至1939年，日军装甲部队在整体装备水平上已落后于欧洲同行，但他们仍然让装备简陋的中国军队蒙受了重大损失。日本人也逐渐在这样的胜利中迷失了自我、陷入了自大。在整整三年时间里，日军最先进的九七式中战车一直在沿用从八九

▲ 1944年，三菱重工的坦克工厂正在加班加点赶制一式中战车。

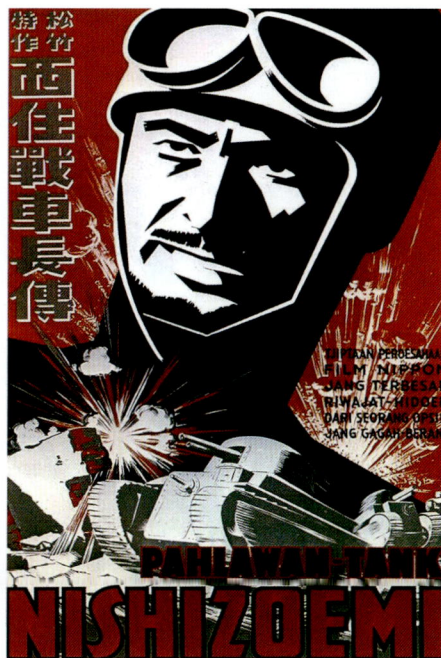

▲ 1940年，日本拍摄了战争电影《西住战车长传》美化其侵略行径。传主西住小次郎为八九式中战车车长，1938年5月17日在徐州会战中阵亡。

▲ 日本陆军战车学校1939年发布的少年战车兵招生海报，招收14至16岁，拥有高小文凭的青少年。

式中战车上继承下来的短管57毫米战车炮，这在火炮技术突飞猛进的欧洲是不可想象的。

在1939年9月的诺门罕苏日冲突中，这支装甲部队第一次品尝到了失败的苦涩。苏军的T-26步兵坦克和BT快速坦克普遍装有长身管、高穿深的45毫米20K坦克炮，射程也远超日本战车。面对这样的敌人，日本装甲部队宛如初出茅庐的"半吊子"，被狠狠修理了一番。

他们虽然在苏联人面前碰了一鼻子灰，但在和英美盟军对阵时也并非毫无建树。在1942年的马来亚战役和新加坡战役中，山下奉文麾下装备九七式中战车的"铁狮子"们，尤其是战车第3联队就表现得十分出色，作为佐伯支队的一部分，他们率先突破了英军防线，协助友军攻陷了新加坡。另一路西进的战车第2联队和战车第14联队则参加了缅甸和印度东北部的作战，他们一度将英军追赶到了今天的印度境内。事实证明，轻便的日军战车能够克服茂密的丛林和其他看似无法通行的地形，出现在需要的地方，这往往成了制胜的关键。

在广袤的太平洋上，日本陆军仅仅是海军的附属物，而后者进行了一场豪赌。日本海军1943年在太平洋上丧失优势，1944年输得一败涂地。许多隶属日本陆军或海军陆战队的坦克被部署或者说抛弃在烫手山芋一般的岛屿上，例如塔拉瓦环礁、塞班岛、硫磺岛和冲绳岛，并在二战后期参与了取胜无望、注定以"全员玉碎"告终的一系列防御作战。

南太平洋日军对美军最大规模的一次装甲突击发生在1944

年的塞班岛，当时后藤隆大佐的战车第9联队和小川幸松大佐的步兵第136联队对已经登陆的美国第6海军陆战团发起联合攻势。日军出动了总计将近60辆九七式中战车、九五式轻战车，以及一些九四式轻装甲车，在夜间对美军阵地发动了声势浩大的奇袭。虽然规模远不及同时期的欧洲战场和苏德战场，但大队装甲车辆的夜间突袭一度像1942年马来半岛的战事那样，吓跑了一些猝不及防的美军步兵。不过随着大量照明弹点亮战场，他们很快就被美军坦克、野战炮、海军舰炮和航空兵投射的地狱般的火力彻底碾碎。

这支部队的最后一战也极具戏剧性。1945年8月，关东军和日本部分"本土"防御部队手里的九七式中战车再次与苏军交战，其中驻占守岛战车第11联队的联队长池田末男大佐率领麾下以九七式和九七改中战车为主力、拥有超40辆战车的部队倾巢出动，企图趁苏军立足未稳将其赶下海去。

然而当坦克轰鸣着冲向苏军阵地时，已经登陆的苏军步兵架起了大量14.5毫米捷格加廖夫栓动反坦克枪和西蒙诺夫半自动反坦克枪。这些重型步枪发射的穿甲弹像热刀切黄油一样轻松穿透了九七式中战车的装甲，于是这批在二战中发动最后一次冲锋的钢铁战马被戏剧性地消灭在一群本该被他们碾碎的步兵手里，一如电影《战马》中蒸发在马克沁机枪枪口下的骑兵。池田和他麾下的坦克手也成了最后一批为日本军国主义殉葬的牺牲品。

Jyu-Sokosha

豆坦克 | 九二式重装甲车

日本的第一款量产战车

日本陆军在第一次世界大战中了解到了新武器"坦克"的潜力，因此在战争结束后立刻从英国进口了Mk.IV坦克，也就是著名的"菱形坦克"加以研究。1920年，千叶县陆军步兵学校的教导队被改编成了日本第一支坦克部队。当时这支部队拥有3辆法制雷诺FT轻型坦克和3辆英制"赛犬"A型坦克，全部都是进口车辆。组建装甲部队仅仅是第一步，日本虽然在列强中处于末流，但毕竟还是一个工业国，在参考外国同行经验的基础上实现战车国产化是其必由之路，日本的第一款量产战车就是九二式重装甲车。

九二式重装甲车于1932年设计，当年为日本神武纪年二千五百九十二年，因此被命名为"九二式"。当时世界各国普遍认为装甲兵肩负的是过去骑兵的职能，所以有些资料也将九二式重装甲车称作"骑兵战车"，后来的九四式和九七式两款轻装甲车也是如此。

九二式重装甲车车体长3.95米，宽1.63米，高1.86米，体积略大于后来的九四式和九七式两款轻装甲车，乘员共有车长、驾驶员和机电员三人。其装甲最厚处仅有12毫米，最薄弱处为6毫米。主要武器为一挺九一式6.5毫米机枪（前期型）。在后来的改进过程中，先后把6.5毫米机枪换成了九二式13毫米重机枪（中期型）和九四式37毫米战车炮（后期型），它们皆安装在车体前部的射击孔处。辅助武器未曾发生变化，始终为一挺安装在旋转机枪塔内的九一式6.5毫米机枪。为什么要把大口径机枪，以及火炮安装在车体上，而不是更灵活的机枪塔/炮塔上？因为九二式重装甲车的机枪塔是为九一式6.5毫米机枪量身打造的，空间过于狭小，装上更大的枪炮后难以操作。

由于皮薄馅大，作为"重装甲车"的九二式仅比后来的九四式轻装甲车重了几十千克，战斗全重仅为3.5吨。动力来自一台45马力的石川岛播摩6缸气冷汽油发动机，功率比约为12.9马力/吨。在原型车阶段的试车中，安装两挺6.5毫米机枪的九二式跑出了40千米/时的最大公路速度，换上更大更重的枪炮后速度肯定会受到影响。

从1933年到1939年，石川岛播摩重工陆续生产了167辆

九二式重装甲车。它们几乎全部编入骑兵部队并投入中国战场，参加了侵华战争中的诸多战役和苏日冲突。事实证明，该车并不是一种成功的"骑兵战车"，不仅速度不够快，越野能力也不尽如人意。诺门罕战役后不久九二式重装甲车就退居二线，转而执行巡逻、警戒等任务。

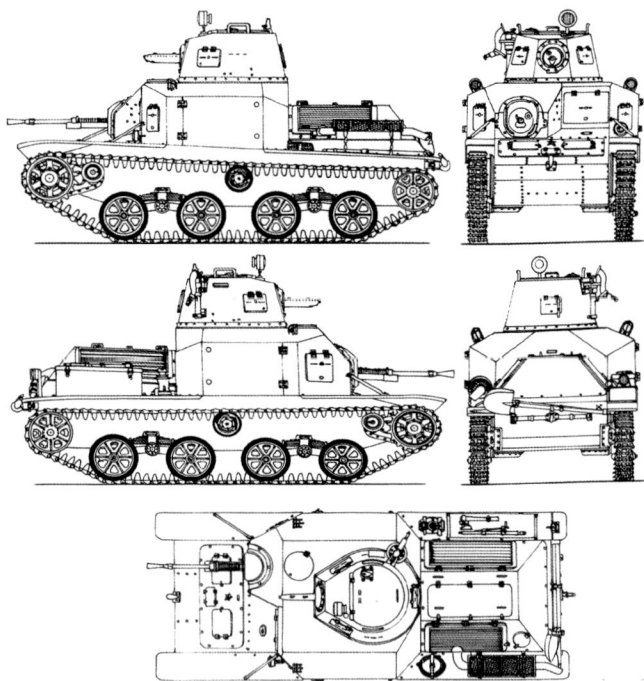

基本参数（九二式重装甲车）	
乘员	3人
战斗全重	3.5吨
车体长	3.95米
车宽	1.63米
车高	1.86米
发动机	1台石川岛播摩6缸气冷汽油机（45马力）
最大速度	40千米/时
最大行程	200千米
主要武器	1挺九一式6.5毫米机枪/1挺九二式13毫米重机枪/1门九四式37毫米战车炮
辅助武器	1挺九一式6.5毫米机枪
装甲	6～12毫米
总产量	167辆

▲ 线图所示为九二式重装甲车中期型，每侧两组悬挂装置，4个负重轮，2个托带轮。

TK

豆坦克 | 九四式轻装甲车

英制卡登 - 洛伊德超轻型战车的精神续作

　　和许多其他国家一样，日本在20世纪30年代也受到了以卡登-洛伊德Mk.Ⅵ为代表的小坦克（tankette）热潮的影响，从1932年开始研发适合执行牵引、运输、侦察、巡逻、警戒等任务的九四式轻装甲车。这种超轻型坦克被日本称作"豆坦克"（日文为"豆戦車"），前文中的九二式重装甲车和后文中的九七式轻装甲也属于此列。

　　九四式轻装甲车于1934年定型，当年为日本神武纪年二千五百九十四年，所以命名为"九四式"。它较之前的九二式重装甲车略小，车体仍然采用铆接工艺，车内有车长和驾驶员两名乘员，他们和发动机之间由吸热石棉板隔开，以免被烤焦。车长和驾驶员处都有舱门，车体后部还开有一个后门，便于乘员上下车以及与被牵引车辆联络。

　　和九二式重装甲车不同，九四式轻装甲车没有车体机枪/火炮，唯一的固定武器是一挺九一式6.5毫米机枪，安装在旋转机枪塔里，不过车体上开有手枪射击孔。九四式的装甲依然很薄弱，仅有6～12毫米厚，甚至全向都无法防御美军的12.7毫米勃朗宁M2 HB机枪。发动机为一台日野4缸气冷柴油机，输出功率48马力，功重比约为14马力/吨。在试车中跑出了40千米/时的最大公路速度，可以满足一些比较基础的侦察需要。

　　九四式轻装甲车的最主要设计用途是充当牵引车，因此每辆车都配有一个加固的拖钩。装备部队后它们则主要作为侦察车使用并肩负起了带领步兵进攻和火力支援的任务。一部分后期型九四式用新型的九七式7.7毫米车载机枪换下了老旧的九一式6.5毫米机枪。九四式轻装甲车最著名的改型是九七式轻装甲车，这是九四式车体换装更大的炮塔和37毫米火炮后的产物。截至1942年彻底停产时，九四式和九七式轻装甲车总共生产了596辆（一说557辆）。

　　1989年7月，河北省涿州市西围坨村村民王芬在大清河中发现了一辆九四式轻装甲车。1990年11月5日，该车由北京军区组织打捞出水。据当地民众和随车资料证实，这辆侵华日军的战车是在通过河上的浮桥时坠入水中的。这很可能是亚洲唯一一辆以作战状态保存下来的九四式轻装甲车。

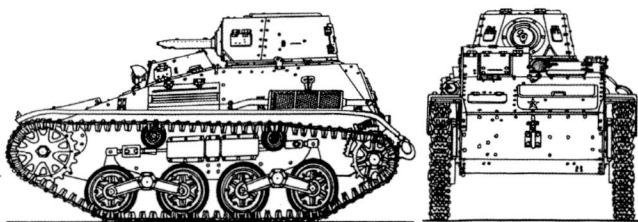

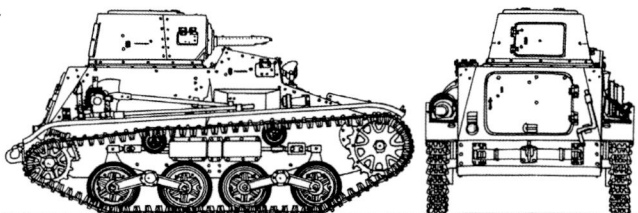

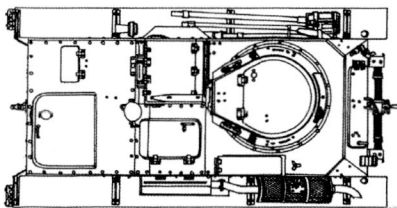

▲ 一队九四式轻装甲车正在驶过桥梁。

基本参数（九四式轻装甲车）

乘员	2人
战斗全重	3.45吨
车长	3.60米
车宽	1.62米
车高	1.63米
发动机	1台日野4缸气冷柴油机（48马力）
最大速度	40千米/时
最大行程	250千米
主要武器	1挺九一式6.5毫米机枪（早期型）/1挺九七式7.7毫米机枪（后期型）
装甲	6～12毫米
总产量	596辆（一说557辆）

Te-Ke

豆坦克｜九七式轻装甲车

拥有"怪物"级火力的装甲侦察车

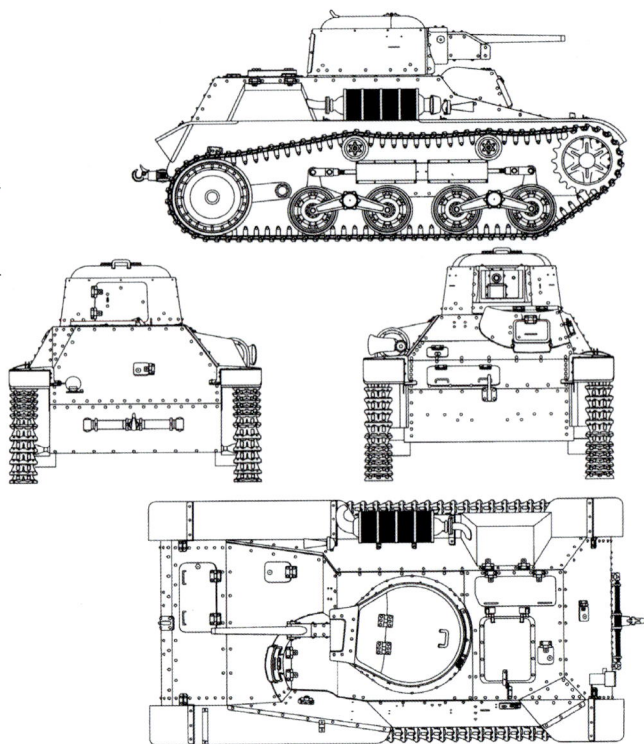

日本人在超轻型坦克领域的最后一次尝试是对九四式轻装甲车进行升级改造，由日野汽车公司负责，一门37毫米火炮取代了原来的机枪，对一款定位仍然是侦察的轻装甲车来说，这种火力已经非常强悍了。

九七式轻装甲车于日本神武纪年二千五百九十七年（公元1937年）定型，所以命名为"九七式"。战车长3.7米，宽1.8米，高1.77米，车体仍然是铆接的，车内乘员和发动机之间由吸热石棉板隔开。由于调整了传动系统和发动机的相对位置，战斗室整体向前移动，炮塔也挪到了接近车体轴线的位置。这让驾驶员和车长靠得很近，便于在嘈杂的作战环境下沟通。

九七式轻装甲车把主要武器换成了一门36.7倍径九四式37毫米战车炮，俯仰角为 - 15°～ + 20°，备弹94发。其穿甲弹初速为675～700米/秒，能在300米的距离上击穿45毫米厚的均质钢装甲，在500米距离上穿透25毫米厚的均质钢装甲。为了搭载这门火炮，九七式轻装甲车扩大了炮塔座圈，安装了更大的炮塔。这一炮塔在体积上与九五式轻战车的炮塔接近，给车组提供了相对宽敞的火炮操作空间，理论上讲能发挥出和九五式轻战车相当的效能。不过由于火炮供不应求，大概有七成的九七式轻装甲车有炮塔而无火炮，它们的主要武器是一挺九七式7.7毫米机枪。

由于换上了新炮塔和新火炮，九七式轻装甲车比九四式轻装甲车重了一吨多，战斗全重飙升到4.7吨。为了缓解炮塔增大、战车头重脚轻的问题，车尾的诱导轮直径变大了，行进时和4对负重轮一起接触地面。和九四式轻装甲车一样，九七式轻装甲车仍然使用一台48马力日野4缸气冷柴油发动机，功重比略大于10马力/吨，但在试车中却跑出了42千米/时的最大公路速度。

1938年，九七式轻装甲车全面投产，有不少是利用九四式轻装甲车的底盘翻造的。九七式轻装甲车唯一已知的改型是九八式弹药补给车，没有车载武器，可用于辅助炮兵，也可作为装甲运兵车使用。

▲ 1941年金宝战役期间的九七式轻装甲车，图中隐约能看到日军的自行车部队。

基本参数（九七式轻装甲车）	
乘员	2人
战斗全重	4.7吨
车长	3.70米
车宽	1.80米
车高	1.77米
发动机	1台日野4缸气冷柴油机（48马力）
最大速度	42千米/时
最大行程	250千米
主要武器	1门九四式37毫米战车炮/1挺九七式7.7毫米机枪
装甲	4～16毫米
总产量	596辆（一说557辆）

Ha-Go

轻型坦克 | 九五式轻战车

维克斯6吨坦克的模仿者

到1933年，随着禁锢在步兵支援定位中的八九式中战车暴露出越来越多的缺陷，日本陆军提出了对新型坦克的需求，该坦克不仅可以用于步兵支援，还可以以卡车速度进行机动攻击。八九式中战车相对沉重，速度缓慢，配备中等效率、适合支援步兵却难以击穿装甲的低速57毫米战车炮，这意味着日军需要一款轻便、快速和穿甲能力充足的坦克来弥补八九式中战车的不足。借着日本代表团赴欧洲考察克里斯蒂坦克、卡登-洛伊德坦克以及法国骑兵坦克试验方案的机会，陆军技术局还研究了欧美坦克设计中的各种概念，最终决定参考维克斯6吨坦克设计一款轻型坦克。

总体设计

九五式轻战车战斗全重为7.4吨，长4.38米，宽2.06米，高2.18米，与同时期的英国维克斯6吨坦克及苏联T-26B相仿，在日本也算是一台相当轻量的战车。其防护也相当薄弱，装甲厚度仅有6到12毫米。

主炮是一门36.7倍径九四式37毫米战车炮，源自法国霍奇基斯开发的同类产品，性能在当时可圈可点。炮塔座圈直径为1000毫米，炮塔本身呈上小下大的圆台形，内部只能容下车长一人。与许多其他早期坦克相似，车长既要指挥全车作战，又要操作火炮、装填炮弹，一个人身兼三职，工作负荷很高。其辅助武器是两挺机枪，一挺在车体左前方，由机电员控制，另一挺在炮塔后方，由车长控制。

九五式的行走机构结构比较简单，在车体两侧，两个平衡臂各支撑两个负重轮，履带由前部的主动轮驱动。相比八九式中战车，九五式轻战车的悬挂系统易于维护，但它在倾斜姿态下难以正常工作，即使在中等崎岖的地形上行驶能力也会受到严重限制。为了避免卡在中国东北的耕地田垄之间，一批在关

基本参数（九五式轻战车晚期型）	
乘员	3人
战斗全重	7.4吨
车长	4.38米
车宽	2.06米
车高	2.18米
发动机	1台三菱A6120VD4气冷柴油机（120马力）
最大速度	45千米/时
最大行程	240千米
主要武器	1门九四式37毫米战车炮
辅助武器	2挺九七式7.7毫米机枪
装甲	6～12毫米
总产量	2300辆

▲ 侵华战争期间在上海街头行进的九五式轻战车。

东军服役的九五式在平衡臂中间增加了辅助轮，是为"北满"型，它们曾在诺门罕战役中被苏军缴获。

苏联人在研究诺门罕战役中缴获的九五式轻战车时发现，车辆后部有一个看起来像螺栓一样的结构，其功能就像门铃一样。据信跟在坦克后面的步兵可以通过按下它来启动车内的警报装置，提醒车组人员他们的存在，这样就不会被突然倒车的坦克碾压。如果事实真像推测的这样，某一个批次或大部分九五式轻战车就是世界上最早具有这种功能的坦克。今天，也有一些接受了巷战适应性改装的主战坦克在车尾安装电话，方便车外的步兵单位和坦克乘员联络。

早期型号的九五式轻战车采用110马力的三菱气冷柴油机，在试车中跑出了40千米/时的最大公路速度，其辅助武器为两挺九一式6.5毫米机枪。在1938年设计修改之前，总共有100辆这样的坦克下线，它们全部装备了侵华日军，其中一些曾在臭名昭著的关东军服役。晚期型号则换装了120马力的发动机，最大公路速度提高到45千米/时左右，辅助武器则升级为2挺九七式7.7毫米机枪。

量产和服役

1935年九五式轻战车定型之后，三菱重工很快受命开始量产。不过三菱还承担着九七式中战车等车型的生产任务，九五式轻战车的生产十分缓慢，到1939年也只交付了上文提到的100辆。为了加快生产速度，陆军还向相模兵工厂、日立工业、新潟铁工、神户制钢所和小仓兵工厂下了订单。截至1942年停产时，三菱自己又生产了950辆，其他兵工厂总共生产了1250辆。

从1939年开始，九五式轻战车成为日军使用最广泛的坦克，在一些地区其存在感甚至超过了九七式中战车。不过从1943年开始它的性能就逐渐落后于美军的M3A3、M5"斯图亚特"轻型坦克，更遑论和M4"谢尔曼"中型坦克一较高下了。

随着日军在东南亚和东北亚的溃败，一批九五式轻战车成了同盟国的战利品：美国阿伯丁试验场收藏有一辆来自太平洋战场的九五式轻战车；另外至少一辆在1945年8月苏联红军进入中国东北之后被缴获，今天在库宾卡坦克博物馆展出；还有不少九五式的残骸今天仍然散布在东南亚地区。

部分在日本本土缴械的九五式车体被改装成了工程车，至少运行到20世纪70年代。目前世界上唯一一辆可以发动的九五式是泰国皇家陆军的财产，它是当年由日军转让给盟友泰国的，泰国提前退出了战争，这辆车因此逃过了同盟国的绞杀。

Ke-Ni

轻型坦克｜九八式轻战车

BT-5快速坦克的模仿者

▲ 九八式轻战车甲型。

20世纪30年代的最后几年，战间期脆弱的和平已经到了破裂前夜，列强的整军备战也进入白热化阶段。各国的有识之士纷纷意识到，未来坦克的任务不仅仅是协助步兵突破阵地，坦克和坦克之间的对决也不可避免。因此，"快速坦克"这一新的分类脱离了支援步兵的设计思路，它们放弃了厚重的装甲，速度尽可能提高以增加行动的突然性，并且配备了可以发射高速穿甲弹的高倍径主炮。德国人给坦克装上50毫米反坦克炮，苏联人则用45毫米反坦克炮武装BT-5坦克，其他国家也纷纷尝试为坦克配备37毫米、40毫米的长身管火炮，例如日本的九五式轻战车就使用了36.7倍径九四式37毫米战车炮。当然，习惯学习西方同行的日本人没有满足于九五式这个维克斯6吨坦克的模仿者。在考察过美国的克里斯蒂快速坦克后，他们又以苏联BT-5快速坦克为参照物，启动了一个新的轻型坦克计划，这就是九八式轻战车。

1938年设计（日本神武纪年二千五百九十八年）的九八式轻战车长4.11米，宽2.12米，高1.82米，战斗全重仅为7.2吨。它比九五式轻战车还轻一些，这在很大程度上得益于大量采用焊接装甲而不是铆接装甲，节约了铆钉和框架的重量。九八式的装甲仍然很薄，只有6～16毫米，不过较多地采用倾斜布局和圆弧形结构，等效厚度和避弹外形较九五式都有所加强。

九八式轻战车的主要武器是一门九八式或一〇〇式37毫米战车炮，火炮左侧有一挺九七式7.7毫米同轴机枪，炮塔安装在车体中央略靠前的部位。这是一个双人炮塔，炮长和车长分别位于炮塔左右，驾驶员则坐在车体正前方。

水平钟形曲柄悬挂是日本超轻型坦克和轻型坦克的"传家宝"，不过九八式轻战车对其进行了相当大的改良，使行驶更加平稳。九八式轻战车车体离地高度为0.35米，能够翻越0.7米高的矮墙，爬上30°的斜坡，穿越2.1米宽的壕沟，渡过0.75米深的溪流。动力来自一台改进型的三菱一〇〇式12缸气冷柴油机，输出功率可达130马力，功重比高达18马力/吨。最大公路速度50千米/时，与它的参考对象BT-5快速坦克很接近，在当时的日本战车当中算是相当快的。

除了标准的九八式甲型（Ke-Ni Ko）之外，日野汽车也在同一个项目下开发了试验性的九八式乙型（Ke-Ni Otsu）。它直接采用类似BT-5的克里斯蒂式行走机构，具有标志性的四对大直径负重轮，不过这个方案没有被采纳。

日野汽车于1939年建造了九八式原型车并进行了测试，但由于那些老旧战车的战场表现还说得过去，日军对新战车的需求并不那么迫切，所以九八式在1942年之前都没有正式投产。而在1942年战局发生变化之后，姗姗来迟的九八式面对强大的盟军装甲力量也起不了什么作用。该型车只生产了104辆，没有参加过任何作战行动。

▲ 九八式轻战车乙型。

基本参数（九八式轻战车）

乘员	3人
战斗全重	7.2吨
车长	4.11米
车宽	2.12米
车高	1.82米
发动机	1台三菱一〇〇式V形12缸气冷柴油机（130马力）
最大速度	50千米/时
最大行程	300千米
主要武器	1门九八式或一〇〇式37毫米战车炮
辅助武器	1挺九七式7.7毫米机枪
装甲	6～16毫米
总产量	104辆

Ke-Ri / Ke-Nu

轻型坦克｜三式轻战车 / 四式轻战车

日本军国主义最后的赌博

　　装备九四式37毫米战车炮的九五式轻战车一度是日本陆军装甲力量的半壁江山。但随着由"斯图亚特""谢尔曼"等坦克组成的美军新锐装甲力量走上前线，日军中再顽固的死硬分子也意识到，现有的战车根本无法和盟军坦克匹敌。此时日本本就不充裕的工业产能已经过载，因此日军不得不寻求廉价的战车升级手段。在预想的本土决战中，这些东拼西凑出来的"缝合"战车将是日军手中最后的筹码。

　　1943年，三菱重工为九五式轻战车配上了九七式中战车的九七式57毫米战车炮。当年是日本神武纪年二千六百〇三年，所以新战车被命名为"三式"。

　　九七式中战车是一款战斗全重15吨的"中型坦克"，在升级改造的过程中，那些57毫米主炮和旧炮塔一起被弃置，虽说穿甲能力不甚理想，但是相较于九五式轻战车的37毫米炮还是有一些优势的。

　　九七式57毫米战车炮是一款倍径较低、身管粗短的火炮，和倍径较高但口径、药室较小的九四式37毫米战车炮长度相仿，炮闩的体积也几乎一样。装上这门炮后，三式轻战车可以使用旧炮塔型九七式中战车的全部弹药，理论上讲火力能达到"中型坦克"的水平。

◀ 四式轻战车。

更换主炮让三式轻战车比九五式轻战车增重0.2吨。防御方面，可能是受到发动机功率或底盘通过能力的限制，相对于九五式轻战车没有任何补强。动力仍然由一台120马力的三菱A6120VD4气冷柴油机提供，功重比为15.7马力/吨。由于重量没有明显增加，最大公路速度仍然保持在45千米/时上下。

进行测试时日本人发现，论作战效能，三式轻战车的单人炮塔远不及九七式中战车的双人炮塔。其炮塔座圈直径仅为1000毫米，炮塔本身又呈上小下大的圆台形，内部空间实在是过于局促，位于炮塔内的车长不仅身兼数职，而且施展不开。

由于存在着较大缺陷，三式轻战车并未投入量产。1944年，三菱重工又推出了四式轻战车，这是对九五式轻战车的进一步改进，将炮塔座圈扩大到了1350毫米，直接安装了九七式中战车的双人炮塔。这种简单粗暴的改装确实有效，2名乘员可以在相对宽敞的空间里操作火炮，理论上可以发挥和老炮塔型九七式中战车相当的效能。

由于换上了"新"炮塔和"新"火炮，四式轻战车比九五式轻战车重了将近一吨，动力却没有得到提升，功重比降低到约14.3马力/吨，最大公路速度下降到40千米/时。此外，没有任何证据显示为适应新炮塔而改进过车体配重，这样"头重脚轻"的布局会对行驶稳定性造成什么影响还是一个未知数。

研发完成后，由于备件充足，四式轻战车很快就生产了100辆。有少量四式部署在四国地区准备应对盟军登陆，另外还有一部分部署在中国东北，至少有一辆在1945年8月苏军进入中国东北之后被缴获，今天停放在库宾卡坦克博物馆。

▲ 四式轻战车直接使用了九七式中战车的双人炮塔。

基本参数（四式轻战车）	
乘员	3人
战斗全重	8.4吨
车长	4.38米
车宽	2.06米
车高	2.18米
发动机	1台三菱A6120VD4气冷柴油机（120马力）
最大速度	40千米/时
最大行程	200千米
主要武器	1门九七式57毫米战车炮
辅助武器	2挺九七式7.7毫米机枪
装甲	6～25毫米
总产量	100辆

I-GO

中型坦克 | 八九式中战车

日本的第一种量产型中型坦克

20世纪20年代中后期，先前外购的杂色战车在装甲和火力上都已过时，而预算又不支持继续用外国战车担当主力，所以日本陆军急需自主开发战车。日本此前几乎没有装甲车辆开发经验，因此大阪陆军兵工厂参考当时较为先进的英国维克斯C型步兵坦克，研制了八九式中战车，迈出了日本自研中型坦克的第一步。

总体设计

顾名思义，八九式中战车诞生于日本神武纪年二千五百八十九年（公元1929年）。它长5.70米（甲型）或5.75米（乙型），宽2.18米，高2.56米，虽然被归类为"中战车"，但战斗全重不超过13吨，甚至比后来的美制M5"斯图亚特"轻型坦克还要轻。甲型和乙型的动力来源不同，甲型使用的是三菱公司参考英国同类产品开发的液冷汽油机，这种发动机很难适应中国东北冬季的严寒天气，因此乙型换上了三菱A6120VD4气冷柴油机。甲型和乙型在火力和装甲方面并无不同，最大公路速度也均为25千米/时。1937年之前，八九式中战车比日军中任何其他战车都要庞大，防护和武备也更好——尽管装甲只有6~17毫米厚，主炮仅为57毫米短身管火炮。它主要用于支援步兵，通常每辆可以掩护一个步兵小队。1932年上海一·二八事变爆发后，八九式中战车迅速在日军中确立了自己的地位。

中国战场

1933年，日本陆军中第一个独立的战车师团成立，由三个联队和两个中队组成，每个联队装备有十辆八九式。第二年，又成立了另外三个联队。这些战车形成了独立的编制，可以在内陆更广袤的地域投入作战。八九式最初能轻松击败中国军队的轻型坦克并压制缺乏反坦克武器的步兵。不过从20世纪30年代中后期开始，随着中国军队引进新式反坦克步枪（如13.9毫米博伊斯）和T-26B坦克，八九式中战车装甲薄弱、火力不足的弱点开始显现出来，而且仅仅和步兵同步的速度并不总是能满足实际需要。1939年时，大部分在役的八九式中战车都驻扎在中国，此时它们已经过时，开始被九五式轻战车和九七式中战车取代。

诺门罕战役

1939年，八九式中战车在诺门罕战役迎来了服役生涯中的第一次重大挫败。7月2日晚，日军战车第1联队与苏军第11、第7坦克旅发生交火。这一次共有34辆八九式中战车在哈尔金戈尔投入战斗，它们以极大的代价突破了苏军阵地。八九式的确切损失尚不清楚，可以确认的是有十几辆因遭到苏军坦克和反坦克炮的打击而损坏，但大多被成功撤出和修复。诺门罕战役结束后，日本人认为八九式中战车不再适合面对苏军坦克，因为它们速度过于缓慢，很容易被 T-26和BT系列坦克的炮长瞄准，装甲又过于薄弱，很难抵御苏制45毫米高速坦克炮的攻击。

缅印战场和太平洋战场

1941年12月太平洋战争爆发时，九七式中战车普遍服役，八九式中战车已经开始被淘汰，但仍有部分车辆在中国大陆和东南亚地区活动，其中一些在1942年年初参加了入侵菲律宾的

▲ 诺门罕战役期间的八九式中战车车组，远处可见九七式中战车。

行动，另一批则参加了马来亚战役和缅甸战役。在战线僵持的1943到1944年间，八九式转而用于防御作战，例如在荷属东印度群岛。1944年10月，战车第7联队的一批八九式中战车试图把登陆的美军推下大海以守住莱特岛。此时美军已经普遍装备了使用75毫米炮的M4"谢尔曼"中型坦克，八九式根本不是它们的对手。

最后的归宿

1945年"八月风暴行动"期间，最后一批八九式中战车在中国东北充当防御火力点，可谓垂垂老矣，垂死挣扎。至少一辆坦克在1939年诺门罕战役中或1945年8月的行动中被苏军缴获，今天在莫斯科展出。另外，一辆原本部署在菲律宾的八九式被美军缴获并停放在阿伯丁的美国陆军军械博物馆。日本也保留了两辆，一辆在茨城附近的陆上自卫队土浦驻屯地并处于可发动状态，另一辆在原陆上自卫队朝霞驻屯地的新武台兵器博物馆。

基本参数（八九式中战车）	
乘员	4人
战斗全重	12.7吨（甲型）/13吨（乙型）
车长	5.70米（甲型）/5.75米（乙型）
车宽	2.18米
车高	2.56米
发动机	1台戴姆勒式6缸液冷汽油机（100马力）（甲型） 1台三菱A6120VD4气冷柴油机（120马力）（乙型）
最大速度	25千米/时
最大行程	140千米（甲型） 170千米（乙型）
主要武器	1门九○式57毫米战车炮（备弹100发）
辅助武器	2挺九一式6.5毫米机枪（备弹2745发）
装甲	6～17毫米
总产量	404辆（其中甲型113辆、乙型291辆）

Chi-Ha

中型坦克 | 九七式中战车

二战期间日本装备最广泛的中型坦克

八九式中战车一度是日本陆军的"骄傲"，但进入20世纪30年代后期它已经无法有效应对各国推出的新一代坦克。参考了西方国家的最新设计，如德国二号坦克、三号坦克后，日本开始尝试开发一款在各个方面都胜于八九式的新型中战车。在探索性质的九七式原型车（Chi-Ni）方案被淘汰之后，九七式中战车终于在1937年定型。包括老炮塔型和新炮塔型两个子型号在内，九七式中战车总共制造了约2100辆，是日本历史上产量第二高的坦克，仅次于九五式轻战车。

总体设计

九七式中战车（Chi-Ha）长5.52米，宽2.33米，高2.23米，采用和八九式中战车、九五式轻战车相同的铆接组装工艺，装甲厚度为12～25毫米。主要武器是一门九七式57毫米战车炮，由八九式中战车使用的九○式57毫米战车炮改进而来。此外车体前部和炮塔后部各有一挺九七式7.7毫米车载机枪。截至1939年9月，该型车已经生产了大约300台并在中国大陆完成了测试。

虽然在面对中国军队时具有优势，但在1939年9月的诺门罕战役中，九七式中战车难以和苏军的T-26坦克与BT快速坦克抗衡。此役只有少量九七式中战车被编入安冈正臣中将麾下留守第三师团下属的战车第1联队。其中吉冈中尉乘坐的指挥坦克在带领进攻时首先被困在由大量高韧性钢丝组成的坦克陷阱中，一些暗中埋伏的BT-5、T-26和反坦克炮从远处击毁了这个固定靶，这是九七式中战车在战场上吃瘪的一个经典案例。此役之后九七式不

▲ 九七式中战车。

▲ 九七改中战车。

▲ 1944年6月在塞班岛被美军击毁的九七式中战车。

基本参数（九七式中战车）

乘员	4人（九七式）/5人（九七改）
战斗全重	15吨（九七式）/16.5吨（九七改）
车长	5.52米
车宽	2.33米
车高	2.23米
发动机	1台三菱 SA12200VD 12缸气冷柴油机（170马力）
最大速度	38千米/时
最大行程	210千米
主要武器	1门九七式57毫米战车炮（九七式） 1门一式47毫米战车炮（九七改）
辅助武器	2挺7.7毫米九七式机枪
装甲	12～25毫米
总产量	2092辆（其中九七式1162辆、九七改930辆）

再直面苏联装甲部队,其低倍径的九七式57毫米战车炮无论是在穿甲能力上还是在射程上都不及苏军坦克装备的45毫米20K坦克炮。

火力升级

在诺门罕战役结束后,失败战斗的报告促使日军对九七式中战车进行各种升级。采用57毫米战车炮的九七式中战车于1942年年初停产,总共交付了1162辆,接下来生产的是换装了新炮塔和新主炮的九七改中战车(Chi-Ha Kai)。

早在1938年九七式中战车开始列装的同时,陆军就开发了一种新的47毫米高速火炮。该炮身管长达2.5米,初速高达730米/秒,目的是取代九五式轻战车的九四式37毫米战车炮和它的牵引版本,对抗预期在20世纪40年代服役的苏联和英美新锐坦克。在开发新式牵引炮轮架的同时,大阪陆军兵工厂也开发了该炮的战车炮版本,它比牵引版性能更强,初速为830米/秒,射程可达6900米。到1945年战争结束时,大阪厂总共生产了2300门这样的火炮,其中相当一部分被装到了坦克上。

新47毫米炮自1938年以来一直在测试,在1940年被指定为新的主力战车炮,取代了早先的37毫米和57毫米战车炮的地位。陆军一开始称之为"新式四糎七战车炮",后来定型为"一式四糎七战车炮"。安装这种新型火炮需要对炮塔进行修改,这导致了九七式的最终改型,即九七改的问世。

九七式安装的是采用铆接工艺的双人炮塔,九七改则采用焊接三人炮塔。后者为新的47毫米火炮配备了专职装填手,乘员由4人增加到5人。换上了新炮塔和新主炮后,九七改比原来的九七式重了一吨多,战斗全重从15吨增长到16.5吨。二者的发动机相同,皆为一台三菱 SA12200VD 12缸气冷柴油机,功率为170马力。虽然此时其他国家的主流坦克大多使用汽油发动机,但柴油发动机具备一些颇具吸引力的优点——在被击中时起火的风险很低,而且燃料成本低于汽油机。此外,气冷散热可以简化结构,并且无须补充冷却水,也更能适应东北亚的严寒气候。九七式中战车的最大公路速度比其前辈八九式中战车快了不少,可达38千米/时。九七改虽然重量略有增加,但车速没有明显下降。

第一辆九七改原型车在1941年年底准备就绪。1942年初,九七改在生产线上完全取代了九七式。军方下了超过2500辆九七改的订单,但截至1943年最终停产时仅交付了930辆。这主要是由于日本工业每天都在遭受原材料短缺的困扰。不过,通过九七改获得的技术成果也在很大程度上应用到了新型坦克,如一式中战车及其衍生车型上。

服役经历

前文已经说到,九七式(及九七改)中战车与九五式轻战车是日军装甲部队的绝对主力,几乎活跃在所有日占区,它们

▲ 1945年1月17日,吕宋战役期间,一辆美军M4A3"谢尔曼"中型坦克与被击毁的九七改中战车擦肩而过。

是同盟国军队最常遇到的日本坦克。凭借较轻的重量、较好的通过性,它们往往能通过在盟军看来难以通行的地段,达到出奇制胜的效果。在马来亚、新加坡、缅甸和印度东北部的作战中,九七式都有上佳的表现。

1942年5月,在菲律宾,初出茅庐的九七改参加了科雷吉多岛战役。岛上的美菲联军力量薄弱,日本坦克以压倒性的胜利结束了战斗。

日军在太平洋丧失优势之后,许多隶属日本海军陆战队的九七式中战车被部署在战略岛屿上,二战后期它们参与了取胜无望、注定以"全员玉碎"告终的防御作战。1944年6月16日到17日夜,塞班岛战役期间,后藤隆大佐的战车第9联队和小川幸松大佐的步兵第136联队对美国第6海军陆战团发起了联合攻势,这是太平洋战场上规模最人的一次对美军的装甲突击。此次日军出动了总计将近60辆装甲车辆,九七式中战车也参与其中。结果不难预料,当照明弹亮起后,希望借助夜色发动奇袭的日军坦克悉数被击毁。

最后的挣扎

九七式中战车与九七改中战车的最后一场激烈战斗发生在位于北太平洋千岛群岛最北端、和堪察加半岛隔海相望的占守岛。1945年8月,战争的最后几天,大量缺乏装甲兵掩护和空中支援的苏军步兵登陆该岛,和岛上的超过8000名日军爆发激战。

日军战车第11联队联队长池田末男大佐率领麾下的40余辆九七式中战车和九七改中战车倾巢出动,企图趁苏军立足未稳将其赶下海去,结果迎头撞上苏联人用14.5毫米反坦克枪编织的火力网。这些重型步枪只需一两人操作就可以战斗,对付车体装甲最厚处只有25毫米的九七式和九七改绰绰有余,于是这场二战中最后的装甲冲锋结束得毫无悬念,池田和他麾下的坦克手们成了日本军国主义最后的殉葬品。

Chi-He

中型坦克 | 一式中战车

对九七式中战车的进一步升级

由于预见到九七式中战车在未来的甲弹对抗中将处于下风，日本陆军装甲部队急需获得革命性的技术进步来维持自己的地位。在这种紧迫状况下，三菱重工结合现有的工业能力和此前的作战经验，试图开发出一系列比九七式中战车性能强大，同时又能最大限度节省工本的中战车，一式中战车就是其中之一。

总体设计

随着探索性质的试制型47毫米战车炮在1941年初步完成，一式中战车的样车也在次年问世。一式中战车的尺寸与九七式中战车相仿，长5.73米，宽2.33米，高2.38米，不过在装甲板的安装上采用了当时在发达工业国流行的焊接工艺，显得干净、清爽、平整，这在日本的战车上还是头一遭。车上的大部分钢板都是矩形平面，这样可以简化生产工艺，缩短工时。

为了搭载一式47毫米战车炮，一式中战车安装了一个特别设计的三人炮塔，形状和九七改的炮塔相似但体积更大一些。一式47毫米战车炮能在200米的距离上击穿72毫米均质钢装甲，在1000米的距离上仍能击穿52毫米均质钢装甲，穿甲性能几乎是原来九七式中战车所用57毫米炮的两倍。在一式中战车

上，这门炮的最大仰角和俯角分别为＋20°和－15°，比九七改的俯仰范围更大。

一式中战车的首上装甲和炮塔正面装甲达到了50毫米厚，虽然和欧洲同行相比算不上出色，但这种防护水平在日本坦克中已经相当罕见，和"馅大皮薄"的九七式、九七改中战车相比向前迈进了一大步。此外，一式中战车还是日本第一种标配无线电通信设备的中型坦克。

和九七式中战车相比，一式中战车增重2吨多，战斗全重达到了17.2吨，但换装了一台240马力的三菱一〇〇式12缸气冷柴油发动机，功重比提升至将近14马力/吨，最大公路速度达到了44千米/时。

生产和服役

一式中战车在太平洋战争刚刚打响时便完成了试制，不过由于战车部队使用九七式、九七改等中战车与各种老旧战车在东南亚取得了"辉煌胜利"，日本一度认为没有必要再花费钢铁生产这款新式中战车并停止了其他型号战车的研制。

日本人为自己的短视付出了沉重代价，1944年美军两栖部队大举反攻之时，日军发现手头的战车无力抗衡美军新锐坦

▲ 1945年时的战车第5联队，混编有一式中战车（左）和九七改中战车（右）。

基本参数（一式中战车）

乘员	5人
战斗全重	17.2吨
车长	5.73米
车宽	2.33米
车高	2.38米
发动机	1台三菱一〇〇式12缸气冷柴油机（240马力）
最大速度	44千米/时
最大行程	210千米
主要武器	1门一式47毫米战车炮
辅助武器	2~3挺九七式7.7毫米机枪
装甲	10~50毫米
总产量	170辆

克，这才匆忙恢复新型战车的研发，一式中战车也作为应急方案恢复了生产。此时已是日本神武纪年二千六百〇四年，所以一式中战车的量产时间比它的定型时间晚了三年。

一切都已经晚了，虽然很快生产了170辆，但对日本人来说幸运或不幸的是，这些姗姗来迟的一式中战车几乎从未离开过本土。它们大多数被就地编组，用于防御盟军对日本本土的登陆，也就是人类历史上计划过的规模最大的登陆作战——"没落行动"。这场战役最终没有发生，根据现有的资料推算，一式中战车在对抗升级后的1944年水平M4"谢尔曼"中型坦克，尤其是曾在欧洲西部的战斗中部署的M4A3E2"巨无霸"时，将完全落于下风。

在等待战败的那段时间里，一式还衍生出一个防空方案，即配备双联装高射机关炮的Ta-Ha型防空战车。虽然大多数资料都声称一式中战车从未部署到本土以外，但从近年来发掘的日方记录来看，曾有一小批一式中战车被部署在中国大陆：有五到六辆在1944年进入了战车第三师团，和师团内大量的九七改混编在一起，参加了著名的桂柳会战，并有被中国军队反坦克武器击毁的记录。

Chi-Nu

中型坦克 ｜ 三式中战车

二战期间日本最后一款投入量产的中型坦克

九七式中战车在二战中后期已经明显不敷使用，基于九七式研发的一式中战车虽然有较大的进步，但作为一款1941年就定型的坦克，它的研制周期拖得太长了，直到1943年才完成量产的准备工作，其47毫米炮虽然能够有效对付"斯图亚特"轻型坦克，但已经无法击穿"谢尔曼"中型坦克。最初的陆军技术局计划在1944年投产一款全新车型，即四式中战车，但受工业能力限制，研制工作没有按计划准备就绪。因此，一个短平快的替代项目临时上马——先将一批九七式中战车底盘升级到一式标准，再装上一个配有三式75毫米战车炮的新炮塔。这就是三式中战车。

基本参数（三式中战车）	
乘员	5人
战斗全重	19吨
车体长	5.73米
车宽	2.33米
车高	2.61米
发动机	1台三菱一〇〇式12缸气冷柴油机（240马力）
最大速度	38.8千米/时
最大行程	210千米
主要武器	1门三式75毫米战车炮（备弹70发）
辅助武器	1～2挺九七式7.7毫米机枪
装甲	8～50毫米
总产量	144辆（一说160辆）

总体设计

三式中战车沿用了一式中战车的底盘，首上装甲和炮塔正面装甲的厚度也是50毫米，防御水平在众多量产的日本战车中属于第一流。六角形炮塔是全新设计的，由一系列平直的焊接钢板构成，炮塔顶部有一个类似于一式中战车和九七改中战车的车长指挥塔，并配备了一个可旋转的摇架，可安装一挺九七式7.7毫米机枪，主要用于防空。

为了尽可能和M4"谢尔曼"中型坦克匹敌，三式中战车像M4一样装备了一门75毫米长身管炮。这门三式75毫米战车炮由一式炮战车（Ho-Ni）使用的九○式野炮改进而来，而后者源自九五式牵引式野炮。九五式野炮又来自一战中十分著名的法国施耐德75毫米野战炮，虽然技术来源久远，但以二战期间的标准来看性能还说得过去。

一式炮战车采用的是开放式战斗室，主炮长达38倍径，将这样一门炮塞进三式中战车的封闭式炮塔有点强人所难。因此三式中战车的主炮截短了炮管，只有32倍径，初速和穿深自然受到了一定影响。使用穿甲弹时，三式75毫米战车炮可以在100米的距离上击穿90毫米厚的均质钢装甲，在1000米的距离仍可击穿65毫米的装甲。尽管主炮和炮塔都比较大，可是高低机和方向机仍然采用手摇驱动，俯仰角为－10°～＋25°。由于不再考虑突破阵地后和四面八方的敌军步兵交战的需求，三式中战车取消了炮塔上用处不大的后射机枪，改设补弹舱门方便炮弹补给。火炮的70发备弹中，40发放在炮塔尾舱里，30发放在战斗室下方。除了高射机枪之外，车体前部还有1挺九七式7.7毫米机枪。

三式中战车的战斗全重为18.2吨，发动机仍然是一台240马力三菱一○○式12缸气冷柴油机，功重比为13.2马力/吨，最大公路速度38.8千米/时，虽然比M4"谢尔曼"稍慢一些，但在几乎找不到开阔地带，理论速度再快也未必有机会施展的太平洋岛屿上，这不是什么大问题。

生产和服役

1943年5月，一式中战车的测试基本完成的时候，三式中战车火速上马。虽然问题重重，但三菱重工仍在当年8月就开始组装样车，10月即完成测试，12月就投入量产，创造了速度纪录。由于钢铁要优先供海军造舰使用，三式中战车的生产速度很慢，1944年内仅仅完成了89个车体，其中55个被组装成整车，1945年日本投降前总共生产了144辆，也有160辆的说法。由于原厂资料大部分亡佚，较难确定确切的数量。

由于交付速度缓慢、日军缺乏合格的车组，以及日本丧失了制海权，三式中战车从未被送往海外，哪怕是冲绳和千岛群岛。它们仅仅装备了

▲ 福冈市博多区，日方人员正在维护一辆三式中战车，照片拍摄于1945年10月，战争已经结束了。

驻扎在九州岛和本州岛的战车第一师团和战车第四师团，总共有6个战车联队（战争结束时约有140辆坦克）。这些车辆被用于训练，但由于燃油短缺加剧，大部分坦克都被限制行动。在预想的本土保卫战中，它们将被投入大规模反击，但日本投降使其失去了可能性。

从纸面数据来看，三式中战车的性能与德国四号坦克中期型相近，火力基本与75毫米炮型M4"谢尔曼"持平，这种战力仅达到了欧战爆发初期欧美坦克的水平，如果再考虑制造与装配工艺、可靠性等方面因素的话，其战斗力还要打折扣。1945年中期，一辆三式中战车装上了四式中战车的炮塔及其五式75毫米长身管火炮，并在伊良湖射击场进行了测试，结果据说令人满意，但是三菱没能生产更多的这类车辆。在战后的总结中，这种变体被称为三式改（Chi-Nu Kai）。

三式中战车战后被接受投降的盟军部队缴获，今天仍在日本的一些景点展出，比如茨城县土浦市的日本陆上自卫队军事军械训练学校。

Ho-I

中型坦克 | 二式炮战车

生不逢时的支援坦克

20世纪30年代，受技术水平限制，长身管反坦克炮无法替代短身管榴弹炮的功能，因此坦克中一度出现了支援坦克这个分支。例如，德国推出的采用短管火炮的四号坦克早期型、苏联推出的使用76.2毫米榴弹炮的T-26-4，它们发射的炮弹爆炸威力较大，能"啃"动敌方的坚固火力点。1937年，随着全面侵华战争的打响，日本装甲部队很快发现自己需要对付的步兵阵地和火力点远比坦克要多得多，榴弹炮远比反坦克炮用途广泛。二式炮战车就是在这样的背景下诞生的。

从试制一式炮战车到二式炮战车

1941年春，日立公司首先使用九七式中战车的底盘和炮塔制造了一辆炮战车原型车，命名为试制一式炮战车。该车将九七式中战车的九七式57毫米战车炮撤下，换上了老式的四一式75毫米山炮。在同年9月进行的测试中，试装部队给出的反馈并不太好，其双人炮塔过于狭小，操炮和对抗移动目标极其不便，反坦克能力更是极为有限。

试制一式炮战车的经验表明，这种支援战车要想充分发挥效能，就必须选用更大的炮塔。1942年，三菱重工成功将一门九九式75毫米榴弹安装到了九七改中战车的三人炮塔上，制成了一辆新的炮战车原型车，因为当年是日本神武纪年二千六百〇二年，所以被命名为"二式"。

二式炮战车的实际量产版本采用了一式中战车的炮塔和底盘，其车体尺寸、防护水平和车组乘员配置都与一式中战车一致。由于换上的"新"全重仅543千克，二式炮战车反而比一式中战车还要轻一些，战斗全重从17.2吨跌到了16.1吨，功重比从约14马力/吨增加至14.9马力/吨。其三人炮塔空间充足，并且配备了一名专职装填手，因此在试制一式炮战车上暴露出来的火炮操作不便问题得到了解决。

值得注意的是，日军将这种实际上属于坦克的车辆称作"炮战车"，是为了凸显其支援性质，这导致人们很容易将它和后来日

军研发的一系列带有固定战斗室的敞篷自行火炮，比如基于一式中战车底盘开发的二式自走炮（Ku-Se）混为一谈。

九九式75毫米战车炮

在为炮战车选用火炮时，当时被陆军各个步兵大队广泛使用的"大队炮"——四一式75毫米山炮映入了技术人员的眼帘。这个"四一"指的并不是1941年，而是明治四十一年，即1908年。四一式山炮虽然历史过于悠久，但好在结实可靠，性能堪用，不过要将其装入坦克炮塔还是需要进行大量的改造。

1940年12月，一款以四一式75毫米山炮为基础，保留了原本的药室容积和水平楔闩，重新设计了炮架和反后坐机构，并且加长了火炮身管的坦克炮试制完成，这便是九九式75毫米战车炮。其炮管长度由原来的18.4倍径提升到了23.9倍径，接近同期德军四号坦克早期型75毫米KwK 37短管坦克炮的24倍径。

九九式75毫米战车炮直接沿用了四一式山炮的配套弹药，在支援步兵的主业之外也具备一定的反坦克能力。其标配穿甲弹是四一式山炮使用的一式穿甲弹，这是一种二战前夕才问世的尖头穿甲弹，由四一式山炮发射时，在100米距离上可以击穿50毫米厚的垂直均质钢靶板，如果使用倍径更高的九九式75毫米炮发射，穿甲能力会更强一点，不过配备这种炮弹的二式炮战车单位并未参加过实战。另外，日军在1942年后为75毫米联队级火炮研发了二式穿甲榴弹，实际上是一款破甲弹。不过除了千叶战车学校在1943年8月曾使用二式炮战车样车发射这款炮弹进行破坏力测试之外，军中正式服役的二式炮战车并没

▲ 一辆在战后被美军做过标记的二式炮战车。

有配备这样的破甲弹，配发给这些单位的弹种均为高爆榴弹和上文所述的一式穿甲弹。从美军的测试数据来看，二式穿甲榴弹能够击穿厚达70毫米的钢板，但是相关的倾角及靶板质量没有记录下来。

二式炮战车的生产与服役

日本陆军被东南亚地区的"辉煌"胜利冲昏了头脑，对促进新坦克的实用化缺乏重视，因此二式炮战车起了个大早，赶了个晚集。其论证和早期开发早在1937年就开始了，可是直到1943年才在一式中战车的生产线上投产。

截至1944年7月量产结束，三菱重工完成了30辆二式炮战车，据称这些战车全部配属给了驻留在本土的战车第四师团。此时机动炮兵大队的编制已经撤销，所以它们被用来填充该师团下属的中战车联队编制，以应对将来的本土决战。由于支援坦克理论已经过时，在此时的

日本人眼中，它已经不是一种有着特殊用途的战车，而是一辆装备短身管75毫米火炮的坦克，和装备47毫米炮的一式中战车、装备长身管75毫米炮的三式中战车并没有什么两样。

没有一辆二式炮战车参加过实战，战后这些坦克全部成了美军的战利品。一些照片显示，美国人在二式炮战车的车身上做了标记，不过目前尚不清楚他们是否尝试过将这些坦克运回美国并在类似阿伯丁的坦克试验场进行测试，就像对四式中战车、五式中战车和一式炮战车所做的一样。话又说回来，二式炮战车的技术水平仅仅与四号坦克早期型号相当，过多的研究恐怕也是一种浪费。

基本参数（二式炮战车）	
乘员	5人
战斗全重	16.1吨
车长	5.73米
车宽	2.33米
车高	2.58米
发动机	1台三菱一〇〇式12缸气冷柴油机（240马力）
最大速度	44千米/时
最大行程	200千米
主要武器	1门九九式75毫米战车炮
辅助武器	1～2挺九七式7.7毫米机枪
装甲	10～50毫米
总产量	30辆

Ka-Mi

两栖坦克｜特二式内火艇

原始的水陆两栖坦克

太平洋战争中，美日两军经常需要在岛礁和潟湖之间作战，依托各种运输舰艇部署传统坦克显然有诸多不便。美国人在二战前夕开发了LVT这样的重型两栖车辆，而日本人早在1928年就开始了相关的探索：当时日本陆军进行了一系列试验，以测试两栖坦克概念的可行性，其中包括一式（Mi-Sha），SR-Ⅱ（Ro-Go）及石川岛两栖样车等原型车。然而，直到1940年，即将挑起太平洋战争的日本海军才将这样的技术掌握在自己手中。海军设计了一系列专门为登陆部队量身定制的车辆，用于遂行特种作战或攻击没有浮桥和港口设施的太平洋小岛，它们就是特系列"内火艇"，实质上是世界上最早的一批两栖坦克。

在一些探索性质的样车初步完成之后，特二式内火艇，或者说特二式两栖坦克的第一辆原型车于1942年完工，这一年是日本神武纪年二千六百〇二年，所以它被命名为"特二式"。

设计师以九五式轻战车为基础进行开发，沿用了九五式的发动机、传动系统、悬挂系统和整个底盘，不过车体上部和炮塔经过了大幅度修改。所有的装甲板都以焊接的方式安装并使用橡胶密封件防止漏水，而九五式轻战车通常采用铆接装甲。

特二式的车体装甲最厚处（首上）仅为13毫米，最薄弱处只有6毫米。不过在浮渡状态下车体前部可以获得浮筒的遮蔽，相当于受到了间隙装甲的保护。安装了全套浮渡设备后战车全长7.42米，重量为12.3吨。由软钢板制成的空心浮筒分别安装在车体的前部和后部，可由车组快速手工锁定到位。其中前浮筒分为八个隔间，以尽可能隔绝破损时的进水。登陆后乘员可以通过车内操控迅速释放和抛弃浮筒，此时战车裸车长降到4.8米，重量降到9.15吨，可以在陆地上相对灵活地作战。

特二式内火艇的主炮为一门一式37毫米战车炮，辅助武器是两挺九七式7.7毫米机枪，分别为主炮同轴机枪和车体机枪。乘员为5人，除了车长、炮长、驾驶员之外还有机电员和装填手。

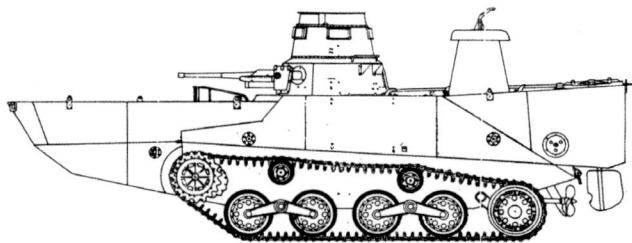

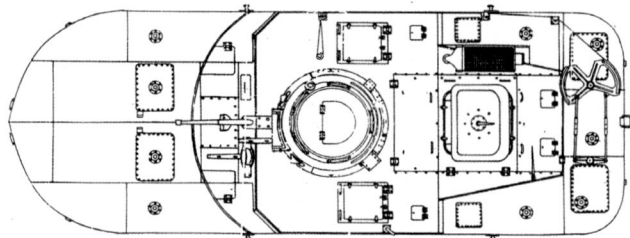

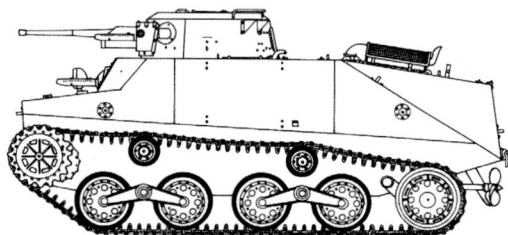

▲ 特二式内火艇的水上航行状态和地面行驶状态。

基本参数（特二式内火艇）	
乘员	5人
战斗全重	9.15吨（道路）/ 12.3吨（水面）
车体长/全长	4.8米（道路）/ 7.42米（水面）
车宽	2.79米
车高	2.34米（道路）
发动机	1台三菱A6120VD4气冷柴油机（115马力）
最大速度	37千米/时（道路）& 9.5千米/时（水面）
最大行程	320千米（道路）/ 140千米（水面）
主要武器	1门一式37毫米战车炮
辅助武器	2挺九七式7.7毫米机枪
装甲	6～13毫米
总产量	184辆

和九五式轻战车一样，特二式内火艇的发动机仍然是一台三菱6缸气冷柴油发动机，不过变速器经过改装，同时为两个轴提供动力，输出功率降为115马力，功重比为9.35马力/吨或12.6马力/吨。在不带浮筒的试车中特二式内火艇跑出了37千米/时的最大公路速度，而在水上则可以达到9.5千米/时的速度。水面转向可由车尾的一对方向舵完成，舵面通过从后部延伸到驾驶室内舵轮的拉索进行操作。

1942至1943年，特二式内火艇陆续生产了184辆，随后它被特三式内火艇取代。这些车辆很快就大量投入到太平洋上各个岛屿的战事中，随着日军在1944年后无法避免地溃败，它们或被击毁，或成为盟军的战利品。还有一小批十几辆特二式部署在北面的千岛群岛防御苏联的进攻，其中至少有一辆在1945年8月苏军占领千岛群岛之后被缴获，今天在莫斯科的库宾卡坦克博物馆展出。

Ka-Chi

两栖坦克 | 特三式内火艇

从未出击的精良武器

特二式内火艇取得了初步的成功，日本海军对其设计思路非常认可，于是决定以它为基础开发火力更强悍、装甲更厚重的型号，使之具有更好的攻防能力，更能胜任在太平洋岛屿的两栖作战。1942年，随着特二式的量产计划接近尾声，一款新型两栖坦克的设计工作也紧锣密鼓地展开了，这就是特三式内火艇。

特三式内火艇，或者说特三式两栖坦克的第一辆原型车于1943年完工，因为当年是日本神武纪年二千六百〇三年，所以被命名为"特三式"。

它以一式中战车为蓝本，大幅修改车体上部和炮塔的设计，另外底盘也被加长，负重轮多达8对。所有装甲板都以焊接方式安装并使用橡胶密封件防止漏水，毕竟日本海军可是考虑过把这些坦克捆在潜艇上运输的。

特三式同样靠浮筒获得浮力，可以在车外快速安装，也可以在车内快速解脱，前部浮筒同样分为八个隔间。完整装备浮渡设备时，战车全长10.3米，全宽3米，全高3.82米，战斗全重28.7吨，比其原型一式中战车重了11吨多。

与特二式内火艇相比，特三式内火艇的防护和火力得到全面升级。车体装甲最厚处（首上）可达50毫米，可谓非常坚固，前部浮筒同样可以构成间隙装甲。

特三式内火艇的主炮为一门一式47毫米战车炮，炮塔后部还有一挺九七式7.7毫米机枪，考虑到密封需要，车体机枪被取消了。车组人员多达7人，除了车长、炮长、驾驶员外还有机电员、装填手，以及两名机械师。

特三式内火艇继承了一式中战车的三菱一〇〇式12缸气冷柴油发动机，输出功率240马力，功重比只有8.36马力/吨，想必其速度并不会太理想。在水上则由发动机驱动螺旋桨推进，水面转向由车尾的一对方向舵完成，舵面通过从后部延伸到驾驶室内舵轮的拉索进行操作。

特三式内火艇只在1943年到1944年生产了19辆，随后被特四式内火艇（Ka-Tsu）取代。它没有像前辈特二式内火艇那样大批参战，而是全部被集中在位于本土的横须贺海

基本参数（特三式内火艇）	
乘员	7人
战斗全重	28.7吨（水面）
全长	10.3米（水面）
车宽*	3米
全高	3.82米（水面）
发动机	1台三菱一〇〇式12缸气冷柴油机（240马力）
最大速度	32千米/时（道路）& 10千米/时（水面）
最大行程	320千米（道路）/ 140千米（水面）
主要武器	1门一式47毫米战车炮
辅助武器	1挺九七式7.7毫米机枪
装甲	10～50毫米
总产量	19辆

＊此为未装浮筒时的宽度，但本车安装浮筒后宽度不变。

▲ 特三式内火艇的前部浮筒由左右两部分构成。（上图）。
特三式内火艇正在驶入登陆舰。（下图）。

军基地，没人知道为什么这些比特二式内火艇更加精良的武器从未出击。日本战败投降时它们还堆积在那里，自然也就成了盟军的战利品。

▼这辆M14/41中型坦克满载着油桶、履带板和生活物资，坐在炮塔上的两个人看起来相当悠闲。

Italy

意大利

▲ 1951年6月2日，一辆二战期间制造的M14/41中型坦克正在热那亚街头参加意大利共和国日的巡游活动。

影响武器装备发展的因素有很多，不仅包括一国所奉行的军事理论，还包括国家的经济规模、政治形态，甚至历史传统、地缘环境。

法西斯意大利与旧日本帝国同为"穷鬼"帝国主义国家，二战期间，这两国的装甲战斗车辆装备规模都比较小，质量都比较差，这很大程度上是由它们的工业与经济水平决定的。

作为贫弱的农业国，意大利在军事装备方面处处透露着贫穷的气息。早在1917年意大利人就开始组装小巧的雷诺FT轻型坦克，一战后他们更是务实地对雷诺FT进行了仿制，这种不足十吨的轻型坦克十分符合意大利的国情。当然，在一战中意大利也鼓捣出了相当庞大的菲亚特2000重型坦克，不过并没有投入量产。

除了较弱的工业基础之外，多山的地形与落后的基础设施也限制了坦克的体型，这让意大利比较青睐一种在战间期很流行的装甲战斗车辆——超轻型坦克。

英国的卡登-洛伊德战车常常被视作超轻型坦克的代表，不过世界上的超轻型坦克并非仅此一家，一些国家会用手头资源自行生产或基于卡登-洛伊德的生产许可证发展出自己的超轻型坦克。法国的雷诺UE，波兰的TK-3与TKS，捷克斯洛伐克的vz. 33都可以算作超轻型坦克，英国人自己的通用载具（即布伦机枪车）也可以算在此列。

在工业实力雄厚的大国中，这些超轻型坦克最终会变成装甲人员输送车、火炮牵引车等辅助装备。然而意大利、波兰等工业相对落后的国家却将这些仅能安装机枪、反坦克步枪的超轻型坦克用于填补装甲部队的编制空白。

意大利的仿制雷诺FT与L3系超轻型坦克在20世纪30年代这个战车技术井喷式发展的时代就有些落后了，但来自英国维克斯公司的卡登-洛伊德基因深深刻在了意大利坦克的骨子里。

▲ 战争海报——气宇轩昂的M11/39中型坦克正在向苏伊士挺近。

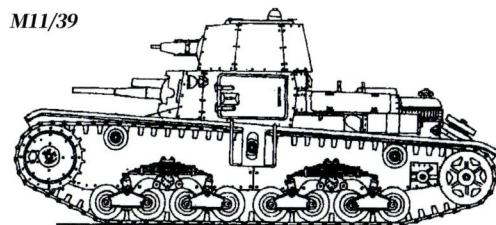

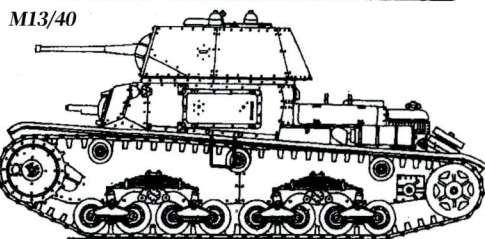

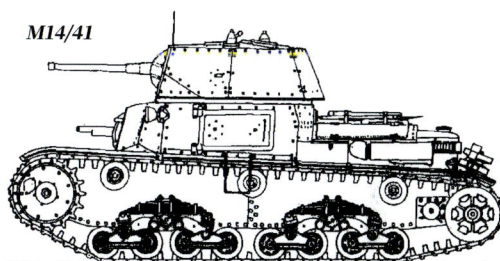

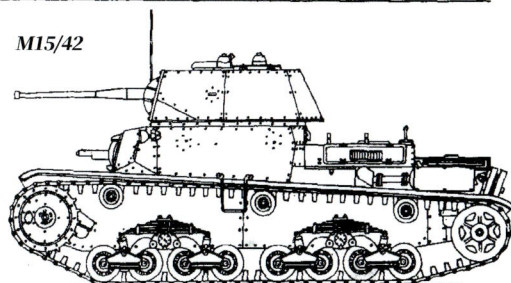

▲ M11/39中型坦克及其升级车型侧视对比。

L3系列是以卡登-洛伊德为蓝本的超轻型坦克,成本低廉、经济实用,在镇压殖民地的战斗中无往不利。它们产量巨大,是二战中最常见的意大利坦克。

L6/40轻型坦克则是基于L3超轻型坦克打造的,修改了车体结构,在增高的车体上安装了一个AB40装甲车的炮塔,整体战斗力与德国的二号坦克相近。

另一方面,仿制的雷诺FT坦克已经不能满足战斗的需求,替代型号的研制工作也被提上日程。新坦克带有浓厚的维克斯色彩,比如1939年服役的M11/39中型坦克,其悬挂就与维克斯6吨坦克有些相似。作为试制坦克,M11/39将主炮安装在了车体上,武器转塔内只有两挺机枪,外观显得非常不协调。顺带一提,维克斯6吨坦克是维克斯公司在20世纪30年代的拳头产品,与卡登-洛伊德超轻型坦克一样,设计师同为约翰·卡登与维维安·洛伊德。

随后的M13/40、M14/41、M15/42等中型坦克基本上都是M11/39坦克的小幅修改版,整体变化不大。这些重量不足20吨、仅安装47毫米及以下口径火炮的坦克在1939年和1940年尚且能够一战。1941年"巴巴罗萨行动"之后,它们在东线绝对无法和T-34、KV相抗衡,在北非也打不过"玛蒂尔达""谢尔曼"等盟军主力坦克。意大利中型坦克的战力堪堪与美、英、苏的轻型坦克相当。

颇具讽刺意味的是,德国人的小气导致意大利人无法获得生产四号坦克的许可证,意大利人不得不用几年前设计的P26/40重型坦克取而代之,其吨位仅相当于德国的中型坦克。在意大利人倒戈的1943年,这些战斗力与长身管炮四号坦克基本相当的战车落到了德国人手中,成了镇压意大利游击队、残害意大利平民的帮凶。

Carro Armato L3

超轻型坦克 ｜ L3 系列

意大利军队装备最多的坦克

　　L3系列坦克是二战中意大利皇家军队数量最多的坦克，包括CV 29、L3/33、L3/35、L3/38等型号。这是英国卡登-洛伊德超轻型坦克的设计思路、意大利多年以来对外扩张的经验，以及意大利薄弱的工业与贫弱的资源相互妥协的产物。

　　自CV 33以来的L3系列超轻型坦克总共生产了超过2700辆，其中1216辆出口，1506辆在意大利皇家军队服役。从1935年10月的阿比西尼亚（埃塞俄比亚）战役到1945年5月抵抗凯塞林元帅率领的德军，L3打满了二战全场。

　　它们的装甲非常薄弱，因此被戏称为"沙丁鱼罐头"和

"铁棺材"。不过L3也并非一无是处，可靠性高、燃料消耗少、外形低矮易于隐蔽都是它的突出优点。作为一种廉价的战车，L3数量众多，反应迅速，能够有效压制缺乏反坦克武器的轻步兵，在治安战和镇压殖民地的作战中表现出色。

　　由于车体很小、动力有限，对L3的改造无异于螺蛳壳里做道场，但它仍有数种变体，比如配属皇家工程兵团的 L3 Zapattori架桥坦克、安装无线电台的L3/R指挥坦克、安装火焰喷射器的L3 LF喷火坦克。此外还有配属伞兵部队的L3空运型，以及配备20毫米反坦克枪的L3 CC，等等。

CV 29

1929年，意大利菲亚特公司从英国维克斯公司购买了卡登-洛伊德超轻型坦克的生产许可证并将其投入量产。这种意大利生产的卡登-洛伊德被定型为1929年型快速坦克（Carro Veloce modello 1929），缩写为CV 29。这是一种只有机枪、装甲脆弱、双人操控的袖珍战车，可以用常见的卡车直接运输，与当时意大利的战术理论高度契合。CV 29只是预生产型号，总产量仅有21辆，主要起战术验证的作用。

L3/ 33和L3/ 35

1933年，在CV 29基础上经过全面改进的CV 33正式定型，这是第一种大规模生产的意大利坦克。截至1935年，位于都灵的菲亚特公司和位于热那亚的安萨尔多公司共生产了300辆。

1935年，CV 33的强化版CV 35问世，也有不少CV 33接受了CV 35标准的改造。CV 35换装了更好的菲亚特SPA CV3型6缸液冷汽油机，正面装甲增加到了14毫米，重量也提升到了3.2吨。CV 33和CV 35的装甲安装方式有所不同，前者以铆接加焊接的方式固定装甲，后者则使用了螺接工艺。

理论上讲，这些车辆的正面与侧面装甲可以抵御步枪穿甲弹与中口径机枪弹的射击，但它们车体后部、下部和车顶的装甲十分薄弱。1940年时，各国的反坦克步枪能够轻而易举击穿这些小坦克。

一挺6.5毫米机枪是CV 33的标准配置，CV 35则换装了双联装8毫米机枪。双联装的机枪架可以轻松瞄准，但在沙漠环境中这种机枪架会因被沙砾卡住而出故障。

▲ 轻便灵活是L3系列超轻型坦克的一大优势，这辆L3正在表演飞车。

1940年，CV 33改称L3/33，CV 35更名为L3/35，归类也从快速坦克变为轻型坦克。1942年，L3/33和L3/35停产，少数新生产的车辆参加了西西里战役，还有一些被德国人缴获并配发给了治安部队。

L3/38

这是L3系列的最后一种主要型号，原本为出口巴西的版本，大多数都安装了8毫米机枪，有至少一辆安装了13.2毫米M1931布雷达海军型机枪，20毫米布雷达反坦克步枪是选配武器。L3/38的悬挂几乎是全新设计，行驶起来更加平稳。只有23辆L3/38出口给巴西，剩下的都交给了意大利军队。

▲ L3 CC是反坦克型，配备20毫米苏罗通S-18/1000反坦克步枪。

基本参数（L3 系列）

车型	L3/33	L3/35	L3/38
乘员	2人	2人	2人
战斗全重	2.9吨	3.2吨	3.5吨
车长	3.03米	3.17米	3.17米
车宽	1.4米	1.5米	1.5米
车高	1.2米	1.3米	1.3米
发动机	1台菲亚特SPA CV1（38马力）	1台菲亚特SPA CV3（43马力）	1台菲亚特122AC/B（42/46马力）
最大速度	40千米/时	42千米/时	45千米/时
最大行程	125千米	125千米	110千米
主要武器	1挺6.5毫米机枪	2挺8毫米机枪	2挺8毫米机枪
装甲	5～10毫米	6～14毫米	8～14毫米
总产量	约1200辆	约1300辆	约200辆

Carro Armato L6/40

轻型坦克 | L6/40

L3超轻型坦克的发展型

L6/40是L3的进一步发展型，起初作为一种对标英国维克斯6吨坦克的出口型坦克研制，在研发过程中吸引了意大利军方的注意并最终被选中。在它的型号名称当中，L是意大利文"轻型"（Leggera）的缩写，6代表重6吨，40则意味着1940年定型。

总体设计

这是一辆相当拥挤的坦克，车长兼炮长位于车体左侧的小炮塔中，驾驶员则在车体右侧。炮塔与AB41装甲车是同款，安装一门20毫米布雷达M1935机关炮和一挺8毫米布雷达M1938同轴机枪，可以全向旋转，火炮俯仰角为 - 12°～ + 20°。火炮防盾和驾驶员前部的装甲有40毫米厚，能抵御37毫米反坦克炮的远距离攻击，车首装甲亦有30毫米。车体侧面和炮塔侧面则分别为15毫米和20毫米。

悬挂系统每侧有两个平衡悬臂、两对负重轮和三个托带轮，每条履带有89块履带板。其菲亚特SPD 18D型4缸汽油机在2500转时功率为70马力，变速器有4个前进挡和1个倒挡。油箱容量为200升，公路油耗为100升每百千米，越野油耗则激增到250升每百千米。在测试中L6/40能够爬上31°的斜坡，越过1.7米宽的壕沟和0.7米高的矮墙，最大涉水深度可达0.8米。

生产与服役

L6/40从1941年5月开始量产，作为骑兵与侦察部队的侦察坦克还算称职，不过在装甲部队中的表现就让人不甚满意了。它在巴尔干地区参加了军事行动，在北非打满全场，西西里岛和意大利本土的作战中也有它的身影。另外，它还是"巴巴罗萨行动"中最常见的意军坦克。1943年11月意大利转向盟军后，德国人接管了一部分L6/40并将其配发给了法国、阿尔巴尼亚等地的治安部队。

主要变体

L6/40的变体包括配备敞开式炮塔的无线电指挥车、安装200升大型油罐的喷火坦克等。最成功的改型是一种名为47/32机动火炮（Scmovente da 47/32）的车辆，它没有安装炮塔，在车体一侧搭载一门32倍径47毫米反坦克炮，总产量约300辆。另外，还有一种基于L6/40的弹药车，与90/53机动火炮（Semovente da 90/53）一同作战。

▲ 这张菲亚特公司的海报展示了工人正在完成L6/40轻型坦克的总装工作。

基本参数（L6/40）	
乘员	2人
战斗全重	6.8吨
车体长/全长	3.78米/3.84米
车宽	1.92米
车高	2.03米
发动机	1台菲亚特SPA 18D 4缸汽油机（70马力）
最大速度	42千米/时
最大行程	200千米
主要武器	1门20毫米布雷达M1935机关炮（备弹395发）
辅助武器	1挺8毫米布雷达M1938机枪（备弹1560发）
装甲	6～40毫米
总产量	283辆

Fiat 3000

轻型坦克 ｜ 菲亚特 3000

雷诺 FT 轻型坦克的意大利版

菲亚特3000轻型坦克的起源可以追溯到1918年，刚刚从卡波雷托惨败中恢复过来的意大利军队接收了4辆雷诺FT轻型坦克。这种坦克带有旋转炮塔，堪称最早的具有现代特征的坦克，给意大利人留下了深刻印象。军方很快就向菲亚特公司下达了仿制雷诺FT的要求，并且希望能在1918年秋季批量生产。不过简单复制法国设计并不完全适合意军的需求，因此菲亚特公司对其进行了些许改动，推出了菲亚特3000轻型坦克。在一切就绪后，意大利军方立刻订购了1400辆，预计1919年5月交付第一批坦克，然而随着一战的结束，订单被缩减到了100辆。菲亚特3000坦克是意大利的第二种坦克，它非常契合意大利薄弱的工业基础，也很适合在多山的地形中作战。

1921年型菲亚特3000

菲亚特3000直到1921年才正式服役，它们被定型为1921年型。这些坦克在外观上与雷诺FT相似，但悬挂略

有修改，负重轮得到了新式导轨的保护。八角形炮塔是菲亚特3000的重要的识别特征，这种炮塔比雷诺FT的炮塔稍高。菲亚特3000采用4缸气冷发动机，输出功率50马力，比原版雷诺FT坦克高了15马力，最大速度也从雷诺FT的7.5千米/时提升到了21千米/时。武器方面，该车最初采用双联装6.5毫米SIA M1918机枪，备弹5000发。1921年型菲亚特3000一直生产到1926年，产量为100辆。

1930年型菲亚特3000

鉴于1921年型菲亚特3000火力薄弱，设计师为其改进型选用了40倍径37毫米主炮并在1928至1929年间进行了试验，最终将其定型为1930年型菲亚特3000。1930年型菲亚特3000配备一门维克斯-特尔尼M1918火炮，可在1500米距离击穿20毫米厚的钢板。该车还升级了发动机，输出功率达到65马力。这型坦克的产量比较少，仅在1930至1933年间生产了52辆，甚至还有一些改回了双联机枪的火力配置。

▲ 公路运输时，菲亚特3000轻型坦克可由菲亚特18 BLR卡车来拖曳，不过需要用到特制的轮式拖车。

基本参数（菲亚特3000）

车型	1921年型	1930年型
乘员	2人	2人
战斗全重	5.5吨	5.9吨
车长	4.17米	4.29米
车宽	1.64米	1.70米
车高	2.19米	2.20米
发动机	1台菲亚特直列4缸气冷汽油机（50马力）	1台菲亚特直列4缸液冷汽油机（65马力）
最大速度	21千米/时	22千米/时
最大行程	100千米	100千米
主要武器	2挺6.5毫米SIA M1918机枪或2挺8毫米菲亚特-列维里M1914/35机枪	1门37毫米维克斯-特尔尼M1918坦克炮
辅助武器	—	1挺6.5毫米SIA M1918机枪
装甲	6～16毫米	6～16毫米
总产量	100辆	52辆

战间期的表现

菲亚特3000参加的首场重大军事行动是1927年意大利第一次入侵埃塞俄比亚，这场战争在1928年结束并确定了埃塞俄比亚与意属索马里的边界。

1930年，意大利军队越过意属索马里边境建造维尔维尔堡垒，侵占了埃塞俄比亚领土。在引发了几次摩擦并收到了埃塞俄比亚的外交抗议后，意大利于1934年12月挑起新的冲突，最终导致了第二次意大利—埃塞俄比亚战争的爆发。战争期间，意大利出动了几乎所有可以使用的菲亚特3000，埃塞俄比亚军队缺乏装甲战斗车辆和有效的反坦克武器，意军大获成功。

需要指出的是，意大利在战时部署的595辆坦克里绝大多数都是L3超轻型坦克，菲亚特3000的数量较少。更具讽刺意味的是，埃塞俄比亚的装甲部队除了装备由福特卡车改装而成的装甲车外，还拥有3辆菲亚特3000。

在20世纪二三十年代，除了意军自用之外，菲亚特3000也被出口到了西班牙、丹麦、阿尔巴尼亚、拉脱维亚、匈牙利、苏联、日本、阿根廷等国，但出口的数量非常少。

二战中的 L5/21 和 L5/30

二战爆发后，意大利极度缺乏技术装备，大部分在训练部队服役的菲亚特3000于1940年6月被重新启用。这些老旧坦克大多部署在厄立特里亚、利比亚、索马里和埃塞俄比亚等地执行治安战任务，但仍有一部分配发给了意大利南部与西西里岛的守军。根据意大利皇家军队新的命名法，这些坦克大多被更名为L5/21或L5/30。

二战开始时，所有的雷诺FT和类雷诺FT战车均已落后于时代，但在1941年的东非战役中，它们还能与英国轻型坦克和澳新军团的装甲车掰掰手腕。这些老旧的战车也参加了在希腊的作战行动，只是几乎没起什么作用。菲亚特3000参与的最后一次大型军事行动是1943年7月的西西里岛反登陆作战，共有两个连的L5/30投入战斗，不过它们根本无法阻挡得到舰炮和航空兵支援，且装备M4"谢尔曼"坦克的盟军登陆部队。

◀ 1921年型菲亚特 3000。

Carro Armato M11/39

中型坦克 ｜ M11/39

意大利第一种投入量产的中型坦克

1931年，意大利皇家陆军提出了研制突破型坦克的要求。安萨尔多公司第二年便研制出了原型车，但研制与测试工作一直持续到1938年。完成测试后，意大利军队提出了96辆坦克的订单，菲亚特公司负责生产发动机和变速器，安萨尔多公司负责整装。这款突破型坦克名为M11/39，M代表"中型"（medio），11代表吨位，39则代指服役年份。

总体设计

尽管有英国维克斯6吨坦克做参考，可当时意大利人对坦克的理解并不深刻，因此M11/39身上出现了一

些现在看起来有些抽象的设计。例如，车体中部左侧的小转塔上只安装了双联装8毫米布雷达机枪，40倍径37毫米维克斯主炮安装在了车体右侧。机枪有铸造的万向节支架和伸缩式的潜望瞄准镜，可以用于攻击软目标，而火炮只有左右各15°的狭小射界，显然不够灵活。在防护方面，M11/39优于维克斯的原始设计，但作为1939年服役的中型坦克，它的装甲显然很薄弱，车体正面与炮塔正面最厚处只有可怜的30毫米，装甲板均使用铆接固定。

和维克斯6吨坦克相同，M11/39采用了发动机在后、变速器在前的布局，两者通过一根

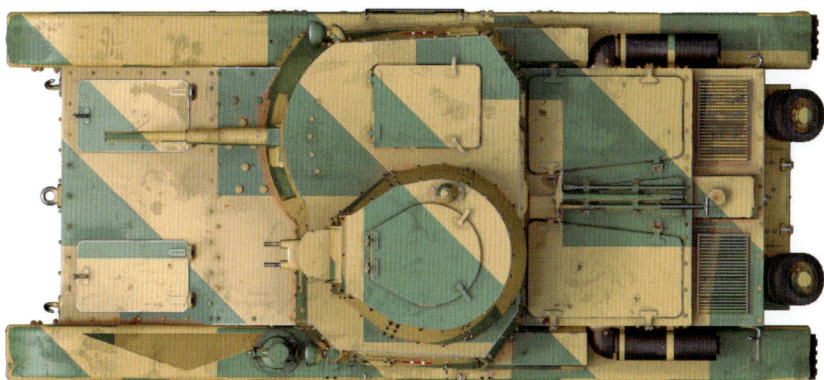

▲ 被澳大利亚军队缴获的M11/39中型坦克，注意袋鼠图案。

基本参数（M11/39）	
乘员	3人
战斗全重	11.2吨
车长	4.7米
车宽	2.2米
车高	2.3米
发动机	1台菲亚特SPA 8T V形8缸液冷柴油机（105马力）
最大速度	32.2千米/时
最大行程	200千米
主要武器	1门40倍径37毫米维克斯坦克炮（备弹84发）
辅助武器	双联装8毫米布雷达M1938机枪（备弹2800发）
装甲	6～30毫米
总产量	96辆

纵贯车体的传动轴联动。发动机为一台菲亚特SPA 8T液冷柴油机，输出功率105马力。悬挂为钢板弹簧平衡式，弹性元件采用当时比较常见的半椭圆形板簧。车组乘员为3人，驾驶员与主炮手都在车体前部，车长独自一人在炮塔中，车内没有内部通话装置。乘员舱门分别位于炮塔顶部、主炮上方与驾驶员一侧的车体侧面，车体顶部与炮塔上装有通风装置，车体侧后部还有手枪射击孔。

生产与服役

M11/39中型坦克在1939年4月开始量产，生产线维持到1940年年中，此后它被更先进的M13/40取代。

第一批坦克本应交付"白羊座"师（Ariete）的第32坦克团，然而到了8月这批坦克被第4坦克团接收。起初意大利人想给每个装甲营配备31辆中型坦克，然而意大利军队将大部分M11/39（72辆）送到了利比亚，而下一批共24辆坦克被运往意属索马里。

1940年9月，所有可用的M11/39坦克都参加了入侵埃及的作战行动，其间损失甚众。接下来英军发动了名为"罗盘行动"的反击，在固定阵地中防守的M11/39依旧蒙受了较大的损失。此外，M11/39还参加了1940年8月意大利对英属索马里的进攻行动，以及保卫厄立特里亚的战役。东非残余的M11/39在1941年的克伦战役中不敌英军"玛蒂尔达"II坦克，悉数被毁。

值得一提的是，1941年6月，非洲军团围攻托布鲁克之初，澳大利亚第6师骑兵团设法回收了十几辆M11/39，澳大利亚人为这些坦克画上了袋鼠图案作为识别符号。这些坦克在澳大利亚部队中一直服役到柴油耗尽，随后被当作固定火力点或者直接被炸毁以防资敌。

性能缺陷

作为意大利的第一种投入现役的中型坦克，M11/39明显提升了意大利皇家军队的技战术水平，但在北非战役期间它也暴露出了主炮反应迟钝、装甲过于脆弱等缺陷。装甲过薄仅仅是问题的一个方面，铆接的安装方式也导致装甲强度不足。设计之初，意大利人认为M11/39能抵御20毫米炮弹的攻击就够了，然而战场上这些坦克面对的是英军中常见的40毫米（2磅）反坦克炮。M11/39在平坦地形上机动性尚可，但越野能力和行驶速度都不甚理想，另外液冷柴油机在炎热缺水的北非并不可靠。总的来说，M11/39面对英国Mk.VI轻型坦克、东非普通装甲车这样的目标时尚有一战之力，但遭遇"玛蒂尔达"II这样披挂重甲的对手时毫无取胜的可能。

Carro Armato M13/40

中型坦克 ｜ M13/40

意大利装甲部队的顶梁柱

　　M13/40是一种旨在取代L3系列超轻型坦克、L6/40轻型坦克和M11/39中型坦克的全能型"主力坦克"。为了缩短研制周期，它在M11/39的基础上发展而来。这是一种深具开创意义的意大利坦克，基于M13/40设计的战车与衍生车（包含M14/41、M15/42与它们的衍生型）的产量达到了近3000辆，它们撑起了意大利装甲部队的大梁。

总体设计

　　M13/40的第一辆样车于1939年10月完工，经过短暂的修改和测试之后，这型坦克最终在1940年3月定型。和M11/39相比大部分车体都没有改动，只有车体上半部分进行了一定程度的修改。

　　外观上与M11/39的最大不同是采用了全新的双人炮塔，炮塔内安装一门32倍径47毫米坦克炮，这是一种介于反坦克炮和步兵炮之间的火炮，可以通过踏板击发，初速能超过600米/秒，性能基本上与苏联的45毫米19K反坦克炮相当。

　　双人炮塔让车长从繁重的任务中部分解脱出来，能更专心地指挥坦克。炮塔既可以手摇，也可以在液压设备的助力下转动。主炮左侧有一挺8毫米布雷达同轴机枪，有时炮塔顶部会安装一挺高射机枪，此外车体右侧还安装了双联装机枪。

　　装甲仍旧为铆接固定，不过厚度较M11/39有所增加，最厚处加强至42毫米。火力与装甲的升级让战斗全重增加到了13吨，因此悬挂系统略有加强，负重轮也比M11/39中型坦克的更大。发动机的功率提升到了125马力，但最大速度仍然维持在32千米/时上下。

　　第一个生产批次的M13/40中型坦克没有装备电台，主要的识别特征是挡泥板较长，后期批次进行了修改，缩短了挡泥板并增加了无线电设备。所有批次都安装了潜望镜。

生产与服役

　　M13/40的发动机、变速器和部分其他零部件来自菲亚特公司，机枪和火炮则由布雷达公司提供，安萨尔多公司生产余下的部件并负责最后的整装，在被M14/41取代之前总共生产了779辆。

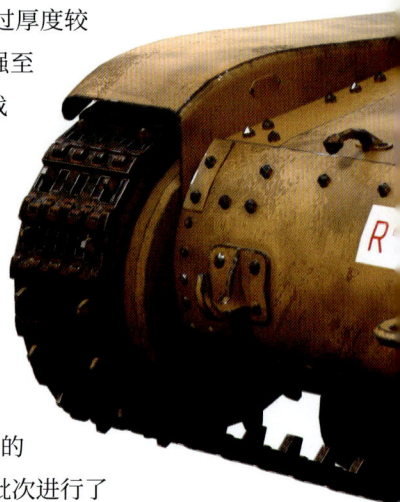

▲ 1941至1942年冬季，一辆M13/40运抵的黎波里，正在卸船。

基本参数（M13/40）	
乘员	4人
战斗全重	13吨
车长	4.91米
车宽	2.28米
车高	2.37米
发动机	1台菲亚特SPA8T M40 11 V形8缸液冷柴油机（125马力）
最大速度	32千米/时
最大行程	200千米
主要武器	1门32倍径47毫米M1935坦克炮（备弹87发）
辅助武器	3～4挺8毫米布雷达M1938机枪（备弹2592发）
装甲	6～42毫米
总产量	779辆

几乎所有意大利装甲师都用M13/40取代了旧式战车。它的首战是1940年年末的入侵阿尔巴尼亚和希腊，同年它也投入了北非战役，大多数M13/40在1943年之前一直在这些地区作战。

1940年12月，M13/40第一次参沙漠环境作战，随后这些坦克还在巴迪亚与澳大利亚人战斗。"罗盘行动"中，许多M13/40中型坦克被盟军缴获，其中状态良好的车辆被澳大利亚人留用，这些在炮塔和车体上画着袋鼠的坦克跟随澳大利亚师参加了托布鲁克战役。

1941年4月，非洲军团中的意大利部队拥有240辆可用的M13/40，在实战中这些坦克的装甲仍然显得很薄弱，许多乘员选择在车体前部的装甲上堆放沙袋，这项工作并没有提升多少防御能力，但却会降低车速并导致可靠性下降。

到1942年秋季的第二次阿拉曼战役时，意大利军队中仍然有不少M13/40，这些坦克在与M4"谢尔曼"和"玛蒂尔达"II坦克交战时无疑处于劣势。一些留在意大利的M13/40参加了在南斯拉夫的战斗。1943年11月，22辆M13/40被德军俘获并交给了武装党卫队突击炮部队和阿德里亚的装甲部队。

总体评价

总的来说，M13/40作战性能并不算太差，火炮能在500米的距离上击穿45毫米厚的装甲板，榴弹威力足以支援步兵，此外其生产性优秀。这种坦克能与1942年之前的大多数英国巡洋坦克相抗衡，但在"玛蒂尔达"II和"瓦伦丁"等步兵坦克的厚重装甲面前其火力又有些不够用，铆接装甲在被击中后会产生飞溅的铆钉，容易伤及乘员，其行驶速度也低于当时主力坦克的平均水平。到1942年，它已经完全落伍，但依旧有相当数量的M13/40服役到二战之后。

Carro Armato M14/41

中型坦克 | M14/41

M13/40中型坦克的有限升级

M13/40脆弱的铆接装甲、勉强够用的主炮和动力不足的发动机让装甲兵们抱怨不已，战车的升级势在必行。但以意大利的工业实力，若想迅速列装新型坦克并形成战斗力就只能在原有设计的基础上进行小修小补。

M14/41沿用了M13/40的总体布局，外形也与后者区别不大，主要的升级体现在防护和动力方面。虽然装甲厚度仍与M13/40相当，但采用铆接工艺的部分有所减少，另外装甲框架的质量和整体装配质量也得到了改善。为了安装体积更大的菲亚特SPA 15T型8缸液冷柴油机，动力舱经过了重新设计。新的散热器格栅与车体轴线垂直而不是平行，这是与M13/40为数不多的外部差异之一。

率先接收M14/41的是第133"利托里奥"师和第132"白羊座"师，随后"半人马座"师也装备了这种中型坦克，这些部队一直战斗到北非落入盟军手中。M14/41参加了两次阿拉曼战役和马雷斯防线上的战斗，暴露出可靠性低、空间狭小和容易起火的问题。1943年11月意大利向同盟国投降，大量的意大利坦克落入德国人手中，但M14/41这种产量相对较大的坦克并未在德军中大量服役。德国人为其取了个Pz.Kpf.Wg. M14/41 736(i)的编号，却只保留了一辆。反倒是意大利共和军将其作为主力战车。

除了标准型外，M14/41还有一种指挥型，称作M14/41CR，配备标准的RF1电台和功率更为强大的RF2电台。RF2电台的天线安装在车体的左侧，可以在车内操作将其放倒以免影响主炮射界。一般一个装甲营会装备两辆M14/41CR指挥坦克，德国人称之为Pz.Bef.Wg. M41 771(i)。M31炮兵指挥车是M14/41的另一种主要改型，炮塔被拆除，双联装的车体机枪被一挺13.2毫米布雷达M1931机枪取代，同时安装了RF1和RF3 CA M2电台，一般每个自行火炮连会配备两辆。此外，意军的M41M 90毫米自行反坦克炮也是基于M14/41底盘开发的，这是一款非常高效的反坦克武器，不过车组人员极度缺乏装甲保护。

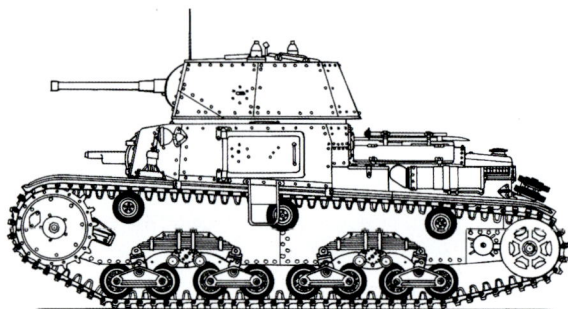

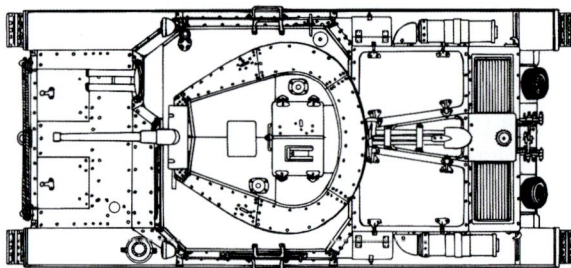

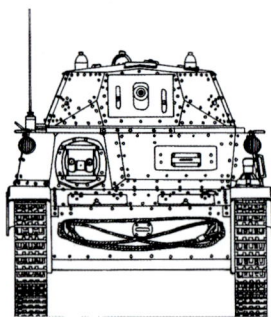

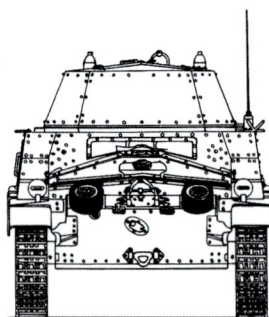

▲ M14/41中型坦克。

基本参数（M14/41）

乘员	4人
战斗全重	14.5吨
车长	4.92米
车宽	2.28米
车高	2.37米
发动机	1台菲亚特SPA 15T M41 V形8缸液冷柴油机（145马力）
最大速度	32千米/时
最大行程	200千米
主要武器	1门32倍径47毫米M1939坦克炮（备弹104发）
辅助武器	3~4挺8毫米布雷达M1938机枪（备弹3200发）
装甲	6~42毫米
总产量	752辆

Carro Armato M15/42

中型坦克 | M15/42

M13/40中型坦克的终极改型

1942年，M13/40和M14/41这两种中型坦克已暴露出明显的不足，计划中的"目标坦克"又迟迟无法服役，因此意大利急需一种比M14/41更为强大，同时可以快速投产的"过渡坦克"以解燃眉之急。

总体设计

M15/42中型坦克仍然没有摆脱M13/40和M14/41的窠臼，这是追求易生产性的必然结果，不过它的火力和动力都得到了一定程度的加强。

在火力方面，一门40倍径47毫米坦克炮取代了原先的32倍径炮，新火炮有着更平直的弹道、更高的初速与更大的射程，穿甲弹初速可达900米/秒，100米的距离上能击穿112毫

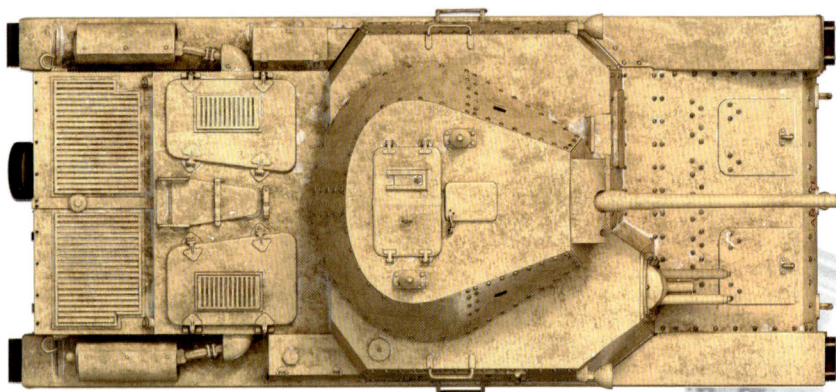

基本参数（M15/42）	
乘员	4人
战斗全重	15.5吨
车长	5.09米
车宽	2.28米
车高	2.37米
发动机	1台菲亚特SPA 15TB M42 V形8缸液冷汽油机（190马力）
最大速度	38千米/时
最大行程	220千米
主要武器	1门40倍径47毫米M1938坦克炮（备弹111发）
辅助武器	3～4挺8毫米布雷达M1938机枪（备弹2640发）
装甲	6～42毫米
总产量	—

米的装甲，500米这个常见的坦克交战距离上则可以击穿60毫米的装甲。如果使用破甲弹，则可在任意距离击穿116毫米厚的装甲。

由于意大利柴油储备告急，M15/42安装了汽油发动机，型号为菲亚特SPA 15TB M42，测试台上的输出功率达到了190马力，不过实际装车时往往只有170马力。为了安装新发动机，动力舱接受了改造并延长了15厘米。此外M15/42还配备了全新的手动变速器，有8个前进挡和2个倒车挡。坦克主油箱容量可达367升，副油箱也有40升，公路行程可达220千米，越野条件下也可以行驶130千米。

同M14/41相比，M15/42在装甲厚度上几乎没有变化，且仍有不少装甲板采用铆接工艺安装。

生产与服役

1942年10月，意大利皇家军队订购了280辆M15/42，但测试还没有开始生产计划就被打乱了，除了要优先生产新式的P26/40重型坦克外，扩大自行火炮的产量也对M15/42产生了影响，订单被削减到了220辆。直到1943年1月M15/42才正式投产，生产数量一直众说纷纭，有112辆、152辆、190辆、220辆、248辆、287辆等多种说法。

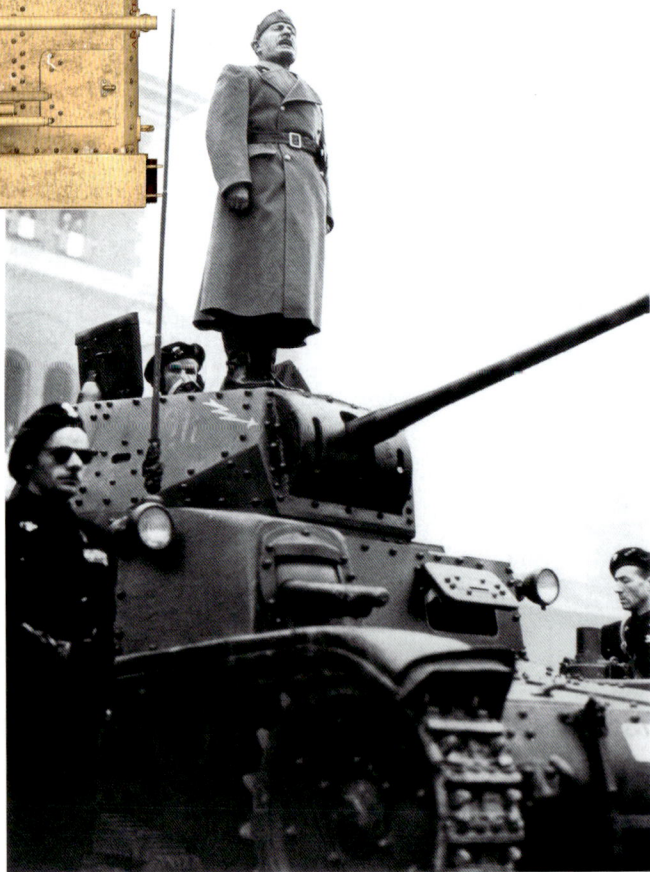

▲ 1944年12月16日，墨索里尼在米兰向意大利国民共和卫队发表演说，演讲台是一辆M15/42中型坦克。

1943年9月，意大利与同盟国签订《卡西比尔停战协定》后，装备M15/42的意军第135"白羊座"Ⅱ装甲师曾与进犯罗马的德军战斗。在意大利被德国占领后，M15/42悉数被缴获，德军主要将其用于南斯拉夫的作战行动。

Carro Armato P26/40

重型坦克 | P26/40

二战期间意大利研制的最后一种坦克

P26/40是应意大利总参谋部要求而研制的一种"重型坦克"，用以和同盟国装备的主流中型坦克抗衡。虽然研发工作1940年就已启动，但受制于工业水平，特别是生产大功率柴油机的能力，再加上军方变更设计要求，样车直到1942年才完成建造，此时留给意大利的时间已经不多了。

总体设计

P26/40初期的构型实际上就是一辆加大的M11/39坦克，大量采用垂直铆接装甲，主炮则采用18倍径75毫米短管火炮。

然而1941年苏联T-34中型坦克的惊艳亮相深深刺激了意大利人，P26/40的设计被迫重回绘图板，设计师为其增添了更多的倾斜装甲并着手安装威力更强大的主炮。

虽然车上还留有大量的铆接工艺痕迹，但意大利人此时也部分使用了焊接装甲。其防护水平相比之前的中型坦克提升巨大：炮塔正面装甲达到了60毫米，侧面和后部皆为45毫米；车体正面装甲厚50毫米，侧面45毫米，后部40毫米；车体和炮塔顶部达到了20毫米，车底也有14毫米。这种防御水平几乎就是针对英国的40毫米QF 2磅反坦克炮量身打造的，但无法抵御越

来越常见的英国6磅反坦克炮和美国的57毫米M1型反坦克炮。

　　P26/40最终采用了34倍径75毫米安萨尔多主炮，它源自75毫米M1937师属野战炮，主要功能已从支援步兵转为攻击装甲目标。车体上不再安装自L3系列坦克就开始使用双联装机枪架，炮塔类似于M13/40炮塔的放大版，但仍然不太宽敞，只能容纳两名乘员。P26/40采用的是四人车组，车长的任务比较繁重，需要分心兼职炮长的工作。

　　军方坚持要求安装柴油发动机，而意大利长期无法生产大功率柴油机。最终，菲亚特公司在1942年研制出SPA 342型12缸柴油机，这成了P26/40的动力源。传动系统与以前的意大利坦克相近但尺寸更大，其可靠性仍算良好，只是变速器并不支持坦克高速行驶。另外，落后的钢板弹簧平衡悬挂也制约了坦克的行驶速度。

生产与服役

　　菲亚特公司和安萨尔多公司许诺在1942年年初投入量产，这也成了意大利1942年春季拒绝购买德国四号坦克生产许可证

的原因之一，不过直到1943年P26/40的样车才通过测试。意大利军方一口气订购了1000多辆，然而1943年9月意大利宣布投降时只有一小部分预生产型走下生产线，它们还没来得及开出车间交付部队就被德国人接管了。次年德国人恢复了P26/40的生产，最终只有约100辆交付给了德军并被定型为 Pz.Kpf.Wg. P40 737(i)。

　　按照最初的设想，P26/40重型坦克与德国四号坦克相同，是一种支援坦克，每个装甲营应当编有1个装备P26/40的重型坦克连，它将与3个装备中型坦克的连队并肩作战。具有讽刺意味的是，没有一辆P26/40在意大利军队中服役。德军将P26/40配发给一些独立的小部队，如武装党卫队第10、第15警察坦克连，此外武装党卫队第24师也接收了一批。意大利装甲和火炮的生产能力尚可，但发动机的产能却严重不足，因此德军装备的一部分P26/40没有发动机，只能在防线上充当固定火力点。只有两辆P26/40坦克保留到了战后。

▲ 1943年10月，希特勒检视缴获来的P26/40中型坦克，坦克装甲上标明了厚度与倾斜角度，远处是一辆"猎虎"坦克歼击车模型。

基本参数（P26/40）

乘员	4人
战斗全重	26吨
车体长/全长	5.5米/5.8米
车宽	2.8米
车高	2.5米
发动机	1台菲亚特SPA 342 V形12缸液冷柴油机（330马力）
最大速度	40千米/时
最大行程	280千米
主要武器	1门34倍径75毫米安萨尔多坦克炮（备弹75发）
辅助武器	1～2挺8毫米布雷达M1938机枪（备弹600发）
装甲	14～60毫米
总产量	103辆（含原型车）

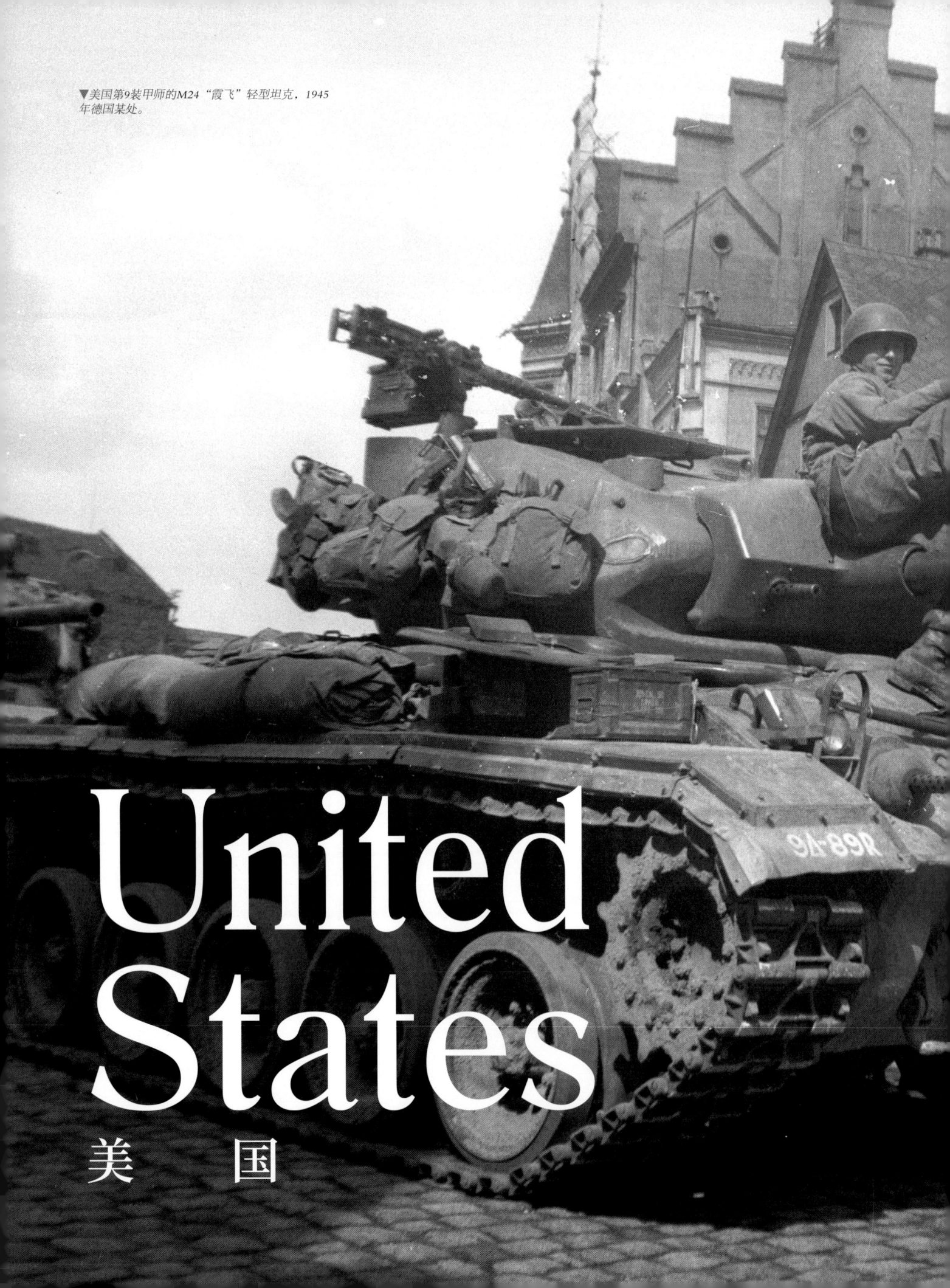

United States

美　国

▲ 1944年"鹅卵石行动"期间，美军的M4"谢尔曼"坦克驶出登陆舰登上意大利安齐奥滩头。

位于北美洲的美国是世界上的第一个现代共和制国家，也是继英国之后的又一个头号工业强国，随着欧陆老牌殖民主义列强陷入发展停滞和衰退，美国脱颖而出。

第一次世界大战开始之后，美国从法国引进了第一批雷诺FT坦克，在当时正值壮年的乔治·史密斯·巴顿，也就是后来的四星上将巴顿的领导下，美国组建了第一支装甲部队，随即开启了坦克的发展。不过美国孤悬北美洲，和亚欧大陆隔太平洋和大西洋相望，缺乏陆上宿敌，因此探索坦克技术的意愿并不强烈，甚至不如迫切渴望侵略中国的日本。

此外，美国虽然作为协约国的一员取得了一战的胜利，但没有获得希望中那么多的胜利果实。受门罗主义的影响，在第一次世界大战结束后的战间期和第二次世界大战前期，从国会到民间，许多美国人希望在未来可能形成的数个国家阵营之间保持中立，而不是出兵对别人的"家事"加以干涉，正所谓"各人自扫门前雪，莫管他人瓦上霜"。因此，虽然美国民间的技术人士曾推出过克里斯蒂悬挂这类影响了苏联一代坦克的发明专利，但美国官方对坦克的发展始终不够重视，这导致美国坦克频频出现原地踏步甚至倒退的情况，走了许多现在看来有些夸张和滑稽的歪路。

美国的坦克发展一度落后于世界潮流，这是不争的事实。但同期欧陆列强和日本也处于探索阶段，发明坦克的英国人更

是沉浸在第一次世界大战成功运用坦克获得的狂喜中迟迟不能自拔。如此看来，上一次经历大规模地面战争还在19世纪中叶，并且缺乏环境刺激的美国在发展坦克时犯下种种错误也是情有可原的。

在20世纪30年代中期，随着欧陆各国再次整军备战，美国陆军也认识到了坦克的重要性，但战争开始前美军坦克无论是在数量上还是在质量上都无法令人满意。在珍珠港的火光腾起后，美国被迫作为同盟国的一部分卷入二战，不得不快速发展并大规模生产各种类型的坦克以满足自己和盟友的需要。

在整场战争中，美国虽然没有引入根本性的新技术，但成功地借鉴了英国和苏联的经验，并大规模生产了适应战争需求的坦克。从轻型到中型再到重型坦克，美国陆军装甲部队的装备不断升级，其实力不断增强。

在轻型坦克方面，美国人基于M2轻型坦克开发出了M3/M5"斯图亚特"，这是二战期间产量最大、最著名的美国轻型坦克，从1941年到1944年共生产了22743辆。它们以高机动性和高可靠性著称，但在对抗德军的三号、四号坦克时，其火力和防护水平都处于一个尴尬的境地。为了弥补"斯图亚特"的不足，美国在二战中后期开发了M24"霞飞"轻型坦克，总共生产了4731辆。它具有更好的装甲和75毫米主炮，性能不仅比M3/M5更优秀，也超越了苏联和英国的同行。在M24的基础上，美国还

发展出了M41这样的新型坦克，不过这是战后的故事了。

而在中型坦克方面，M3"李/格兰特"中型坦克基于更早期的M2中型坦克开发，在1941至1942年间生产了6258辆。它是美国工业体系为人类坦克发展史贡献出来的最奇特的"艺术品"，装备位于车体炮郭、射角有限的75毫米主炮和位于全向炮塔中的37毫米炮，高大的车体能够掩护后方行进的步兵，使其免受敌军炮火的摧残，但却不利于在"坦克打坦克"的装甲对决中隐蔽自己。一旦遭到命中丧失战斗能力，车内像沙丁鱼罐头一样簇拥着的6到7名乘员也难以通过有限的舱门及时逃出——"六兄弟棺材"或"七兄弟棺材"的恶名很快就在英美苏三军的一线官兵当中流传开来。很明显，M3"李/格兰特"的设计思路仍然受到"步兵支援坦克"概念的影响，这是美国坦克一度落后于世界潮流的最好例证。该坦克曾作为《租借法案》所提供武器援助的一部分加入苏军和英军的序列并在实战中得到运用，这两位海外用户对它的评价都不是很好。由于结构复杂、操作烦琐，且被实战验证并不实用，它们要么随着本土坦克产能的提升被弃置一边，要么逐渐被后来居上的M4"谢尔曼"淘汰。

M4"谢尔曼"中型坦克是二战中产量最大的美国坦克，共生产了49234辆，和苏联著名的T-34中型坦克旗鼓相当。之所以能够获得如此庞大的订单，是因为这款坦克的设计充分吸收了当时发生的各类装甲作战的经验。美国人在坦克方面第一次做到了与世界水平同步，"谢尔曼"以可靠性高和功能多样著称，广泛用于各个战场，并且有多种改进型号。它们虽然在面对德国同行时表现得有些蹩脚，但在太平洋战场一点也不落人后。在日军那些技术全面落后欧洲数年、装甲厚度甚至赶不上主炮口径的九七式"中型坦克"面前，全重突破30吨、已经普及了75毫米炮的"谢尔曼"系列中型坦克无疑是势不可挡的存在。

1940年美国人便开始研发M6重型坦克，一开始它被设计用于对抗德国的重型坦克，但受"步兵支援坦克"理念的影响，它仍然采用中口径火炮和小口径火炮组合的火力配置，其高大的车体犹如充分发酵的面包。M6避弹外形不佳，火力甚至达不到同期一般中型坦克的水平，最终只生产了40辆，从未上过战场。而作为高于M4"谢尔曼"中型坦克的装甲团火力支柱，M26"潘兴"重型坦克被设计用于在西线战场对抗德国人的"黑豹"和"虎王"等新型坦克，从1945年年初开始生产，二战结束前制造了1436辆。装备90毫米长身管主炮的"潘兴"在战争末期表现出色，并在冷战期间的冲突中继续发挥作用，同时其设计也奠定了战后美国第一、第二代主战坦克的基础。

首次赴北非作战的美军大红一师极度缺乏经验且非常狂妄自大，在凯瑟琳山口之战中遭到德军痛击，甚至被英军嘲讽为"我们这边的意大利人"，但这和美国人能造出好坦克的事实并不矛盾。二战期间美国的坦克生产体现了其强大的工业能力

和对战争需求的快速响应，不仅英国人要面对自己最好的巡洋坦克是来自美国的"谢尔曼"这一现实，主导东线战场的苏联也通过《租借法案》获得了多达5872辆美国坦克，其中大部分是性能不亚于"瓦伦丁""十字军"和T-70的"斯图亚特"轻型坦克，还有一些超越了"克伦威尔"，性能和T-34不分伯仲的"谢尔曼"中型坦克。尤为值得一提的是，苏联装甲部队广泛使用柴油而不是美军常用的汽油，为此这些"谢尔曼"的动力都被细心地替换成了柴油发动机，美国强大的工业生产能力可见一斑。

作为同盟国的工业大后方，美国在研发坦克时拥有大量的试错机会，这对参战国来说十分难得，在一定程度上弥补了战前设计经验的缺失。太平洋战争打响后，克莱斯勒、福特、凯迪拉克等和平年代的汽车大亨很快就把充沛的产能转移到了各种装甲车辆的生产上，它们可能在某些性能上不如久经历练的德国和苏联同行，但其出色的可靠性得到了同盟国的认可，巨大的产量对盟军的最终胜利起到了关键作用。二战的胜利确立了美国的世界霸主地位，战后美军在东至亚太、西至欧洲的广大地域发挥影响，美国工业部门也继续发力，为冷战和后续冲突提供了更多的形形色色的坦克，不过这也是后话了。

▲ 乔治·史密斯·巴顿中校与法国雷诺FT坦克，1918年拍摄。

▲ 1943年，一辆即将出厂的"谢尔曼"坦克正在进行烤漆作业，红外线灯能在4分钟内固化车漆，其间驾驶员无须离开坦克。

Marmon-Herrington Tank

轻型坦克 ｜ 马蒙 - 赫灵顿坦克

不受欢迎的应急款轻型坦克

　　美国马蒙-赫灵顿公司是一家位于印第安纳州的专门从事商用车和卡车生产的企业，自1933年开始涉足军用卡车市场。1936年，美国海军陆战队想要采购一种能够用小型登陆艇搭载的轻型坦克，马蒙-赫灵顿公司在当年拿出了CTL-3轻型坦克参与投标，获得了军方的少量订单。1939年，美国开始重整军备，嗅到商机的马蒙-赫灵顿公司决心研制一种改进型的CTL-3，即CTL-6。不过事与愿违，CTL-6构型过于简陋，装甲过于薄弱，即便价格更便宜、车体更轻便，可依旧无法与当时出现的M2A4轻型坦克和M3"斯图亚特"轻型坦克相媲美。然而马蒙-赫灵顿公司并没有就此停下脚步，当时欧洲局势阴云密布，英国人因此暂停了军事装备出口，而荷兰在荷属东印度群岛的殖民地武备薄弱。为了防备日本的进攻，饥不择食的荷兰人不得不求助于当时还有产能的马蒙-赫灵顿公司。

　　应荷兰的要求，马蒙-赫灵顿公司推出了CTLS-4TA轻型坦克，这是一种基于CTL-6轻型坦克底盘的新战车，在前者的基础上增加了可以有限旋转的机枪塔。CTLS-4TA有4TAY和4TAC两种构型，机枪塔分别位于车体的左侧和右侧。全车可以安装2到4挺7.62毫米柯尔特机枪，其中车体前部1挺，炮塔内部1挺，炮塔外部还可以安装1到2挺。该型坦克的工作环境比较恶劣，只有机枪塔顶部一个舱门供乘员出入，为了给驾驶员留出空间，机枪塔只能旋转270°，此外车内空间也十分狭小。动力来自一台124马力赫拉克勒斯WXLC-3 6缸汽油发动机，可以让8吨重的战车达到48千米/时的极速。防护方面，它的装甲同CTL-6一样薄弱，最厚处仅有12.7毫米。

　　病急乱投医的荷兰人于1939年12月下达了200辆的订单并爽快地支付了货款。荷兰方面希望1941年12月就能收到全部200辆战车，并且还另外增购了马蒙-赫灵顿公司的CTMS和MTLS坦克。然而马蒙-赫灵顿公司以前从未接收到如此之大的订单，即便加班加点生产，第一批坦克运抵爪哇已经是1942年年初了，当时日本人的兵锋直指荷属东印度群岛。第二批坦克本应该在接下来的三个月内抵达，但运输这些战车的货轮在半路上被击沉了。

　　荷属东印度的殖民军东拼西凑找出24辆英国维克斯轻型坦克、7辆马蒙-赫灵顿坦克，以及各种杂色装甲车，组成装甲营负责万隆地区的防卫工作。爪哇战役在1942年2月28日正式打响，该装甲营被派往西爪哇的布伊腾佐格协助步兵防守，很快就被日军击溃。3月2日，该装甲营奉命在苏邦地区发起反击，最初取得了些成果并一度击退了日军的步兵，但很快就不堪重负被迫撤退，在缺乏弹药和燃料之际抛弃了大量装备。剩余的马蒙-赫灵顿坦克用于防守军营，后来被日军俘获。一些马蒙-赫灵顿坦克在二战后还参加了印度尼西亚独立战争。

　　1942年4至5月，尚未交付荷属东印度的马蒙-赫灵顿坦克被移交给了澳大利亚，但没有在澳军中占据一席之地。澳大利亚第1装甲师短暂使用后就将其移交给了

▲ 荷属苏里南装备的CTMS-1TB1坦克。

基本参数

车型	马蒙-赫灵顿CTLS-4TA	马蒙-赫灵顿MTLS-1G14
乘员	2人	4人
战斗全重	8吨	20吨
车长	3.51米	4.9米
车宽	2.08米	2.64米
车高	2.1米	2.81米
发动机	1台赫拉克勒斯WXLC-3 6缸汽油机（124马力）	1台赫拉克勒斯汽油机（240马力）
最大速度	48千米/时	40千米/时
最大行程	96千米	—
主要武器	2～4挺7.62毫米柯尔特或勃朗宁机枪	2门37毫米L.44 AAC机关炮
辅助武器	—	至多7挺7.62毫米柯尔特或勃朗宁机枪
装甲	最厚12.7毫米	12.7～38毫米

▼ 马蒙-赫灵顿MTLS-1G14轻型坦克。

训练单位，其中11辆被拆解用作备件，其余138辆在1943年报废，拆解获得的废铁由福特公司回收。

另有一批马蒙-赫灵顿坦克应该于1942年年初交付美国陆军，但测试结果让评估人员大为震撼——这些廉价的轻型坦克质量差劲，几乎难以形成战斗力。测试小组的成员向马蒙-赫灵顿公司施压，让他们的坦克只能用于援助外国。

马蒙-赫灵顿为中国生产了T14和T16两种坦克，采用和CTLS-4TA相似的设计，炮塔构型略有不同。然而战车的交付完全成了噩梦，国民党当局也拒绝了这种质量极为低劣的坦克。

1943年，亦有一批马蒙-赫灵顿坦克短暂装备驻阿拉斯加的美军部队，用于防备日本对阿留申群岛的进攻。这些战车同样不受欢迎，没过多久就退役了。

除了CTL-6、CTLS-4TA之外，CTMS和MTLS也是比较有名的马蒙-赫灵顿坦克。CTMS装备中置的、可以全向射击的炮塔和37毫米火炮，总产量达到了31辆，但并未在荷属东印度群岛沦陷前生产出来。MTLS坦克尺寸更大，配备双联装自动炮，由四名乘员操纵，装甲最厚处可达38毫米。这些战车的毛病相当多——速度缓慢、刹车迟钝、悬挂有缺陷，而当时美国已经有了大量性能更好、质量更稳定的坦克，所以自然入不得美军的法眼。

M2 Light Tank

轻型坦克 | M2

第一种大规模生产的美国轻型坦克

　　美国陆军的轻型坦克始于1927年设计的T1，它衍生出了一系列试验性设计，但从未量产。五年后问世的T2坦克融合了T1的部分设计与维克斯6吨坦克的钢板弹簧悬挂。不过在1934年，目睹了垂直螺旋弹簧悬挂的快速行驶能力之后，设计人员为T2轻型坦克的第二个原型T2E1换装了这种新式悬挂。1935年，T2E1被定型为M2轻型坦克并投入量产。

　　M2轻型坦克的第一个量产型号是M2A1，总共生产了17辆。M2A1采用传动机构在前，驾驶室和战斗室居中，动力舱在后的布局，配备一个机枪塔，主要武器为1挺12.7毫米机枪，同时配备1挺7.62毫米同轴机枪和1挺

▲ M2A4轻型坦克。

7.62毫米车体机枪。发动机选用的是纵向尺寸紧凑但直径较大的大陆W-670航空发动机，最大道路速度可达58千米/时。车组只有三人，车长是兼职机枪手。

20世纪30年代中期，"多炮塔坦克"的概念大行其道，M2轻型坦克的第二个量产型号M2A2也采用了双机枪塔设计，一个转塔安装一挺12.7毫米机枪，另一个转塔则安装一挺7.62毫米机枪。该车迅速成为美军的主力坦克，总产量达到了239辆。因为两个机枪塔看起来比较高耸，这些坦克获得了"梅·慧斯"（Mae West）的昵称——这是一位身材丰满的女演员的名字。

1937年问世的M2A3对M2A2进行了少许改进，拥有更厚的装甲、更长的垂直蜗卷弹簧、更宽的负重轮纵向间距和更大的履带接地面积。此外还增加了两个机枪塔的间距，修改了发动机盖板的形状。发动机冷却系统也得到升级，最终传动比也从2.1：1提升到了2.41：1。M2A3不仅防护得到增强，而且行驶更加平稳，检修发动机也更加容易。这个型号总共生产了72辆。

西班牙内战的经验表明，坦克需要安装火炮，只配备机枪是不够的。美国人当时唯一可用的、能装上坦克的火炮只有37毫米M5反坦克炮。不过这门炮没办法安装在小型炮塔内。为了节约时间，美国人对生产线上的M2A3轻型坦克进行相应的

▲ 参加1939年美国陆军日游行的M2A3轻型坦克。

修改，为其安装足以容纳37毫米主炮的双人炮塔，这个版本叫作M2A4。这是M2轻型坦克中生产数量最多的一个版本，总共制造了375辆，最后10辆于1942年3月交付。

除了升级炮塔和主炮之外，M2A4还将装甲全面加厚到25毫米（车顶和车底除外），其油箱容积和最大行程也得到大幅增加。1941年12月之后，M2A4被M3"斯图亚特"取代，完全转入训练任务。

基本参数（M2A4 轻型坦克）

乘员	4人
战斗全重	11.6吨
车长	4.43米
车宽	2.47米
车高	2.65米
发动机	1台大陆W-670-9A径向7缸气冷汽油机（250马力）
最大速度	60千米/时
最大行程	320千米
主要武器	1门37毫米M5坦克炮（备弹103发）
辅助武器	4～5挺7.62毫米勃朗宁M1919机枪（备弹8400发）
装甲	6～25毫米

M3/M5 Stuart

轻型坦克 | M3/M5 "斯图亚特"

二战期间美军装备最多的轻型坦克

二战初期，随着欧洲战事的逐步升级，长期中立的美国也开始重新整顿军备，为即将到来的全球性战争做准备。此时美国陆军装备的M2轻型坦克已明显过时，无法与世界上的主流轻型坦克相抗衡，于是设计师对1938年定型的M2A4轻型坦克进行了全面升级。这一努力在1941年修成正果，这便是M3"斯图亚特"轻型坦克。

M3轻型坦克

M3轻型坦克的火力与M2A4基本一致，但防护进行了全面升级。其车体首上厚38毫米，首下厚44毫米，驾驶员和机枪手舱口盖厚25毫米，车体侧面和后部厚25毫米，炮塔正面为38毫米，炮塔侧面和后部也有22毫米，炮盾处更是达到了51毫米。

相较同时期的其他轻型坦克，M3的整体防护更为优秀，正面足以在500米的距离抵挡37毫米反坦克炮的射击，侧面也足以在相同距离上防御20毫米机关炮或反坦克步枪的射击。

但由于其安装了直径较大的径向发动机且采用发动机后置、变速器前置、传动轴穿过战斗室底部的布局，车体不可能设计得很低矮，致使其正面投影面积较大，从而增加了在战斗中被命中的概率。

采用倾斜装甲设计的炮塔安装一门37毫米M5坦克炮和一挺7.62毫米勃朗宁M1919同轴机枪。车体上分别在首上与两侧安装三挺勃朗宁M1919机枪，但两侧的机枪经常被拆除以减轻重量、拓宽车内空间，另外车顶也可以安装一挺机枪用于防空。起初发动机仍为大陆W-670型，但在量产过程中出现了发动机产能不足的情况，因此有1496辆安装了吉伯森T-1020发动机。

M3轻型坦克的生产由美利坚汽车与铸造公司（American Car and Foundry Company）负责。第一批M3于1941年3月走下生产线，截至停产时总共生产了5811辆，其中大部分通过《租借法案》提供给了英国军队。在北非沙漠中，M3轻型坦克可靠性很高且机动性极为优秀，主炮可以发射榴弹等多种弹药以支援步兵作战，因此它深受英军赞赏，一度得到了"甜心"这种可爱的昵称。

不过作为一种轻型坦克，M3在和德军中型坦克的对抗中并不占有优势，尤其是在地形开阔的北非沙漠里，在二战的信息与指挥条件下，机动性优势很难弥补火力和防护上的劣势。德军三号坦克的50毫米主炮可以在1000米外穿透M3的正面装甲。与此同时，"鬼火少年"一般四处飙车的坦克兵也让英军后勤人员头疼不已。

在1942年5月定型的M3A1针对实战中暴露的问题进行了一系列改进，包括采用有吊篮的焊接炮塔以加强防护、改善乘员工况，加装陀螺稳定器以获得一定的行进间射击能力，移除车体两侧的航向机枪以增加空间，等等，然而在同年11月的"火炬行动"中仍然有大量的M3A1被击毁。

M5轻型坦克

由于径向发动机要优先供应飞机生产，M3轻型坦克不得不改用两台凯迪拉克V形8缸液冷汽油机，这一改型于1942年4月开始量产，由凯迪拉克公司负责制造。起初它被称作M4轻型坦克，但为了避免和新研制的M4中型坦克弄混，在投产之前更名为M5轻型坦克。除了更换动力系统之外，M5还配备了新的液力式自

动变速器，并且配合新发动机重新设计了后部车体。它比M3更容易操控，行驶起来更安静，发动机的散热效率也更高。M5采用和M3A1相同的炮塔，车体装甲厚度与M3A1基本相当，但首上部分改为一整块倾斜装甲，拥有更好的避弹外形。

M5的部分技术很快就反哺了M3坦克，M3的最终改型M3A3采用了和M5类似的首上倾斜装甲，并且在M5的基础上更进一步，车体两侧的装甲也采用倾斜设计。此外，M3A3增添了炮塔尾舱以容纳SCR-508型电台。和之前要在正面战场上扛线的M3和M3A1不同，M3A3只担负警戒与侦察任务。紧接着，M3A3的炮塔又用在了M5的改型M5A1身上，这是全系列中产量最大的一个型号。

作为轻型坦克，M3与M5的技战术性能是完全合格的，37毫米火炮也足以应付绝大多数轻型坦克的预设目标，但反法西斯战争前期的严峻形势却让它们不得不肩负起装甲战主力的重担，与火力、防护远远领先于自己的中型坦克正面对抗，这让它们丧失了在机动性与勤务性上的优势。

基本参数

车型	M3轻型坦克	M5A1轻型坦克
乘员	4人	4人
战斗全重	12.7吨	15.2吨
车长	4.53米	4.62米
车宽	2.24米	2.39米
车高	2.64米	2.33米
发动机	1台大陆W-670-9A径向7缸气冷汽油机（250马力）或1台吉伯森T-1020径向9缸气冷柴油机（250马力）	2台凯迪拉克V形8缸液冷汽油机（共220马力）
最大速度	58千米/时	56千米/时
最大行程	120千米	160千米
主要武器	1门37毫米M5或M6坦克炮	1门37毫米M6坦克炮
辅助武器	5挺7.62毫米勃朗宁M1919机枪	3挺7.62毫米勃朗宁M1919机枪
装甲	12.7～51毫米	12.7～51毫米
产量	5811辆	6810辆

▲ M3轻型坦克。

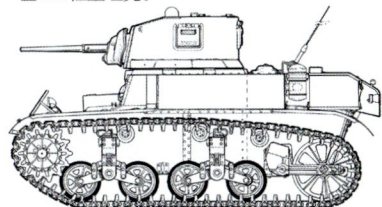

▲ M3A1轻型坦克。

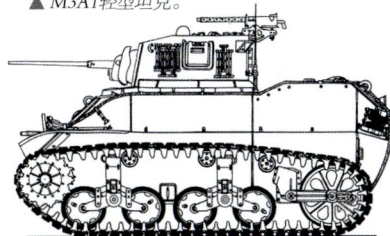

▲ M5轻型坦克。

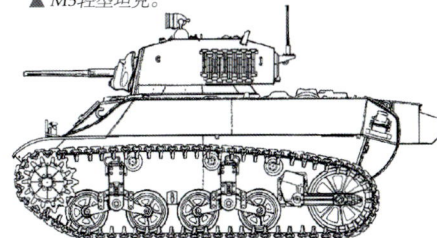

▲ M3A3轻型坦克。

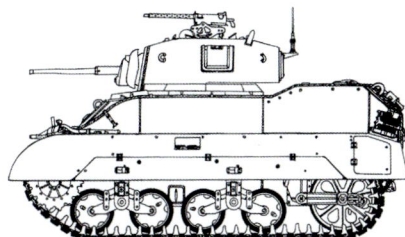

▲ M5A1轻型坦克。

◀ 在车首安装了树篱剪的M5A1。

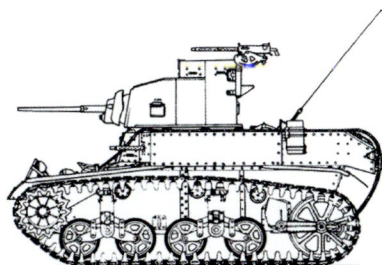

M24 Chaffee

轻型坦克 ｜ M24 "霞飞"

二战中性能最优异的轻型坦克

　　自从《租借法案》颁布以来，M3和M5"斯图亚特"坦克就被跨过大西洋的货轮源源不断地运往北非沙漠，在那里接受战火洗礼。1942年，美国陆军派遣评估团队到一线战场听取英国陆军对"斯图亚特"坦克的意见，为下一代轻型坦克的设计提供参考，获得了如下反馈：37毫米主炮火力不足，穿甲弹无法在较远距离击穿德军坦克的正面装甲，榴弹装药不足、杀伤效果不理想，希望改为"谢尔曼"坦克同款的75毫米火炮；装甲薄弱，车体高大，生存能力差，无法抵御各式反坦克武器的直击，希望改进车体并加厚装甲。获取了这些意见后，美方决定针对"斯图亚特"坦克暴露出的一系列问题，设计一款全新的轻型坦克。

　　按照最初的要求，新一代轻型坦克将安装75毫米火炮，防护优于M3/M5"斯图亚特"，动力同样来自两台凯迪拉克V形8缸液冷汽油机，悬挂系统需经过改良，战斗全重不得超过16吨。起初打算在M5轻型坦克的基础上改进，但由于其双人炮塔空间过小，无法容下75毫米火炮，此计划只得作废。同时期开发的T7轻型坦克原计划重14吨，由于美国军方一再要求加强火力与装甲，最后虽然满足了技战术指标，但重量也增加到了

24.5吨，且整体性能与M4"谢尔曼"中型坦克相差无几。军方不可能同时为两种定位重复的坦克买单，所以T7只生产了十几辆就草草停产了。

　　时间来到1943年5月，美国陆军军械局偕同通用汽车旗下的凯迪拉克实施了T24坦克开发计划，战斗全重将严格控制在20吨以内。T24的车体由T7改进而来，相比M5的车体有着更低矮的轮廓。由于需要安装75毫米火炮与三人炮塔，增加装甲厚度很有可能导致超重，于是设计师们增大了装甲的倾角以提高等效厚度。首上装甲厚25毫米，倾斜60°；首下装甲厚25毫米，倾斜45°；车体侧面前部厚25.4毫米，后部厚19毫米，装甲板倾斜12°。炮厚盾38毫米，炮塔正面装甲厚38毫米，呈圆弧形；炮塔右侧厚38毫米，倾斜25°，左侧厚25毫米，倾斜20°；炮塔后部则为垂直装甲，厚25毫米。

　　主要武器是一门75毫米M6坦克炮，由B-25H轰炸机使用的T13E1型75毫米炮改良而来。这门炮可以和美军中装备的其他75毫米坦克炮通用弹药，且重量非常轻，反后坐系统设计得非常紧凑，代价是身管壁较薄，寿命较短且更容易过热。辅助武器为一挺7.62毫米同轴机枪以及一挺7.62毫米车体机枪，车顶还能安装一挺12.7毫米高射机枪。另外，炮塔右侧还以35°

基本参数（M24 "霞飞" 轻型坦克）	
乘员	5人
战斗全重	18.4吨
车体长/全长	5.03米/5.56米
车宽	3米
车高	2.77米
发动机	2台凯迪拉克44T24 V形8缸液冷汽油机（共220马力）
最大速度	55千米/时
最大行程	160千米
主要武器	1门75毫米M6坦克炮（备弹48发）
辅助武器	2挺7.62毫米勃朗宁M1919机枪（共备弹3750发） 1挺12.7毫米勃朗宁M2 HB机枪（备弹440发） 1具51毫米M3榴弹发射器（备弹14发）
装甲	10～38毫米
总产量	4731辆

的固定角度安装了一具51毫米M3榴弹发射器，用于发射烟幕弹。炮塔水平旋转为液压驱动，而火炮俯仰为手动操纵。

发动机为两台凯迪拉克44T24 V形8缸液冷汽油机，每台发动机都与一台液力自动变速器相连，两台变速器连接到一个同步啮合分动箱上。悬挂系统为扭杆式，每侧有5个负重轮和3个托带轮，除了车体中间的一对负重轮，其余的负重轮都安装了减振器。其最大公路速度为55千米/时，最大越野速度40千米/时。尤为值得一提的是，倒车速度可达28千米/时，在突然遇到威胁时可以快速撤退。

T24原型车于1943年10月完成，军方认为它设计十分成功，立即下了1000辆的订单，随后又追加到5000辆。在修改了若干问题后，T24于1944年3月被正式定型为M24轻型坦克。生产工作由凯迪拉克和梅西-哈里斯两家公司负责，1945年1月时已完成4070辆，同年8月停产前总共完成了4731辆。一些M24被提供给了英国陆军，在那里它们获得了"霞飞"的绰号。

M24的设计用途是取代性能已经落伍的M3/M5"斯图亚特"轻型坦克，但由于投产时间较晚且"斯图亚特"坦克存量过大，很多部队直到德国投降都没能换装M24。第一批34辆"霞飞"在1944年12月运抵法国，其优异的机动性、强大的越

野性能和较高的可靠性深受装甲部队赞扬，75毫米主炮在面对中型坦克时也有一战之力，在突出部之战中甚至出现过M24击毁德军四号坦克的战例。但由于服役时间过晚，M24对欧陆战事没产生太大的影响。二战结束后它经历了大量的改造，但其底盘性能已无法满足冷战时期坦克的需要，更多的还是转为其他用途，如M37自行榴弹炮、M41自行榴弹炮、M19自行高射炮，等等。M24可以说是二战期间性能最优异的轻型坦克，但因为出场太晚，它并没有像预想中那样大放光彩。

▲ 一辆1945年3月在莱茵贝格被击毁的M24"霞飞"，车体机枪座被洞穿。

M2 Medium Tank

中型坦克 ｜ M2

混合了坦克间交战理念和堑壕战遗风的中型坦克

可以将M2中型坦克视作M2轻型坦克的放大版，整体性能并不出色。它从未踏上过战场，在二战期间一直担负训练任务，不过它身上的很多设计，特别是悬挂系统和动力总成等部分，对后续的M3和M4中型坦克产生了深刻的影响。

M2中型坦克具有与M2轻型坦克相似的总体布局，并且大量采用M2轻型坦克的零部件。当然该车也使用了不少新设备，新的挂胶履带有着比原本的金属履带更高的耐用性，发动机仍为径向气冷汽油机，但这是一台莱特-大陆R-975型，更加强劲，紧凑，高效。

M2中型坦克的车体相当高大，倾斜的装甲板包裹着一个宛如机枪堡垒的战斗室。车体部分的表面硬化装

甲以铆接和焊接的方式固定，车体首下部分差速器外壳处的装甲最厚，达28.5毫米。八角形炮塔内装有一门37毫米M3坦克炮，带有32毫米厚的炮盾，这门炮能在500码（457米）距离击穿53毫米厚的均质装甲。

明显受到一战期间英美联合设计的Mk.Ⅷ"自由"坦克的影响，M2中型坦克配备了数量众多的机枪。其中有2挺固定安装在首上部位，4挺安装在车体上部四周的四个球架上，另外炮塔外部还能再装2挺机枪。在两侧后挡泥板上方还各有一个名为子弹偏转板的奇特设计，在坦克驶过堑壕后，以车体后部机枪向子弹偏转板射击，子弹就会被反弹进堑壕里。

1940年8月，美国政府和克莱斯勒公司新建成的底特律阿森纳坦克工厂签订合同，要求为其生产1000辆M2中型坦克，然而欧洲战争的经验表明了M2中型坦克已经过

时了，政府很快就修改了合同，要求底特律阿森纳坦克工厂生产更为先进的M3中型坦克。就这样，只有18辆M2中型坦克从底特律走下生产线。

此后，岩岛兵工厂生产了94辆M2A1中型坦克，这是陆军要求的改进版本，炮塔借鉴了M3"斯图亚特"轻型坦克，炮盾厚度增加到51毫米，车体部分的所有垂直装甲都增厚至31.8毫米，发动机还增加了机械增压装置以提高功率。不过它依旧装甲薄弱、外形高大，弱小的火炮也与巨大的车体尺寸很不相称，无法与当时欧洲的中型坦克相匹敌。

基本参数

车型	M2中型坦克	M2A1中型坦克
乘员	5人	5人
战斗全重	17.25吨	18.74吨
车长	5.38米	5.38米
车宽	2.62米	2.62米
车高	2.84米	2.74米
发动机	1台莱特-大陆R-975-EC2径向9缸气冷汽油机（340马力）	1台莱特-大陆R-975-EC2径向9缸气冷汽油机（400马力）
最大速度	42千米/时	42千米/时
最大行程	210千米	210千米
主要武器	1门37毫米M3坦克炮	1门37毫米M3坦克炮
辅助武器	6～8挺7.62毫米勃朗宁M1919机枪	7～9挺7.62毫米勃朗宁M1919机枪
装甲	6.4～32毫米	6.4～51毫米
总产量	18辆	94辆

◀ *M2A1中型坦克。*

▲ 第7辆量产型M2中型坦克正在进行涉水测试，此时它并未安装武器。

M3 Lee/Grant

中型坦克 ｜M3 "李 / 格兰特"

为英国研制的应急型坦克

英国在1940年五六月间的敦刻尔克大撤退中损失了大量重装备，随着北非战场的开辟，英军的坦克数量更加捉襟见肘。面对德军庞大的坦克集群，英国急需一批堪用的坦克来保卫北非殖民地。此时英国本土的工业产能不足以快速补上坦克的缺口，全世界范围内只有美国能解英国的燃眉之急。当时，著名的M4"谢尔曼"中型坦克尚在研发中，已经服役的M2中型坦克又性能落后，难堪大任。依托现有技术设计一款技战术指标过关且能快速定型投产的坦克，帮助英国渡过难关就成了最好的选择。

总体设计

M3中型坦克的设计始于1940年7月，英国方面一度对其设计相当不满，但由于北非战事紧迫且生产已开始，只能寄希望于在生产过程中改进。

M3中型坦克大量采用M2及T9E2坦克上的成熟设计，车体结构在M2的基础上放大，相比M2拥有更厚的装甲。车体前部、炮塔正面、炮塔侧面、炮塔后部的装甲厚51毫米，车体两侧和后部的装

▲ M3 "李"的炮塔顶部安装了机枪转塔。

甲厚38毫米。车体最初采用铆接工艺，在实战中暴露出被击中后装甲容易脱落、铆钉容易击伤乘员的问题，后来改为焊接装甲。车体开有侧门，既方便乘员上下车，也利于补充弹药，但这也是防护上的薄弱环节，在后期型号上侧门一度被焊死加厚甚至取消。

悬挂系统采用了和M2中型坦克相同的垂直蜗卷弹簧式，部分零部件可与M2通用。由于没有现成的大功率坦克发动机，起初使用340马力的莱特-大陆R-975-EC2汽油机，后期型号改为和M4A2中型坦克相同的通用6046柴油发动机或和M4A4中型坦克同款的克莱斯勒A57汽油发动机。

▲ 北非战役期间伯纳德·蒙哥马利曾将一辆M3 "格兰特" 作为自己的指挥车。

基本参数

车型	M3 "李"	M3 "格兰特"
乘员	7人	6人
战斗全重	27.9吨	28.1吨
车长	5.64米	5.64米
车宽	2.72米	2.72米
车高	3.12米	3.02米
发动机	1台莱特-大陆R-975-EC2径向9缸气冷汽油机（340马力）/1台通用6046双排12缸液冷柴油机（375马力）/1台克莱斯勒A57多组30缸液冷汽油机（370马力）	
最大速度	42千米/时	42千米/时
最大行程	193千米	193千米
主要武器	1门75毫米M2/M3坦克炮，1门37毫米M5/M6坦克炮	
辅助武器	4挺7.62毫米勃朗宁M1919机枪	3挺7.62毫米勃朗宁M1919机枪
装甲	最厚51毫米	最厚51毫米
总产量	"李"和"格兰特"共计6258辆	

▲ M3 "格兰特" 取消了机枪转塔，炮塔空间比 "李" 更大。

　　法国战役的经验表明，必须为中型坦克配备75毫米主炮，但由于没有合适的炮塔，M3中型坦克只能将75毫米炮安装在车体前部右侧的炮郭上，方向射界只有左右各15°。能够全向旋转的炮塔内装了一门37毫米火炮和一挺7.62毫米同轴机枪，炮塔由齿轮手轮（人力）驱动，炮塔上方又安装了一座可以旋转的车长指挥塔，同样配备一挺7.62毫米机枪。此外，车体左前部还有两挺7.62毫米航向机枪。

　　英国人并不太认可这些奇怪的设计，希望对他们购买的坦克进行改装。提供给英国的M3使用了另外一种形制的炮塔，内部空间更大，并且用一个简单的舱口取代了车长指挥塔。英国版M3将无线电设备从车体内移动到了炮塔内，同时配备了51毫米烟幕弹发射器。

服役经历

　　英国订购了2000辆M3中型坦克，最终有1685辆英国版本走下生产线。在《租借法案》签署后，第一批英国版M3中型坦克运抵战场，它们被称作"格兰特"，以南北战争中北军著名将领尤里西斯·辛普森·格兰特的名字命名。与之相对应，带有车长指挥塔的美国版本M3中型坦克以南北战争中南军著名将领罗伯特·李的名字来命名。

　　"格兰特"坦克在北非沙漠中大放异彩，彼时，改进型的四号坦克尚未运抵北非，德军主力二号坦克和三号坦克很难与M3抗衡。"格兰特"的75毫米火炮能轻易撕碎敌人的装甲，而除了著名的88毫米高射炮外，德军手中几乎没有能击穿"格兰特"的反坦克武器。在广阔的沙漠中，高大的车体为车长提供了良好的视野，"格兰特"往往能够先敌开火。此外，两门火炮和多挺机枪提供的强大支援火力也让英军士兵赞不绝口。

　　安装了长管75毫米火炮的四号坦克运抵北非后，情况发生了变化。"格兰特"的75毫米火炮安装在车体上，位置过低，无法依托掩体进行射击，而37毫米火炮的火力又过于贫弱，无法击穿四号坦克的装甲。只有在处于平坦地形或者居高临下时"格兰特"才有良好的射界，而在这种情况下高大的车身与巨大的正面投影面积对它极为不利，使其很容易被命中、击毁。

▲M3 "李" 侧视图。　　　　▲M3 "格兰特" 侧视图。　　　　▼M3 "李/格兰特" 前后视图。

在太平洋战场，M3中型坦克表现出色，装甲与反装甲力量都很弱小的日军根本不可能挡住高塔一般的M3，数量众多的机枪能像死神镰刀一般收割散落在茂密丛林里的日军，日本军方甚至一度将其归类为重型坦克。

与之相反，运往东线的M3中型坦克得到了苏联士兵的一致差评。苏军认为其操作人数过多，行走机构的设计没有考虑当地的地理环境与道路状况，可靠性堪忧。东线甲弹对抗的烈度远超北非战场，各类新式坦克和反坦克武器的投入使其装甲不再可靠，复杂的地形也让本就捉襟见肘的火炮射界进一步受到限制。M3高大的车体和相对脆弱的装甲使其很容易被猎杀，这让它获得了 "七兄弟棺材" 的恶名。

M3 "李/格兰特" 的设计算得上一朵奇葩，在完成过渡使命后，它在敌我双方各式新型坦克的 "夹击" 之下逐渐退出了现役。不过其通用化、标准化的设计思路和生产流程被M4 "谢尔曼" 中型坦克完美地继承，并且深刻影响了后世装甲车辆的设计与配套工业的发展。

M4 Sherman

中型坦克 ｜ M4 "谢尔曼"

二战同盟国装甲力量的中流砥柱

　　随着欧洲战事的逐步升级，美国意识到自己装备的M2中型坦克已落后于时代。1940年8月，美国开始了新一代中型坦克的研制工作。根据M3中型坦克的测试结果和在北非战场暴露出的不足，军方定下了取消车长指挥塔、为车长与装填手加装潜望镜、取消侧门、将75毫米火炮安装在可旋转的炮塔上等一系列技战术指标，研制代号为T6中型坦克。1941年9月，T6定型并被正式命名为M4中型坦克。

　　M4中型坦克的车体在M3中型坦克的基础上改进而来，其底盘的总体布置和行走机构与M3中型坦克极度相似。

　　基本型M4车长5.84米，宽2.62米，高2.74米，战斗全重30.3吨，采用焊接车体和圆形整体铸造炮塔。车体首上部位倾斜56°，装甲厚51毫米，等效厚度为91毫米；车体侧面为38毫米厚的垂直装甲；炮塔正面装甲厚76毫米。炮塔转动装置为电动，仅需10秒就可旋转一周。主炮为一门75毫米M3坦克炮，可以发射穿甲弹、榴弹、烟幕弹等多个弹种。火炮配备了垂直稳定器，拥有一定的移动中射击能力。发动机为一台350马力莱特-大陆R-975-C1汽油机，搭配机械式变速器，有5个前进挡和2个倒退挡，2到5挡有同步器。悬挂系统仍为垂直蜗卷弹簧式，每侧的6个负重轮分3组排列。传动机构的布局与M3中型坦克相同，变速器、差速器与侧减速器位于车体前部，差速器的装甲外罩非常显眼，以螺接的方式固定在车体上。

　　M4中型坦克的型号十分繁杂，有M4基本型、M4A1、M4A2、M4A3、M4A4、M4A6这6个主要型号，根据悬挂、动力、火炮的不同，各型号又有数量众多的变体。仅美国官方公布的M4系列改进型车、变型车和试验车就有50多种。最后的集大成之作是M4A3（76）W HVSS，亦称M4A3E8，因其E8的后缀也得名"简易8号"（Easy 8），采用长身管的76.2毫米主炮，安装一台500马力的福特GAA V形8缸汽油发动机，悬挂装置则由垂直蜗卷弹簧式（VVSS）改为水平蜗卷弹簧式（HVSS），获得了更大的履带接地面积、更好的行驶稳定性和更强的通过能力。

　　除此之外，较有特色的改型还有为执行突破任务而加厚

装甲的M4A3E2 "巨无霸"，其车体正面装甲厚102毫米，炮塔正面厚152毫米，火炮防盾厚178毫米，防护水平已超过德国"虎"式重型坦克。英国为强化反坦克能力而特别改造的"谢尔曼-萤火虫"也颇具特色，将火力不甚充足的75毫米炮更换为威力强大的17磅反坦克炮，可在1000米的距离上有效击穿"虎"式坦克的装甲。

　　通用、福特、克莱斯勒等众多汽车厂商都参与了M4中型坦克的研制与生产，各家采用的动力系统乃至零部件都有所差别，坦克本身的设计也是在生产过程中逐步改进。从车体到动力系统再到炮塔，几年时间里M4中型坦克经历了大大小小上千次修改，甚至

每一批次之间都不尽相同。但即使如此频繁地变动设计，其零部件也保持了极高的通用率。一辆坦克报废后，往往能为多辆批次、型号、生产厂商完全不同的坦克提供零部件乃至发动机和传动系统的备件。

M4中型坦克的尺寸是参照美国"自由轮"的船舱尺寸确定的，非常便于远洋运输。其动力系统极度可靠，往往只需简单的维护便可持续作战。其各型底盘还衍生出了自行榴弹炮、两栖坦克、喷火坦克、扫雷坦克、救护车等多种功能型车辆。相比德国和苏联的同行，M4中型坦克在技战术指标上并没有什么明显的长处，但其设计中所蕴含的重视系统工程、后勤保障与通用化的思想，直到现在仍然深刻地影响着装甲车辆的设计与发展。

二战期间M4中型坦克各个主要变体的特征如下。如无特殊说明，则采用垂直蜗卷弹簧悬挂：

M4系列

焊接车体，使用R-975发动机。

M4标准型——主炮为75毫米M3坦克炮。

M4（105）——主炮为105毫米M4榴弹炮，设计用于协助步兵和反防御工事，牺牲了反坦克能力。

M4（105）HVSS——主炮为105毫米M4榴弹炮，采用水平蜗卷弹簧悬挂。

▼ *M4A3（76）W HVSS中型坦克。*

基本参数		
车型	M4基本型	M4A3(76)W HVSS
乘员	5人	5人
战斗全重	30.3吨	33.7吨
车体长/全长	5.84米/5.84米	6.27米/7.54米
车宽	2.62米	3.00米
车高	2.74米	2.97米
发动机	1台莱特-大陆R-975-C1径向9缸气冷汽油机（350马力）	1台福特GAA V形8缸液冷汽油机（500马力）
最大速度	38千米/时	42千米/时
最大行程	190千米	161千米
主要武器	1门75毫米M3坦克炮（备弹97发）	一门76.2毫米M1A1/M1A1C/M1A2坦克炮（备弹71发）
辅助武器	2挺7.62毫米勃朗宁M1919机枪（备弹4750发）1挺12.7毫米勃朗宁M2 HB机枪（备弹500发）	2挺7.62毫米勃朗宁M1919机枪（备弹6250发）1挺12.7毫米勃朗宁M2 HB机枪（备弹500发）
装甲	13～76毫米	13～108毫米
总产量	所有型号共计49234辆	

▲ *中国远征军暂编第一坦克大队的M4A4中型坦克。*

M4A1系列

铸造车体，使用R-975发动机。

M4A1——主炮为75毫米M3坦克炮。

M4A1E4/M4A1(76)W ——主炮为长身管的76.2 毫米M1坦克炮。

M4A1E8/M4A1(76)W HVSS ——主炮为长身管的76.2 毫米M1坦克炮，采用水平蜗卷弹簧悬挂。

M4A2系列

焊接车体，使用与早期型M3A3/M3A5中型坦克相同的通用6046柴油机。

M4A2——主炮为75 毫米M3坦克炮。

M4A2E8/M4A2(76)W HVSS——主炮为长身管的76.2毫米M1A1/M1A1C/M1A2坦克炮，采用水平蜗卷弹簧悬挂。

M4A3系列

焊接车体，使用福特GAA V形8缸汽油发动机。

M4A3(75)/M4A3(75)W ——主炮为75毫米M3坦克炮。

M4A3(105) ——主炮为105毫米M4榴弹炮，用于协同步兵作战。

M4A3(105) HVSS ——主炮为105毫米M4榴弹炮，采用水平蜗卷弹簧悬挂。

M4A3E2 "巨无霸" ——突击坦克，装甲增厚，行驶速度

降低约4.83~6.44千米/时。起初使用75毫米M3坦克炮，投入实战后很快被前线部队改成了76.2毫米 M1坦克炮。

M4A3E4/M4A3(76)W ——主炮为76.2毫米M1A1/M1A1C/M1A2坦克炮。

M4A3E8/M4A3(76)W HVSS ——主炮为76.2毫米M1A1/M1A1C/M1A2坦克炮，采用水平蜗卷弹簧悬挂。

M4A4

焊接车体，使用克莱斯勒A57多组发动机，美军装备较少，多用于支援盟友。

M4A5

加拿大制造的 "公羊" Ⅱ巡洋坦克，以M3中型坦克底盘为基础研制，美军称其为M4A5。

M4A6

采用铸造-焊接复合车体，动力来自卡特彼勒 D200A 涡轮增压气冷多燃料发动机，主炮为75毫米M3坦克炮。

M4DD

两栖型M4，拥有船型车体、浮渡围帐和用于水上航行的螺旋桨，曾在诺曼底登陆期间大量使用。

"谢尔曼-萤火虫"

安装了英国QF 17磅炮以强化反坦克能力，可在1000米距离击穿150毫米厚的均质装甲。

M26 Pershing

重型坦克 | M26 "潘兴"

用于屠 "虎" 驱 "豹" 的重型坦克

1942年春天，德国人已在北非战场用上了装备43倍径75毫米炮的四号坦克，其威力超过了刚刚开始生产的M4 "谢尔曼" 中型坦克。为此，美国陆军军械局决定立即研制M4中型坦克的后继车型。1943年4月，美国开始研发能搭载90毫米火炮的坦克，不过军方高层对该计划并不看好，此时M4 "谢尔曼" 坦克已相当成熟，且拥有相当的设计冗余以进行升级改进，因此研制计划一直延迟到1944年。诺曼底登陆后，盟军手中的 "谢尔曼" 坦克在与德国 "虎" 式坦克和 "黑豹" 坦克的对抗中往往陷入绝对的劣势，短管75毫米主炮几乎不可能穿透德国重型坦克的装甲，长管76.2毫米主炮的威力亦不够充足，而德国坦克的长管88毫米主炮与75毫米主炮却能在很远的距离轻松击穿M4 "谢尔曼" 的正面装甲。在经历了甲弹对抗上的极大挫败后，搭载90毫米主炮的重型坦克的研发计划被火速提上日程。

1942年至1944年，美国经历了T20等验证坦克的研发，在重型坦克

和90毫米火炮方面积累了一定的经验。其中的T26重型坦克在一系列验证坦克脱颖而出，其改进型号T26E3的生产刚刚开始，军械局的总工程师巴恩斯少将就认为它正是欧洲战场急需的坦克。于是一批共20辆T26E3被运往欧洲参战，行动代号为 "斑马"，驾驶这批T26E3的车组也被称为 "斑马特遣队"。

20辆T26E3于1945年1月抵达安特卫普，随后在2月9日抵达巴黎。踏上战场后不久就有一辆T26E3被 "虎" 式坦克击毁，德国坦克精准地命中了炮盾上的机枪口并击穿了炮盾，当场杀死了炮长与装填手。在接下来的遭遇战中美军成功扳回一城，T26E3的90毫米火炮在900码的距离上成功击穿

基本参数（M26"潘兴"）	
乘员	5人
战斗全重	41.9吨
车体长/全长	6.33米/8.65米
车宽	3.51米
车高	2.78米
发动机	1台福特GAF 6002 B V形8缸液冷汽油机（450～500马力）
最大速度	48.2千米/时
最大行程	160千米
主要武器	1门90毫米M3/M3A1坦克炮（备弹70发）
辅助武器	2挺7.62毫米勃朗宁M1919机枪（共备弹5000发）1挺12.7毫米勃朗宁M2 HB机枪（备弹500发）
装甲	13～114毫米
产量	二战结束前1436辆，总产量2428辆

了"虎"式的装甲并将其摧毁，这证明T26E3有能力对抗甚至压制"虎"式坦克。在1945年3月7日攻占莱茵河雷马根大桥的战斗中T26E3也发挥了关键作用，成功击毁了"黑豹"坦克。1945年3月29日，T26E3获批定型投产，型号为M26重型坦克，同时以美国著名将领约翰·约瑟夫·潘兴的名字来命名。

M26战斗全重41.9吨，车体长6.33米，宽3.51米，高2.78米。乘员共5人，分别为车长、炮长、驾驶员、装填手和副驾驶员兼前机枪手。驾驶员位于车体前部左侧，副驾驶员兼前机枪手位于车体前部右侧，他们的上方各有一扇向外开启的舱门，舱门上有一具潜望镜。炮塔位于车体中部靠前位置，为了平衡火炮的重量，炮塔后部有一个硕大的尾舱。车长和炮长在炮塔内右侧，装填手在炮塔内左侧，车长拥有一座带6具潜望镜的指挥塔。

车体为焊接结构，首上装甲板厚100毫米，首下装甲板厚76毫米，前部侧装甲板厚76毫米，后部侧装甲板厚51毫米。炮塔采用铸造工艺，正面装甲厚102毫米，侧面和后部装甲厚76毫米，炮盾厚114毫米。

主要武器为一门M3或M3A1型90毫米坦克炮，身管长为50倍径，采用半自动立式炮闩和电击发装置，炮口处有双气室式炮口制退器，火炮高低射界为-10°～+20°。所用的弹种有被帽穿甲弹、高速穿甲弹、普通穿甲弹和榴弹等。发射被帽穿甲弹时初速为853米/秒，在1000码（914米）的距离上可击穿30°倾角的114毫米厚装甲。同样条件下，发射高速穿甲弹可击穿176毫米厚的装甲，击穿德军"黑豹"和"虎"式坦克的前装甲毫无问题。火炮的弹药基数为70发，最高射速为8发/分。炮塔

可由炮长或车长操纵，车长发现重要目标需直接操纵炮塔时可切断炮长的操纵装置。此外，M26重型坦克还装备了方位角度指示器、象限仪和高低仪，后期生产的M26坦克上还装有火炮稳定器。辅助武器为一挺7.62毫米同轴机枪、一挺7.62毫米车体机枪和一挺12.7毫米M2 HB高射机枪，7.62毫米机枪共备弹5000发，12.7毫米机枪备弹500发。

坦克的动力装置为福特GAF 6002 B V形8缸液冷汽油机，这种发动机是M4A3坦克上的福特GAA汽油机的改进型，排量为18.026升，最高转速为2600转/分，最大功率为500马力。发动机纵向布置在动力舱内，其两侧各有一个燃油箱。传动装置为液力-机械式，主动轮在后，诱导轮在前，安装有液力变矩器，在一定范围内可以自动变矩以减少换挡次数，从而减轻驾驶员的工作负荷。行星变速器只有3个前进挡和1个倒挡，1挡和倒挡的速度范围为0～14.5千米/时，2挡为9.65～29千米/时，3挡为19.3～48.2千米/时。发动机的动力经过变速器—差速器—侧减速器—主动轮，驱动履带运转。操纵装置采用了既能变速又能转向的操纵杆，进一步减轻了驾驶负担。悬挂为扭杆式，共有6对负重轮和5对托带轮，第一、第五、第六对负重轮处设有减振器。值得一提的是，M26一改此前美国坦克传动轴穿舱而过的布局，将传动装置布置在了车体后部，有效降低了车体高度。

M26重型坦克赶在战争结束前生产了1436辆，其中310辆被部署至西线战场。由于参战太晚，它们并没有取得丰厚的战果，屠"虎"驱"豹"的宏大愿景也无从实现。不过M26奠定了美国战后坦克的基本设计思路，开启了一个全新的时代。

M22 Locust

空降坦克 ｜ M22 "蝗虫"

世界上第一种专门设计且大量服役的空降坦克

1940年，尽管二战的炮火仍未波及美国，但一系列战技战法和武器装备，以及它们创造的辉煌战例仍给当时武备松弛的美国带来了震撼。其中，纳粹德国伞兵和苏联空降兵的一系列行动标志着空降作战正式登上了历史舞台。为了给伞兵提供火力支援，各国都在争相研发空降坦克，美国自然也不甘落后。

彼时空降坦克主要由轻型坦克改装而来，尚未出现专门为空降作战设计的坦克。1941年2月，美国正式参战前十个月，陆军军械局的代表与陆军副总参谋长及陆军航空队和装甲兵部队的代表举行了会议，探讨研发特种轻型空降坦克及其运载飞机的相关问题。当时C-54"空中霸主"尚未服役，CG-4突击滑翔机又不足以运输装甲车辆，空降坦克计划一度因为没有合适的飞机而终止。得知这个消息后，因敦刻尔克大撤退而极度缺乏重装备的英国积极推动计划的实施，会议得以继续进行，并且最终确定由军械局负责空降坦克的研发，由陆军航空队负责运载机的研发，空降坦克

的重量不得超过7.5吨。随后，军械局向通用汽车公司、马蒙-赫灵顿公司及J. W. 克里斯蒂公司发出了设计邀请函，马蒙-赫灵顿公司仅耗时三个月就制造出了全尺寸模型并且成功中标。

1942年初，马蒙-赫灵顿公司完成了T9原型车的制造，从外观上看它像是缩小版的M4"谢尔曼"坦克。T9车长3.94米，车宽2.25米，车高1.85米，车体为轧制钢装甲焊接结构，炮塔为铸造均质钢装甲结构，炮塔两侧不对称，后部结构偏向左侧，最大装甲厚度为25.4毫米。主要武器是一门37毫米坦克炮，高低射界 - 10°～＋30°，主要发射钨合金穿甲弹，备弹50发。辅助武器为1挺7.62毫米同轴机枪和2挺7.62毫米航向机枪，备弹2500发。车内另有12枚手榴弹和3支冲锋枪供乘员自卫。

第一辆原型车的战斗全重超过了7.5吨，因此军械局将重量标准放宽到7.9吨，此后马蒙-赫灵顿公司在第一批T9原型车的基础上进行了诸多改进。第二批原型车称为T9E1，取消了航向机枪和炮塔电力驱动装置，加装了火炮稳定器以获得一定的行进中射击能力，增添了支撑钢梁以提高悬挂强度，车体前部装甲倾角度也进行了调整，在不增加重量的前提下提高了装甲等效厚度。

首辆T9E1于1942年11月完工并被送往阿伯丁试车场进行测试，第二辆完工的T9E1被运到英国接受进一步测试。一般来说，武器装备在走上战场前要经历研发、测试、批准定型、生产并装备部队等几个环节，但T9E1在测试前就获批生产，1942年年内先后获得了1900辆的订单。第一批T9E1应在1942年11月交付部队，但由于在生产过程中遇到了困难且发现原始设计存在大量需要修改的缺陷，生产进度遭到了延误。直到1943年年初T9E1才克服技术难点，完成修改得以定型，4月份首批7辆坦克才下线交付部队。T9E1的正式型号名称为M22，1944年2月停产前向美军交了570辆，向英军交了260辆。

虽然装备数量十分可观，但美军从未将M22投入实战。这主要是由于以当时的技术条件，坦克悬挂很难承受空投落地时的冲击力，投送后妥善率极低，只有少数能投入战斗。此外，其载机C-54只能在条件完备的后方机场起降，投送能力较差。由于尺寸问题，装入机舱前还必须将M22的炮塔从车体上暂时拆下，到达战场后再重新组装。虽然安装时间较短，仅需25分钟，但这足以让敌人集结部队发起冲击。让M22在正面战场发挥作用也不太现实，它虽然机动性较好，但火力贫弱，装甲轻薄，难以在高烈度的正面作战中生存。

在敌后空降行动和正面作战中都难以发挥作用，M22就自然而然地坐上了替补席的头把冷板凳。1944年，马蒙-赫灵顿公司在其战时广告中大肆宣传M22坦克参加了诺曼底登陆战役，但这只不过是根据"有空降坦克在登陆战役中参战"的新闻报道而做出的推测。实际上，这些所谓的"在登陆战役中参战

▲ 英军装备的M22空降坦克正在驶出GAL.49"哈米尔卡"Mk.I 滑翔机。

基本参数（M22 "蝗虫"）	
乘员	3人
战斗全重	7.4吨
车长	3.94米
车宽	2.16米
车高	1.85米
发动机	1台莱康明O-435T 水平对置6缸气冷汽油机（165马力）
最大速度	64千米/时
最大行程	135千米
主要武器	1门37毫米M6坦克炮（备弹50发）
辅助武器	1挺 7.62毫米勃朗宁M1919机枪（备弹2500发）
装甲	9.5毫米~12.5毫米
总产量	830辆

的"空降坦克是用"哈米尔卡"滑翔机运载的英军Mk.VII"领主"空降坦克。与之形成鲜明对比的是，拥有合适载机的英军手中的M22在1945年3月24日发动的"瓦西提行动"中大放异彩，搭载滑翔机空降的8辆M22中有5辆在着陆时损毁，1辆被反坦克炮击毁，剩余2辆成功到达了集结点并参加了战斗，与Mk.VII"领主"一道为友军提供了有力的火力支援，帮助一个步兵连占领了高地。

英国为相当一部分M22的主炮加装了锥膛适配器以提高穿甲能力，但过小的口径和炮弹装药量导致火力相当贫弱，即使加装锥膛适配器也无法有效击穿各式中型坦克的装甲，而其薄弱的装甲能轻易被20毫米机关炮甚至7.92毫米步枪弹在近距离击穿。在支援步兵方面，其榴弹的效果甚至一度得到"看不出有任何变化"的评价。虽然有很多不如人意的地方，但对伞兵来说，它终归是辆坦克，总好过仅凭两条腿加一杆步枪去和拥有大量重武器的敌人对抗。作为世界上第一种专门设计的空降坦克，它的出现标志着伞兵可以不再单纯以自己的血肉之躯对抗钢铁洪流，空投一支成建制的机械化部队到敌军后方在理论上是可行的。而它与预定载机兼容性差的尴尬处境也为后世空降车辆的开发提供了最为典型的反面教材。

LVT（A）1

两栖坦克 | LVT（A）1

由两栖输送车改装而成的滩头支援武器

美军在太平洋战场上的初步经验表明，海军陆战队装备的LVT两栖运输车搭载的7.62毫米和12.7毫米机枪不足以应付日军在滩头布置的掩体，因此一些生产型的LVT-2 "水牛"两栖输送车安装了稍加修改的"斯图亚特"轻型坦克炮塔，用于增强火力，支援登陆作战。这种车辆称作LVT（A）1。

LVT（A）1大量采用成熟的设计和已有的零件，不过车体相较LVT也进行了一定程度的修改，最明显的改动是舱室顶板向后大幅拉长，形成了封闭的装甲壳体，炮塔就安装其上。炮塔后面的车体上设置了两挺7.62毫米勃朗宁M1919机枪，机枪手的正面、侧面和后部都有防盾保护。经此改动，LVT（A）1已经脱离了人员输送车的范畴，不能运送步兵，6名乘员都在车内作战。

其37毫米主炮发射的榴弹可以摧毁一些小型碉堡、土木工事和混凝土路障，穿甲弹也足够对付太平洋战场上的日军坦克，可以在500米的距离上击穿48毫米厚的均质装甲。机动性方面，LVT（A）1可以翻过91厘米高的路障，越过1.52米宽的堑壕。陆上最大速度40千米/时，续航里程为201千米。在水上以履带划水的方式行驶，最大速度11千米/时，续航里程为121千米。

第一批LVT（A）1于1944年年初交付部队，它们的实战表现并不让人满意。这些高大的战车往往会被堑壕和反坦克障碍物迟滞，其37毫米炮弹也难以有效摧毁日军的火力点。生产持续到1944年年底，共有510辆被制造出来。从1944年中期开始它们就逐渐被LVT（A）4两栖坦克取代，后者换装了M8"斯科特"自行火炮的炮塔，拥有一门75毫米短管榴弹炮，无疑能更有效地对付滩头目标。

基本参数 [LVT（A）1]	
乘员	6人
战斗全重	14.8吨
车长	7.95米
车宽	3.25米
车高	3.07米
发动机	1台大陆W-670-9A 径向7缸气冷汽油机（250马力）
最大速度	陆上40千米/时，水上11千米/时
最大行程	陆上201千米，水上121千米
主要武器	1门37毫米M6坦克炮
辅助武器	3挺7.62毫米勃朗宁M1919机枪
装甲	6～51毫米
总产量	510辆

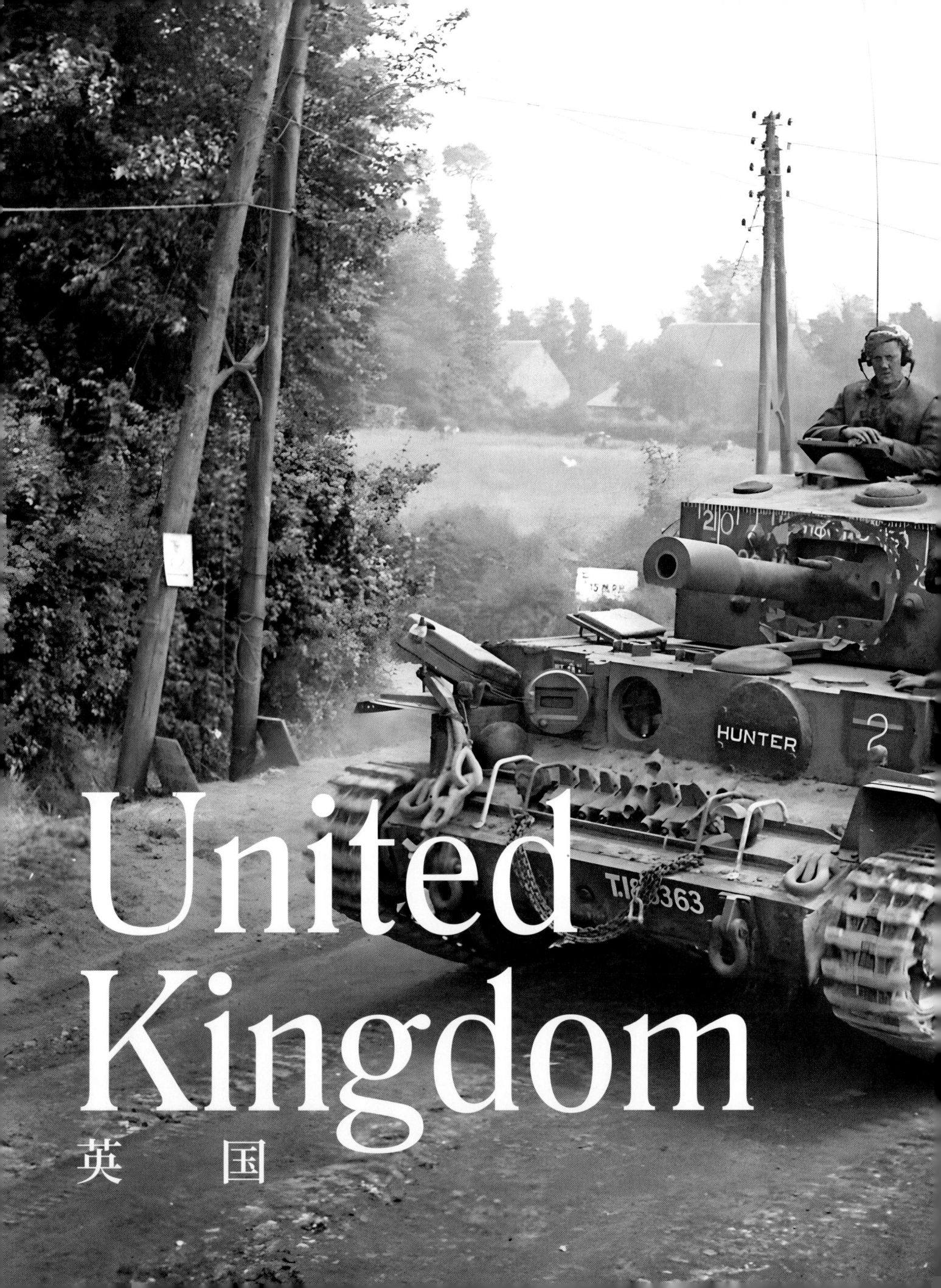

United Kingdom
英　国

▼诺曼底战役期间的一辆英国皇家海军陆战队
"人马座"Ⅳ支援型坦克，装备了95毫米榴
弹炮。

PAR **V**

O

▲ 1942年5月16日，温斯顿·丘吉尔正站在一辆"盟约者"巡洋坦克上检阅英国第9装甲师。

英国是世界上第一个真正的工业国，也是世界装甲力量的发祥地。在第一次世界大战中英国人就将著名的菱形坦克派上前线，彻底改变了阵地战的面貌并取得了辉煌的胜利。而在二战当中，英国坦克的设计和运用发生了显著变化，在战争的各个不同阶段特点迥异。战争的最后阶段，英国坦克开始了一次重要的蜕变。

在战间期和二战初期，英国将坦克划分为"巡洋坦克"和"步兵坦克"。其中巡洋坦克通常装备较薄的装甲和较小口径的火炮，其各项性能大致能对应其他国家的轻型和中型坦克，主要用途是进行侦察和快速机动作战。而步兵坦克通常装备更厚的装甲，各项性能大致能对应其他国家的重型坦克，主要用于支援步兵。

英国坦克在二战中的表现，既是成功的也是失败的。

英军是最早认识到坦克集群战术重要性的军队，他们在战间期花大力气研究了使用装甲力量突破阵地的战术。虽然这些战术的经典版本在二战时明显已经过时，但是类似的经验在机动作战过程中仍然是有用的，特别是在面对机械化水平低下的意大利军队的时候。许多意军步兵在阵地被坦克突破后便斗志

全无、举手投降，形成了"意式军礼"的奇观。但当隆美尔的德国非洲军团来到地中海南岸后，情况就有所变化了。德国人把猛冲猛打的闪击战战术用在了这片距离欧陆主战场数千千米的沙漠中，让英军在战术甚至战略上陷入被动。

大部分英国巡洋坦克和步兵坦克的性能走上了两个极端：巡洋坦克极度重视机动性，但防护较其他国家的中型坦克更加薄弱；步兵坦克的防护非常可靠，但机动性十分糟糕，是一群坚固但迟缓的"大象"。巡洋坦克和步兵坦克这对组合很容易被现代化的坦克战术克制，在北非战场，德军通常采取打了就跑的袭扰战术，迫使英军装甲部队进入追击战，等到英国人来到自己的布防区域，他们先发挥火力优势消灭装甲薄弱的巡洋坦克，然后从多个方向围攻机动性能低劣又孤立无援的步兵坦克。战略上陷入完全失败之前，隆美尔曾经在包括但不限于凯瑟琳山口的诸多地方，用这样的方法赢得了多次战术胜利。

战争中后期，英国的"巡洋坦克"和"步兵坦克"各自达到了顶峰，最著名便是A27"克伦威尔"巡洋坦克和基于"丘吉尔"步兵坦克开发的"黑亲王"步兵坦克。"克伦威尔"巡洋坦克以其先进的悬挂系统和优秀的机动性著称，不过它的防

护和火力相对T-34等同行还是薄弱了一些。"黑亲王"步兵坦克以其坚固的装甲和强大的火力而闻名，能够有效对抗敌方的装甲力量，然而其机动性远不如德国、美国和苏联的重型坦克。这再次证明了"巡洋坦克"和"步兵坦克"的划分已经落后于时代。

面对战场上的新情况，英国也在做出改变，设计师们一方面开始调整坦克的发展思路，尝试摈弃"巡洋坦克"和"步兵坦克"这种"旱的旱死，涝的涝死"的功能分野，另一方面开始尝试在巡洋坦克的基础上设计更为重型和防护更好的坦克，例如1943年提出的"重巡洋坦克"计划，该计划的最终结果就是后来的"百夫长"中型坦克，它奠定了二战结束后英国主战坦克的发展基础。

英国的兵工厂并不完全为英国而战，也并不是独自为这个国家战斗。一方面，英国对深陷与纳粹德国的大规模地面战、相对来说更需要坦克的苏联提供了大批坦克。另一方面，同盟国的工业大后方美国也对英国进行了大量的军事援助。英国获得了自海路运输而来的数千辆M4"谢尔曼"坦克，这些坦克在北非、诺曼底和西线的其他关键战役中发挥了作用。

英国人为一部分"谢尔曼"换装了利兹军工厂自主开发的长身管17磅（76.2毫米）反坦克炮，获得了相比原装火炮近乎翻倍的穿甲能力，这就是著名的"萤火虫"中型坦克。就像对待其他的"谢尔曼"一样，英国人将其归类为巡洋坦克。试装这款坦克的英军部队对它那美国设计的车体评价颇高，并且认为它的性能优于"挑战者"巡洋坦克，后者是一款基于A27"克伦威尔"巡洋坦克开发的国产加强型巡洋坦克，同样装备17磅反坦克炮，但研发赶工导致缺陷明显，最终只装备了约200辆。少量的"萤火虫"和大量的普通"谢尔曼"混编，在同僚们的掩护下它们能精确猎杀"虎"式坦克、"黑豹"坦克等难缠的对手，这无疑是英国产品和美国产品的一次成功整合。一些"萤火虫"的炮管前端被涂上迷彩以掩盖其典型的识别特征，以免被德军优先猎杀。

除了中型坦克外，美国也向英国提供了"斯图亚特"系列轻型坦克，包括约1700辆M3和约4000辆M5，都被英军归类为巡洋坦克。在战争的最后一段时间里，还有大约700辆M24"霞飞"被装船发往英国，这种划时代的轻型坦克因其高机动性和穿甲能力优良的火炮而受到好评。

总的来说，二战期间英国坦克的发展历程，体现了国家对战争需求的快速响应和军事科技的不断创新。虽然成果不能说有多好，但这些坦克也在战场上为英军赢得了重要的胜利，为盟友提供了有力的支援。战后，英国继续发展坦克技术，为冷战中后续可能出现的冲突和占领外贸市场做准备。随着全新的"百夫长"淘汰了那些早就已经过时的巡洋坦克和步兵坦克，英国坦克的发展终于走上了正轨。

▲ 这张照片完美展示了步兵坦克的典型用法——发起冲击时它们将为步兵抵挡直射火力。

On, the Crusaders!

TO-DAY, steel-clad "Crusaders"—no less lionhearted than their predecessors—are again protecting Christendom from the onslaughts of the enemy. All honour to the yeomen craftsmen, whose labour and devotion are placing these lusty weapons in the hands of their comrades in arms, to the discomfort of the enemy in the Libyan campaign and on all fronts.

THIS SPACE IS DEVOTED BY THE NUFFIELD ORGANIZATION TO THOSE BRITISH CRAFTSMEN ENGAGED IN THE GREAT WORK OF TANK PRODUCTION

▲ 钢铁十字军——英国"十字军"巡洋坦克的宣传画，这种坦克虽然火力和防护都不甚理想，但在北非战役中立下了汗马功劳。

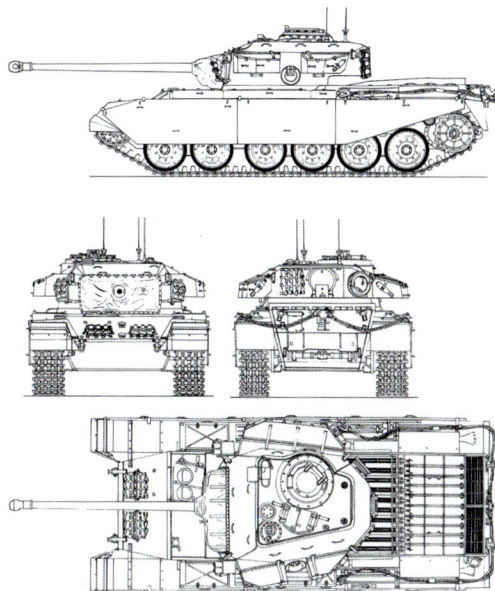

▲ 在战后服役的"百夫长"坦克上，巡洋坦克与步兵坦克终于合二为一，或者说巡洋坦克终于具备了堪比步兵坦克的防护能力。

巡洋坦克

　　巡洋坦克（cruiser tank）又称骑兵坦克或快速坦克，它们的定位是装甲矛头或机械化骑兵。对20世纪30年代中期试验性中型坦克的不满导致了专门的巡洋坦克和步兵坦克的分野，前者牺牲装甲以换取速度，后者牺牲速度以换取更厚的装甲——在有限的发动机功率下，装甲和速度不可兼得。步兵坦克这个概念来自1916至1918年的坦克作战经验，当时的英国坦克一直用于步兵支援。巡洋坦克这个概念则由机械化战争论催生，它们与海军的巡洋舰一样，速度快、机动性强，可以独立于行动缓慢的步兵及步兵坦克遂行作战任务，能够保护己方侧翼，攻击对方的侧翼和后方，进行反击和追击行动。根据J.F.C.富勒、帕雷西·霍伯特、利德尔·哈特等人的理论，步兵坦克强行突破对手前线的缺口后，巡洋坦克将渗透到敌人后方并攻击补给线和指挥、通信中枢。虽然非常强调机动性，但由于研发仓促，大多数早期巡洋坦克的机械可靠性都不尽如人意，特别是在炎热的北非沙漠中。直到1944年使用劳斯莱斯"流星"发动机的"克伦威尔"巡洋坦克问世，这个问题才得到完全解决。

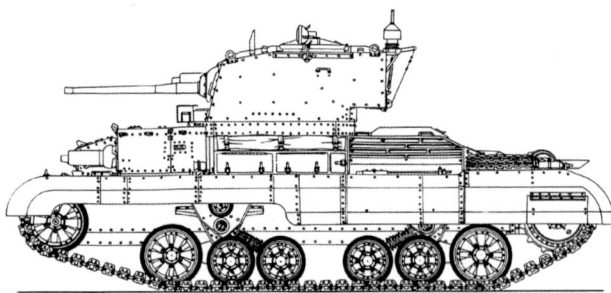

▲ Mk. I 巡洋坦克。

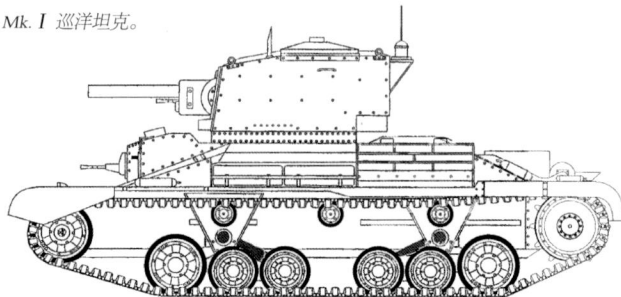

▲ Mk. II 巡洋坦克。

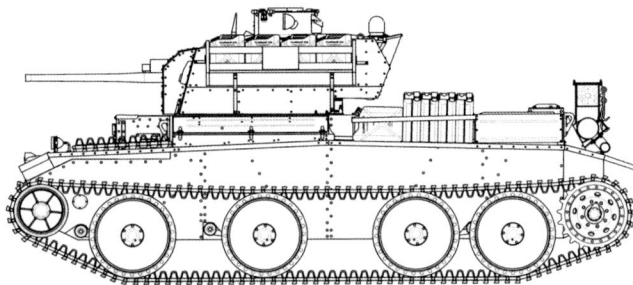

▲ Mk. IV 巡洋坦克。

基本参数（Mk. III巡洋坦克）	
乘员	4人
战斗全重	14.2吨
车长	6.02米
车宽	2.54米
车高	2.59米
发动机	1台纳菲尔德"自由"L12 V形12缸液冷汽油机（340马力）
最大速度	48千米/时
最大行程	149千米
主要武器	1门40毫米QF 2磅炮（备弹87发）
辅助武器	1挺 7.92毫米贝莎机枪（备弹3750发）
装甲	6～14毫米
总产量	65辆

▲ Mk. III 巡洋坦克。

Covenanter (A13 Mk. Ⅲ)

巡洋坦克 | Mk. Ⅴ "盟约者"

英国第一款获得了命名的巡洋坦克

基本参数（Mk. Ⅴ "盟约者"）

乘员	4人
战斗全重	18.29吨
车长	5.79米
车宽	2.62米
车高	2.24米
发动机	1台亨利-梅朵D. A. V水平对置12缸液冷汽油机（340马力）
最大速度	48千米/时
最大行程	160千米
主要武器	1门40毫米QF 2磅炮（备弹87发）
辅助武器	1挺7.92毫米贝莎机枪
装甲	7～40毫米
总产量	1771辆

20世纪30年代末期，英国先后研制了Mk. Ⅰ（A9）、Mk. Ⅱ（A10）、Mk. Ⅲ（A13 Mk Ⅰ）、Mk.Ⅳ（A13 Mk Ⅱ）等一系列巡洋坦克，不过它们的性能并不让人满意。1938年，陆军部决定研发一款防护更好的巡洋坦克以取代Mk.Ⅳ，新坦克由伦敦米德兰和苏格兰铁路公司负责设计，炮塔则来自纳菲尔德公司，1939年它被定型为Mk. Ⅴ "盟约者" 巡洋坦克（A13 Mk Ⅲ）。"盟约者" 这个词意指17世纪苏格兰宗教和政治运动期间的一个宗教派别。

"盟约者" 是一款较为低矮的巡洋坦克，长5.79米，宽2.62米，高2.24米，乘员四人（车长、炮长、装填手、驾驶员）。车体与炮塔为铆接结构，装甲厚7～40毫米，炮塔采用了倾斜装甲设计，侧面呈楔形，有明显的折角。受车体结构限制，它没有安装车体机枪，武器为一门QF 2磅炮和一挺7.92毫米同轴机枪。动力来自一台亨利-梅朵D. A. V水平对置12缸液冷汽油机，功率340马力。悬挂系统为利于高速行驶的克里斯

蒂式，每侧有4个大直径负重轮。

亨利-梅朵D. A. V水平对置发动机是专门为 "盟约者" 设计的，整体非常扁平，这有利于降低车身高度。然而它的横向和纵向尺寸都比较大，导致动力舱没有空间容纳散热系统，发动机散热器只能安装在车体前部驾驶员左侧的位置。这种不同寻常的布局引发了诸多散热问题，比如连接发动机和散热器的管道会让战斗室温度升高。

1939年，因为战争的威胁迫在眉睫，"盟约者" 在尚未制造原型车的情况下就获得了军方订单，仓促上马导致很多设计缺陷直到生产开始才被发现。共有1771辆 "盟约者" 走下生产线，具有讽刺意味的是，因为散热系统的缺陷，它们并没有参加北非的战事，而是全部用于训练和本土防卫，本应被 "盟约者" 取代的Mk.Ⅳ巡洋坦克倒是投入了北非战场。到1943年晚期，"盟约者" 无论在火力上还是在装甲上都无法对抗德国坦克，除了用其改的架桥车以外，所有的 "盟约者" 都被淘汰。

Crusader (A15)

巡洋坦克 ｜ Mk.Ⅵ "十字军"

二战初期英国最主要的巡洋坦克

英国纳菲尔公司曾参与"盟约者"巡洋坦克的开发，不过在为"盟约者"提供炮塔的同时，他们也启动了自己的巡洋坦克项目。这一坦克的参谋部命名编号为A15，正式型号名称为Mk.Ⅵ"十字军"巡航坦克。这个型号仍旧算不上尽善尽美，但在北非战役中发挥了重要作用。

"十字军"可以说是和"盟约者"平行的项目，两者的开发时间很接近，"十字军"的设计也参考了"盟约者"。

"十字军"的炮塔与"盟约者"相同，楔形设计除了能增加装甲等效厚度之外，也能在不扩大炮塔座圈的情况下增加炮塔容积。悬挂同样为克里斯蒂式，但负重轮从4对增加到5对。发动机为一台纳菲尔德"自由"V形12缸汽油机，虽然不是为

新坦克专门设计的，但依然足够低矮并且宽度不算太大，发动机散热装置得以安装在动力舱之内。此外，"十字军"的转向装置、操纵装置较"盟约者"亦有所改良。早期设计中，"十字军"车体前方驾驶员位置有一个手动旋转的小型机枪塔，内置一挺7.92毫米贝莎机枪——在"盟约者"上那是安装发动机散热器的位置。不过这个小型机枪塔难以操纵，打开舱门后会妨碍主炮运作，通常在上战场时会被拆除。早期型和中期型"十字军"采用QF 2磅炮，配有圆弧形炮盾，炮盾正面开有三条垂直槽，分别给主炮、同轴机枪和瞄准镜使用。而"十字军"Ⅲ型则换装了QF 6磅炮并且不再使用外置炮盾。

"十字军"坦克的首战是1941年6月旨在铲除昔兰尼加以东德意军队并为托布鲁克解围的"战斧行动"，同年11至12月

▶"十字军"Ⅲ型巡洋坦克。

▲ 1943年3月，一辆运载"十字军"坦克的英军卡车陷进了沙地，这辆"十字军"坦克被伪装成了一辆卡车以欺骗德军。

基本参数

车型	"十字军"Ⅰ型	"十字军"Ⅱ型	"十字军"Ⅲ型
乘员	4 或 5人	4 或 5人	3人
战斗全重	19.1吨	19.3吨	20.1吨
车长	5.97米	5.97米	5.97米
车宽	2.77米	2.77米	2.77米
车高	2.24米	2.24米	2.24米
发动机	1台纳菲尔德"自由"L12 V形12缸液冷汽油机（340马力）		
最大速度	42千米/时	42千米/时	42千米/时
最大行程	322千米	322千米	204千米
主要武器	1门40毫米QF 2磅炮（备弹110发）	1门40毫米QF 2磅炮（备弹110发）	1门57毫米QF 6磅炮（备弹65发）
辅助武器	1～2挺 7.92毫米贝莎机枪（备弹4950发）	1～2挺 7.92毫米QF贝莎机枪（备弹4950发）	1挺 7.92毫米贝莎机枪（备弹4950发）
装甲	7～40毫米	7～49毫米	7～51毫米
总产量	各型共计5300辆		

它亦参加了规模宏大的"十字军行动"并帮助英军达成了"战斧行动"未能实现的战役目标。这次行动之所以用"十字军"来命名，是因为有大量的"十字军"坦克参与其中。虽然"十字军"坦克速度比任何德军坦克都快，但其装甲薄弱，火力不足，可靠性也不尽如人意。"十字军"很容易发生弹药殉爆，炮塔下部的倾斜装甲制造了巨大的窝弹区，来袭炮弹有可能被倾斜装甲反弹，射入车体，命中弹药架。40毫米口径的QF 2磅炮并没有配备高爆弹，在遭遇德军的反坦克阵地时"十字军"往往束手无策——穿甲弹无法有效压制并摧毁反坦克炮，车载机枪的射程又不及对方。

1942年3月，美国制造的M3"格兰特"中型坦克到达北非，取代了部分"十字军"，虽然其75毫米火炮提供了更好的反坦克和反步兵火力，但它们车速较慢，限制了不得不与其并肩作战的"十字军"的机动能力。1942年下半年，装备QF 6磅炮的"十字军"Ⅲ型开赴北非，虽然其火力和防护都得到加强，但仍不足以同德军主力坦克相抗衡，更多的美制M3"格兰特"和M4"谢尔曼"坦克的到来才改变北非英德装甲力量的对比。北非战役结束后，"十字军"彻底被"谢尔曼"和"克伦威尔"取代，它转而在本土担负训练任务，同时亦有大量"十字军"底盘被改装成防空车、牵引车、炮兵观察车、指挥通信车、推土机、装甲回收车等支援车辆。

Cavalier (A24)

巡洋坦克｜Mk. Ⅶ "骑兵"

产量很少的过渡型巡洋坦克

　　1940年，英国陆军认为需要一款新型的重型巡航坦克，这款坦克要能安装6磅炮，战斗全重不超过24吨，并且比"盟约者"和"十字军"坦克更加可靠。沃克斯豪尔公司、纳菲尔德公司、伯明翰铁路运输和货车公司参与了竞标，在没有原型车且未经过测试的情况下，纳菲尔德设计的A24坦克被军方选中，这在后来成了Mk.Ⅶ "骑兵"巡洋坦克。

　　A24是一种以"十字军"为基础的设计方案，安装一台改进型"自由"L12发动机和威尔逊变速器，采用改进型克里斯蒂悬挂，车体前装甲厚度达到了64毫米，炮塔前装甲厚度达到了76毫米。炮塔采用全新设计，外形方正，内部空间充足，炮塔座圈的直径达1.52米，足够容纳3名乘员。炮塔装甲分为内外两层，外层装甲通过巨大的螺栓固定在内层装甲板上。车载武器为一门57毫米口径的QF 6磅坦克炮和两挺7.92毫米贝莎机枪，其中一挺为主炮同轴机枪，另一挺为车体机枪。QF 6磅炮在当时可算是一门强力的反坦克炮，不过缺乏高爆弹供应。贝莎机枪相对来说比较笨重，而且需要在安装部位开一个较大的孔，但这并不影响它成为一种精准、可靠的武器。

　　起初A24被称作"克伦威尔"，不过这个名字很快就花落别家。1941年，劳斯莱斯公司与利兰公司合作，研制出了大名鼎鼎的"流星"发动机，比"自由"发动机更为强劲。伯明翰铁路运输和货车公司为"克伦威尔"装上"流星"发动机，并且配套使用梅里特-布朗变速器，这就派生出了"克伦威尔"的一个新分支——A27。因为担心散热问题，利兰公司更倾向于为A27安装"自由"发动机，这样一来"克伦威尔"就出现了三个分支：

　　（1）纳菲尔德公司的A24"克伦威尔"Ⅰ，使用"自由"发动机和威尔逊变速器；

　　（2）利兰公司的A27L"克伦威尔"Ⅱ，使用"自由"发动机和梅里特-布朗变速器；

　　（3）伯明翰铁路运输和货车公司的A27M"克伦威尔"Ⅲ，使用"流星"发动机和梅里特-布朗变速器；

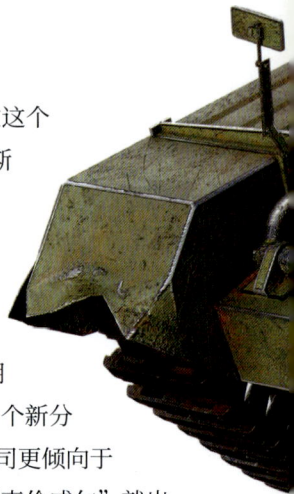

基本参数（Mk.Ⅶ"骑兵"巡洋坦克）	
乘员	5人
战斗全重	26.98吨
车长	6.35米
车宽	2.91米
车高	2.49米
发动机	1台改进型"自由"L12 V形12缸液冷汽油机（410马力）
最大速度	39千米/时
最大行程	266千米
主要武器	1门57毫米QF 6磅炮（备弹65发）
辅助武器	2挺7.92毫米贝莎机枪（备弹4950发）
装甲	20～76毫米
总产量	500辆

▶ "骑兵"坦克产量较少，没有完整的实车存世。图为在英国奥特本陆军训练场充当靶车的"骑兵"。

为了避免把这三种坦克混为一谈，A24最终被命名为Mk.Ⅶ "骑兵" 巡洋坦克，A27L是Mk.Ⅷ "人马座" 巡洋坦克，A27M则被称作Mk.Ⅷ "克伦威尔" 巡洋坦克。

尽管1941年1月就下达了样车订单，可是制造工作因为其他项目而一拖再拖，直到次年1月 "骑兵" 才开始测试。这并不是一辆令人满意的坦克，其战斗全重接近27吨，超出指标近3吨。这使其表现糟糕，行驶速度不甚理想，动力和传动系统故障频出，发动机寿命也低于预期。"骑兵" 只生产了500辆，除了极少数提供给自由法国军队之外，绝大多数都未参加实战，主要在本土担负训练任务，另一部分被改造成了炮兵观察车、装甲回收车等辅助车辆。

Cromwell (A27M)

巡洋坦克 ｜ Mk. Ⅷ "克伦威尔"

二战英国巡洋坦克的杰出代表

Mk Ⅷ "克伦威尔" 巡洋坦克（A27M）是A24的衍生型号，以17世纪英格兰共和国时期的第一代护国公奥利弗·克伦威尔的名字来命名。它是二战期间速度最快的英国巡洋坦克，也是二战中最为著名和最为成功的英国巡洋坦克，至少1945年 "彗星" 坦克列装之前是如此。

"克伦威尔" 在外观上与 "骑兵" 和 "人马座" 极为相似。起初其车体框架由铆接梁组成，但后来的生产型号采用了焊接工艺，装甲板用螺栓固定在框架上。炮塔装甲仍为双层结构，固定外层装甲的螺栓非常显眼。车首最前部装甲厚57毫米，驾驶室正面的垂直装甲厚64毫米，驾驶员拥有一扇可以开合的圆形观察窗，其左侧是供车体机枪手使用的球形机枪座，拥有45°的方向射界和25°的高低射界。方正的六边形炮塔位置比较靠前，正面厚76毫米，侧面厚50毫米，正面装甲板上有一个大约60厘米宽、40厘米高的开口，以便主炮和同轴机枪从中穿过。炮塔左右侧后部各有一个手枪射击孔，也可以用来抛弃炮弹壳。

起初配备的是57毫米QF 6磅火炮，不过从 "克伦威尔" Ⅳ型开始主炮升级为QF 75毫米火炮。新火炮由6磅炮扩膛改进而来，使用和6磅炮相同的炮架。QF 75毫米火炮能直接发射美制75毫米M3坦克炮的炮弹，也就是说可以和M4 "谢尔曼" 坦克通用炮弹。和6磅炮相比，新火炮虽然穿甲能力有所下降，但是可以发射威力更大的高爆弹，在支援步兵时更具优势。此外，"克伦威尔" 还在炮塔顶部安装了51毫米榴弹发射器用以抛射烟幕弹。

劳斯莱斯 "流星" 发动机是一款V形12缸液冷汽油机，由 "梅林" 航空发动机减配降级而来，输出功率550马力，其转速受到了人为限制，否则坦克的悬挂系统将无法承受极高的车速。"克伦威尔" 仍然采用改进型克里斯蒂悬挂，作为弹性元件的螺旋弹簧以拉伸的方式吸收负重轮传递来的冲击，而不是普通克里斯蒂悬挂的压缩方式。为了减小车体高度，螺旋弹簧以很大的倾斜角度安装在车体两侧。"克伦威尔" 一共有5对大直径负重轮，其中有四对配有减振器。"流星" 发动机和改进型克里斯蒂悬挂的组合让它的最大速度达到了64千米/时，在巡洋坦克中车速无出其右。"克伦威尔" Ⅶ型增厚了装甲，导致车重增加，不过其发动机功率提升至600马力，悬挂系统得到加强，履带宽度也得以增加，速度并未明显下降。

"克伦威尔" 于1943年1月投产，在1944年6月

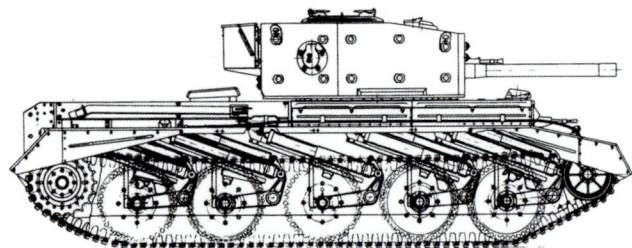

▲ "克伦威尔" 的改进型克里斯蒂悬挂示意图。

的诺曼底登陆中首登战场，总共制造了3066辆，数量远远少于英军接收的M4"谢尔曼"坦克。"克伦威尔"通常只装备精锐装甲部队并广泛用于侦察任务，英军第7装甲师是唯一一个全部换装"克伦威尔"的装甲师（实际上该师同时还装备了少量"萤火虫"坦克）。部队对它褒贬不一，其可靠性无疑要比"十字军"更高，但和"谢尔曼"相比它的发动机需要更多的维护和保养。它的主炮和装甲仍然不足以和德军的"虎"式、"黑豹"对抗，但其卓越的机动性仍有可能带来战术优势，创造出攻击敌人软肋的机会。

基本参数（"克伦威尔"Ⅳ型）	
乘员	5人
战斗全重	28吨
车体长	6.35米
车宽	2.91米
车高	2.49米
发动机	1台劳斯莱斯"流星"V形12缸液冷汽油机（550马力）
最大速度	64千米/时
最大行程	270千米
主要武器	1门QF 75毫米炮（备弹64发）
辅助武器	2挺 7.92毫米贝莎机枪（备弹4950发）
装甲	20～76毫米
产量	1935辆

◀ "克伦威尔"Ⅳ型巡洋坦克。

Challenger (A30)

巡洋坦克 | Mk. VIII "挑战者"

为巡洋坦克安装17磅炮的不成功尝试

二战期间，为了将本国最优秀的反坦克炮——QF 17磅炮安装在坦克上，英国人做了诸多尝试，伯明翰铁路运输和货车公司研制的Mk.VIII "挑战者"巡洋坦克（A30）就是其中一项成果。事实证明，这种"克伦威尔"坦克底盘和17磅炮的强行组合效能并不理想。

为了缩短开发时间、减轻后勤压力，"挑战者"基于"克伦威尔"的底盘研发。QF 17磅炮的体积及后坐力都远超"克伦威尔"坦克的6磅炮或75毫米炮，开火时的后坐行程也较长，无法安装在"克伦威尔"坦克的炮塔内，因此"挑战者"采用了相当巨大的炮塔。为了承受大型炮塔的重量及开火时的后坐力，车体也需要做出相应修改。炮塔座圈的直径增加了10厘米，车体也被加长，负重轮由5对增加到6对。车

体前方的机枪被取消，原本机枪手的空间用来放置17磅炮炮弹，但因为装填手由1名增加到2名，所以乘员总数仍为5人。

"挑战者"的炮塔明显大于"克伦威尔"的炮塔，即使车体有所加长，炮塔和车体的比例仍然显得不太协调。这款炮塔的内部空间不像"萤火虫"坦克那般拥挤，2名装填手的配置使主炮的射速比"萤火虫"快。大型炮塔虽然对操作火炮较为有利，但也导致车高过大。"挑战者"高达2.78米，明显比2.49米的"克伦威尔"高，也比"萤火虫"要高，这不利于在战场上隐蔽自己。"挑战者"的车体正面装甲厚度达102毫米，比大多数"克伦威尔"厚，但因为17磅炮重量很大，炮塔要减少

▲ 1944年8月17日，英国第11装甲师的"挑战者"与"克伦威尔"巡洋坦克通过法国弗莱尔市。

装甲以降低重量，其炮塔正面装甲厚度仅有63毫米，防护水平低于同时期中型坦克的标准。在发动机功率提升50马力的前提下，"挑战者"增重约4吨，最大速度下降到51千米/时。

因为急需一款装备17磅炮的坦克以应对德国"虎"式坦克和"黑豹"坦克的威胁，英国在1943年年初下达了200辆"挑战者"坦克的订单，即便它有一些不足之处。"挑战者"坦克没有充分考虑涉水能力，所以无法参加诺曼底滩头的登陆战，只能在港口被夺取后卸船上岸。由于轮廓太高，炮塔装甲薄弱，它亦不适合担任装甲部队的前锋，主要充当机动反坦克炮伏击敌人。和"萤火虫"相比，"挑战者"拥有更大的射击俯角，这是一个重要的战术优势，其机动性也更接近"克伦威尔"坦克，能更好地与"克伦威尔"形成配合。然而，产能强大的美国军工可以充足、稳定地供应"萤火虫"所需的M4中

型坦克底盘和经过修改的炮塔，这是英国不可比拟的，"萤火虫"显然比"挑战者"效益更高，所以挑战者在生产了200辆之后就停产了。

基本参数（Mk. VIII "挑战者"）

乘员	5人
战斗全重	32吨
全长	8.03米
车宽	2.91米
车高	2.78米
发动机	1台劳斯莱斯"流星"V形12缸液冷汽油机（600马力）
最大速度	51千米/时
最大行程	169千米
主要武器	1门76.2毫米QF 17磅炮（备弹42发）
辅助武器	1挺7.62毫米M1919机枪
装甲	20～102毫米
总产量	200辆

Sherman-Firefly

巡洋坦克 | "谢尔曼-萤火虫"

二战期间应用最广泛的17磅炮坦克

"萤火虫"是一辆普通的"谢尔曼"坦克，但为了容纳17磅炮巨大的后膛和硕大的炮弹，副驾驶被取消，原本属于他的空间改成了弹药架……炮口焰非常强烈，以至于炮长和车长在开炮的那一瞬都要闭上眼睛，否则他们会长时间失明，看不到目标被命中。火舌从炮口喷涌而出，一两炮之后，坦克前面的树篱或者灌木丛就有可能燃烧起来。无论主炮朝前还是转向侧面，炮管都会远远地伸出车体，驾驶员、炮长和车长必须时刻保持警惕，以免炮管剐上看起来距离很远、人畜无害的树木、灯柱和房屋。

——肯·图特，第1北安普敦郡义勇骑兵团

为"谢尔曼"坦克安装17磅炮的想法长期以来遭到英国军需部的反对，但在皇家坦克团的乔治·布莱迪少校与乔治·威瑟里奇中校的不懈努力或者说不断游说之下，这个提议最终被军需部接受并结出了硕果。维克斯公司的工程师W. G. K. 基尔伯恩受坦克设计部所托，负责将他们的想法变成现实。

共有5种"谢尔曼"坦克被用于改装，分别是M4、采用焊接和铸造混合车体的M4、M4A3、M4A4，以及"灰

▲ 这辆"萤火虫"在炮管中部安装了假炮口制退器以伪装成普通的"谢尔曼"坦克。

基本参数（"谢尔曼-萤火虫"）

乘员	4人
战斗全重	32.7吨
车体长/全长	6.05米/7.85米
车宽	2.67米
车高	2.74米
发动机	1台克莱斯勒A57多组30缸液冷汽油机（370马力）
最大速度	40千米/时
最大行程	161千米
主要武器	1门76.2毫米QF 17磅炮（备弹77发）
辅助武器	1挺7.62毫米M1919机枪（备弹5000发）
装甲	13～89毫米
总产量	2100～2200辆

熊"Ⅰ（加拿大制造的M4A1），其中最主要的是混合车体M4和M4A4。除了取消车体机枪手，在其原有位置设置弹药架之外，炮塔内部也进行了大幅修改。炮塔后部被清空以避让火炮后坐，炮塔尾端增设一个配重用的尾舱用以平衡炮管的重量，原本位于炮塔后部的无线电台现在装在了尾舱之内。为了缩短17磅炮的行程，反后坐装置经过重新设计，复进-驻退机被缩短，并且安装在炮管两侧以充分利用炮塔的横向空间。此外，17磅炮的炮架也被缩短，这引发了火炮稳定性问题，解决方案是增加炮管尾端非锥形部分的长度。为了方便装填，炮膛沿着炮管轴线旋转了90°，火炮由一门立楔闩炮变成了横楔闩炮。装填手仍位于火炮左侧，不过其位置相对原版"谢尔曼"发生了变化，因此炮塔顶部为装填手设置了一个新舱门。这种装备17磅炮的"谢尔曼"之所以被称作"萤火虫"，是因为它在开炮时会产生极为强烈的炮口焰，就如夏夜中的萤火虫那么显眼。

"萤火虫"的生产始于1944年1月，这让它们幸运地赶上诺曼底登陆，事实上它们是诺曼底滩头唯一可以在正常交战距离击穿"虎"式和"黑豹"坦克正面装甲的英军坦克。相比普通"谢尔曼"，"萤火虫"仅在炮盾装甲处增厚了13毫米，防护仍然算不上优秀。显眼的长炮管使其容易遭到优先攻击，因此一些"萤火虫"在炮管前端涂上了迷彩伪装，遮蔽自己的长炮管特征。战斗中"萤火虫"通常会预先寻找掩护射击位置，在普通"谢尔曼"坦克向前推进时掩护他们，只有区域被肃清或者掩护对象超出主炮射程时才转移阵位。

为了迁就17磅炮，"萤火虫"身上不可避免地出现了诸多缺陷，但它的价值还是得到了英军的充分肯定。1945年生产终止前共有2100～2200辆"萤火虫"被制造出来，在二战期间所有装备17磅炮的坦克中，它是产量最大、应用最广的一款。

Comet (A34)

巡洋坦克 ｜ "彗星"

英国巡洋坦克中的集大成者

　　"彗星"巡洋坦克（A34）是"克伦威尔"的后继车型，在二战末期服役。作为英国最后一款巡洋坦克，它广泛吸取了前辈们积累的实战经验，改善了诸多缺陷，反坦克火力更是有显著提升，是二战期间少数能和"虎"式坦克、"黑豹"坦克抗衡的英国坦克之一。

　　从整体设计上来说，"彗星"是"克伦威尔"的改进版，它没有采用在战争后期大为流行的倾斜装甲设计，而是沿用了"克伦威尔"坦克阶梯式的车首装甲布局以降低战时生产的复杂性，不过车体是焊接结构，避免了被击中后螺栓在车内飞溅的风险。"克伦威尔"坦克的圆形驾驶员观察窗被"彗星"继承了下来，它以铰链开合，厚度为76毫米，打开后能为驾驶员提供良好的视野。观察窗左侧，球形机枪座上的车体机枪同样为一挺贝莎机枪，这是捷克斯洛伐克 ZB 53机枪的英国特许生产版，保留了原来7.92×57毫米口径，与德军装备的机枪通用弹药。

　　相比"克伦威尔"，"彗星"拥有更大的炮塔。炮塔整体为焊接结构，大部分装甲板是轧压均质钢装甲，炮塔正面形状不规则的装甲则是铸造件。炮塔正面装甲厚102毫米，侧面厚63.5毫米，后部厚57.2毫米。炮盾亦有102毫米厚，因为炮盾与炮塔正面装甲之间的缝隙容易被泥土和石块卡住，炮塔正面通常以帆布覆盖。炮塔后部的两块垂直装甲呈一定的夹角焊接在一起，不过这一特征通常被巨大的炮塔尾箱所掩盖。车长指挥塔前面有一具鸟笼形简易瞄准装置，可以让车长快速把主炮指向目标方向。炮塔的旋转由发动机提供动力，不过也有方向手轮用于精确调整。

　　"彗星"的主炮是一门77毫米高速坦克炮，这是QF 17磅炮的缩小、改进版，炮管更短，药室容积也更小，以此换取更短的后坐行程和更好的适装性。相较17磅炮，其炮口动能衰减约10%，但仍然能有效击穿"虎"式和"黑豹"，它的远距离射击精度甚至比17磅炮更好。51毫米榴弹发射器这个英国坦克的"传统"配置也被"彗星"继承下来，安装在炮塔右侧顶部，由装填手操控。

　　值得一提的是，"彗星"是第一款配有炮管行军锁的英国坦克，行军锁位于车体顶部发动机进气口装甲之后，长途行军时炮塔会转向后部以便锁定炮管。虽然是一款巡洋坦克，其车体尾部仍然设置了步兵电话，供跟随坦克的步兵与车内联系之用。另外，坦克尾部还有一个巨大的牵引钩，可以用来牵引17磅反坦克炮。

　　"彗星"是最后一款使用改进型克里斯蒂悬

挂的英国坦克，每侧有5个直径达80厘米的边缘挂胶负重轮和4个托带轮。其履带比"克伦威尔"宽6.3厘米，达到了45.7厘米，因此接地压强更小，通过性更好。发动机仍旧为劳斯莱斯"流星"系列，输出功率600马力。单位功率随车重增加而下降，最大速度降低为51千米/时，虽不及"克伦威尔"，但仍然算堪用。

"彗星"仅仅是一种过渡坦克，用来填补"巡洋坦克终结者"、功能全面的"百夫长"坦克服役前的空缺。它在1944年9月投产，当年年底投入欧洲战场，1945年战争结束时只制造了1200辆。虽然性能优异，但由于入场太晚，"彗星"并没有参加过大规模战斗，也并未留下傲人的战绩。

▲ 乘员们正在为"彗星"坦克补充77毫米高速坦克炮炮弹。

基本参数（"彗星"巡洋坦克）

乘员	5人
战斗全重	33.53吨
车体长/全长	6.55米/7.66米
车宽	3.07米
车高	2.67米
发动机	1台劳斯莱斯"流星"Mk.III V形12缸液冷汽油机（600马力）
最大速度	51千米/时
最大行程	250千米
主要武器	1门77毫米高速坦克炮（备弹61发）
辅助武器	2挺7.92毫米"贝莎"机枪（备弹5175发）
装甲	14～102毫米
总产量	1200辆

Matilda (A11)

步兵坦克 | Mk. I "玛蒂尔达"

英国步兵坦克的开山之作

20世纪30年代中期，英国陆军军械总长休·埃利斯爵士和机械化总监A.E.戴维森将认为英军在未来需要一款小型化、重装甲、价格低廉、能够大规模生产的坦克以支援步兵进攻，从而避免重蹈一战静态战争的覆辙，维克斯公司的约翰·卡登爵士受邀实现他们的想法。这种参谋部编号A11的小坦克最终于1937年投产，并且在1940年定型为Mk.I巡洋坦克，"玛蒂尔达"则是1935年维克斯公司给它取的代号。在A12步兵坦克出现之后，它被称作"玛蒂尔达"I。

"玛蒂尔达"是一辆简陋的双人小坦克，驾驶员位于车体前部，他前方的车体逐渐收窄，形成了一个凸出的"鼻尖"，车体最前端的装甲板向两侧延伸，构成了支撑诱导轮的结构。车长位于驾驶员正后方，承担控制机枪塔、发射武器、操作无线电、指挥全车战斗的职责。驾驶室上方有一扇宽大的舱门，在打开状态下会干扰机枪塔的旋转。机枪塔几乎是一个圆柱体，不过并非左右对称，武器基座偏向机枪塔右侧。动力舱和

◀ "玛蒂尔达"的驾驶员舱门和机枪塔会互相干涉，打开舱门前需先将机枪塔转向侧面。

基本参数（Mk.Ⅰ"玛蒂尔达"）	
乘员	2人
战斗全重	11.17吨
车长	4.85米
车宽	2.28米
车高	1.86米
发动机	1台福特79 V形8缸液冷汽油机（70马力）
最大速度	12.87千米/时
最大行程	130千米
主要武器	1挺7.7毫米维克斯机枪（备弹4000发）或1挺12.7毫米维克斯机枪
装甲	10～60毫米
总产量	140辆

战斗室之间由一个舱壁隔开，发动机与变速器都布置在动力舱之内，动力舱顶部的装甲急剧向下倾斜。

"玛蒂尔达"的车体为铆接结构，然而装甲板并不是铆接在车体框架上，而是相互之间直接用铆钉固定在一起。车体正面和侧面均有60毫米厚，铸造炮塔的厚度也有60毫米，足以抵挡37毫米反坦克炮的攻击。车上唯一的固定武器是一挺7.7毫米或12.7毫米维克斯液冷机枪，这是压制敌方步兵、摧毁敌军机枪阵地的首选武器。机枪的液冷套筒得到了装甲护套的保护，所以枪管看起来非常粗壮。

和牢固的车体防护形成鲜明对比的是，行走机构直接暴露在外，没有任何保护，非常容易受损。"玛蒂尔达"的悬挂为钢板弹簧式，车体每侧有8个小直径负重轮：每2个负重轮一组，安装在一个摇臂上；每2个摇臂一组，由一对钢板弹簧连接，构成一个完整的转向架式悬挂单元。这套悬挂系统来自维克斯"龙"Mk.Ⅳ中型火炮牵引车，是维克斯6吨坦克悬挂系统的改进版本。出于压低成本考虑，"玛蒂尔达"的动力与传动系统使用了现成的货架产品——福特V8汽油机和福特森四速变速器。发动机功率为70马力，相对于11吨的车重来说显得相当赢弱，只能提供12.87千米/时的最大公路速度和9千米/时的最大越野速度。

在设计时"玛蒂尔达"并未配备无线电设备，这个缺陷在投产后得到了修正。无线电由车长操作，不过炮塔内并没有安放无线电台的空间，他必须钻进车体内部才能使用无线电台。

第二次世界大战爆发后，"玛蒂尔达"跟随英国远征军到达了法国，它们确实在法国战役中给德军制造了一些麻烦，德军坦克以及常规反坦克武器很难砸开它们的装甲，只有88毫米高射炮和大口径榴弹炮才能将其击毁。不过"玛蒂尔达"暴露在外的行走机构很容易被绕到侧面的敌人攻击，它们的机枪也难以对德军装甲车辆构成威胁。这是一种落后于时代的坦克，注定难以在机械化战争中发挥作用。同大多数被俘获的盟军车辆不同，"玛蒂尔达"并没有被德军加以利用。大部分"玛蒂尔达"都被遗弃在了法国，在英国远征军回国后，本土残存的"玛蒂尔达"只用于训练。这种坦克仅在1937至1940年间制造了140辆，产量相当少。

Matilda II (A12)

步兵坦克 | Mk. II "玛蒂尔达" II

英国唯一一款经历了整场第二次世界大战的坦克

20世纪30年代中期，时任皇家坦克军监察员的帕雷西·霍伯特提出了两种支援步兵坦克的方案，一种是只配备机枪的重装甲小型坦克，可以大量部署以压倒敌人的防御，另一种是配备火炮和更厚重装甲的坦克，足以抵御敌方的野战炮。出于资金方面考虑，军械部门起初更倾向于小坦克方案，这在后来发展成了"玛蒂尔达"步兵坦克。然而，"玛蒂尔达"火力薄弱且速度过于缓慢，当它还处于研发阶段时英军就意识到了这个问题。于是装备火炮的大型步兵坦克项目在1936年上马，即为Mk.II步兵坦克，亦称"玛蒂尔达"II。

总体设计

Mk.II "玛蒂尔达" II步兵坦克（A12）是一台将近27吨重的机器，采用驾驶室在前、战斗室居中、动力舱在后的三段式布局。驾驶员位于车体中线上，其前方设有窥视孔及潜望镜。炮塔空间不大，但能容纳三名乘员，右侧为装填手，左侧为炮长和车长，三人各司其职，可以保持较高的作战效率。车长配有圆柱形指挥塔，但只能通过指挥塔顶部的一具潜望镜对外观察，视野不甚良好。动力舱相对较长，几乎占据了1/2的车体长度，发动机和变速器皆位于动力舱内。

车体由整体滚压成型件和铸造件螺接而成，正面最厚处为78毫米，侧面最厚处为70毫米，车体后部厚55毫米。行走机构受到25毫米厚侧裙板的保护，履带内侧位置的车体垂直装甲厚40毫米。炮塔主体部分与炮塔前部装甲都是铸造件，二者以螺接方式固定，垂直方向上炮塔全向厚78毫米。

主要武器是一门40毫米QF 2磅炮，这是瑞典博福斯40毫米炮的众多衍生产品之一，具有出色的射速，然而它没有配备高爆弹，反步兵能力严重不足。主炮右侧的同轴机枪能在一定程度上弥补主炮难以对付软目标的缺陷，起初使用的是7.7毫米维克斯液冷机枪，后来换成了7.92毫米贝莎机枪。炮塔的旋转由液压驱动，但主炮和同轴机枪的俯仰依靠炮长肩扛的方式来调节，这相当于为火炮配备了"人力"垂直稳定器，在行进中射击时炮长可以轻松地将火炮瞄准线保持在目标上。

"玛蒂尔达"II的动力系统相当独特，两台直列6缸柴油机并排布置。这种双发动机并联的设计增加了维护难度，并且只要有一台发动机发生故障坦克就有可能无法前进。悬挂系统为水平螺旋弹簧式，第一对负重轮之前还有一对履平坦地形行驶时并不与地面接触。共有10对负重带张紧轮，在这套悬挂系统

▲ 英国女工正在为"玛蒂尔达"II坦克涂刷"问候我们的苏联盟友"字样，显然这辆坦克即将运往苏联。

基本参数（Mk. II "玛蒂尔达" II）

乘员	4人
战斗全重	26.5吨
车长	5.61米
车宽	2.59米
车高	2.52米
发动机	2台AEC 直列6缸液冷柴油机或2台利兰直列6缸液冷柴油机（共190马力）
最大速度	24千米/时
最大行程	157千米
主要武器	1门40毫米QF 2磅炮（备弹93发）
辅助武器	1挺7.7毫米维克斯机枪/1挺7.92毫米贝莎机枪（备弹2925发）
装甲	13～78毫米
总产量	2987辆

是对维克斯悬挂的进一步升级，虽然牺牲了速度，但保证了行驶稳定性。同"玛蒂尔达"相比，"玛蒂尔达"Ⅱ的速度有所提高，最大公路速度可达24千米/时，最大越野速度为14千米/时。

战场表现

1940年年初，英国本土及驻守埃及的部分部队均已开始装备"玛蒂尔达"Ⅱ，至于它的首秀则是1940年五六月间的法国战役。这种坦克拥有当时来讲非常厚重的装甲，能够抵御德军最主要的反坦克炮Pak 36的攻击。埃及驻军方面的"玛蒂尔达"Ⅱ经历了大部分北非战役，在脆弱的意大利部队阵前它们所向披靡。除非使用重型火炮，否则意军几乎无法击毁"玛蒂尔达"Ⅱ，甚至出现过"玛蒂尔达"Ⅱ即使被意军100毫米榴弹炮的高爆弹直接命中也没有受到严重损伤的战例。然而这种坦克在德国人的88毫米高射炮面前就变得不堪一击了，往往德军火炮还没进入射程"玛蒂尔达"Ⅱ就会被其逐一击毁。

"玛蒂尔达"Ⅱ炮塔空间有限，没法换装6磅炮以提升火力，大部分该型坦克都装备2磅炮。2磅炮是一种性能优良的反坦克炮，但英军在战争早期严重缺乏供2磅炮使用的高爆弹。即使得到高爆弹供应，其爆炸威力也相当有限，对付非装甲目标远不及M4"谢尔曼"坦克的75毫米高爆弹有效。为了提升支援步兵的能力，"玛蒂尔达"Ⅱ的近战支援型换装了3英寸榴弹炮，但其威力仍不理想，并且让本就空间有限的炮塔变得十分拥挤。由于性能逐渐落后，英军中的"玛蒂尔达"Ⅱ从1942年开始退役，不过其底盘在其他辅助车辆上仍有应用。

英国共向苏联提供了1184辆"玛蒂尔达"Ⅱ（在海上运输时损失了其中的252辆）。苏联对"玛蒂尔达"Ⅱ的评价较差，认为其主炮威力过小，悬挂系统容易在严冬中被冰雪和泥土冻结，性能远远逊于国产的T-34及KV-1。

英联邦部队，如太平洋战场的澳大利亚军，也获得了一些"玛蒂尔达"Ⅱ。日军极度缺乏有效的反坦克武器，因此"玛蒂尔达"Ⅱ同M4"谢尔曼"坦克一样是极为难缠的对手，除了动用数量有限的重型火炮外，自杀式袭击亦是较常见且有一定效果的反制手段。

Valentine

步兵坦克 ┃ Mk.Ⅲ "瓦伦丁"

二战中生产数量最多的英国坦克

▲ "瓦伦丁" Ⅱ型步兵坦克。

　　"瓦伦丁"步兵坦克由维克斯公司自主设计，并没有获得总参谋部以字母A开头的编号，其设计图纸于1938年2月递交给陆军部。到1939年，欧洲的战事已经迫在眉睫，军方虽然对"瓦伦丁"并不完全满意，特别是认为其双人炮塔的效能不如三人炮塔，但还是批准了这一明显比"玛蒂尔达"Ⅱ更为廉价、更易于生产的设计。

　　Mk.Ⅲ"瓦伦丁"步兵坦克整体上要比"玛蒂尔达"Ⅱ更轻、更小，它同样采用驾驶室在前、战斗室居中、动力舱在后的布局，驾驶员坐在车身中线上，其左上方及右上方各有一个进出舱门，驾驶员正前方开有观察窗，其头顶设有两具潜望镜。战斗室的空间颇为局促，炮长在左，车长在右。炮长以肩部控制主炮俯仰，车长需兼任装填手和通信员，并且负责操作51毫米榴弹发射器，工作繁重。炮塔上没有指挥塔，车长只

能通过位于炮塔右侧的一具潜望镜对外观察，视野不甚良好。发动机与变速器皆安装在动力舱内，驾驶员通过贯穿整个车体底部的连杆来控制换挡和转向。悬挂为螺旋弹簧平衡式，作为弹性元件的螺旋弹簧倾斜布置，每3个负重轮为一组，第一对和最后一对负重轮的直径明显大于其他负重轮。与"玛蒂尔达"Ⅱ相比，"瓦伦丁"的装甲更薄，最厚处为65毫米，但车速没有明显变化。

　　"瓦伦丁"坦克共有11个主要型号，从1940年投产至1944年停产，共制造了8275辆之多，其中6855辆由英国生产，1420辆是加拿大制造的。各型号的主要特征如下（如无特殊说明，车体主体部分皆为铆接结构）：

　　"瓦伦丁"Ⅰ——初期量产型号，主要武器为1门40毫米QF 2磅炮，使用135马力的AEC汽油机。

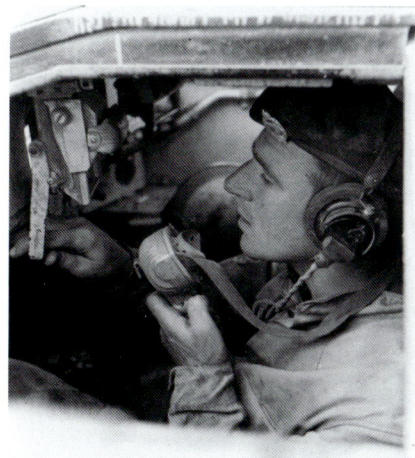

▲ 从左侧舱门窥视"瓦伦丁"坦克的驾驶室，驾驶员正在使用左侧潜望镜。

基本参数（Mk. Ⅲ "瓦伦丁" Ⅱ）	
乘员	4人
战斗全重	16吨
车长	5.41米
车宽	2.63米
车高	2.27米
发动机	1台AEC A190直列6缸液冷柴油机（131马力）
最大速度	24千米/时
最大行程	145千米
主要武器	1门40毫米QF 2磅炮（备弹90发）
辅助武器	1挺7.92毫米贝莎机枪（备弹3150发）
装甲	8～65毫米
产量	1511辆

"瓦伦丁"Ⅱ——更新动力系统，采用131马力的AEC柴油机，可在车体外部增设附加油箱以增大行程。

"瓦伦丁"Ⅲ——使用三人炮塔，增加了专职装填手。

"瓦伦丁"Ⅳ——以"瓦伦丁"Ⅱ为基础，换装138马力的通用6004柴油机和美制变速器。

"瓦伦丁"Ⅴ——以"瓦伦丁"Ⅲ为基础，换装138马力的通用6004柴油机和美制变速器。

"瓦伦丁"Ⅵ——加拿大制造，以"瓦伦丁"Ⅴ为基础，同轴机枪由7.92毫米贝莎机枪改为7.62毫米勃朗宁M1919机枪。

"瓦伦丁"Ⅶ——加拿大制造，以"瓦伦丁"Ⅵ为基础，将19型无线电换成了11型无线电。

"瓦伦丁"Ⅷ——以"瓦伦丁"Ⅲ为基础，换装57毫米6磅炮，取消同轴机枪。

"瓦伦丁"Ⅸ——以"瓦伦丁"Ⅴ为基础，换装57毫米6磅炮，取消同轴机枪。后期生产型改用165马力版本的通用6004柴油机。

"瓦伦丁"Ⅹ——焊接车体，采用165马力版本的通用6004柴油机，重新设计了炮塔，为6磅炮增添了同轴机枪。

"瓦伦丁"Ⅺ——焊接车体，采用210马力版本的通用6004柴油机，沿用"瓦伦丁"Ⅲ的炮塔，主炮升级为一门QF 75毫米炮，仅用作指挥坦克。

"瓦伦丁"从1940年5月开始服役，首场实战是1941年11至12月间的"十字军行动"。在北非的"瓦伦丁"主要用来填补"玛蒂尔达"Ⅱ的数量不足，不过它们的表现非常出色，可靠性优于同期其他英军坦克。当然，2磅炮缺乏高爆弹的事实仍旧深受诟病，没有威力充足的高爆弹就无法有效支援步兵——而支援步兵恰恰是步兵坦克的本职工作。

共有2690辆"瓦伦丁"被送往苏联，它们伴随苏联红军一路光复东欧，反攻德国，甚至在远东的"八月风暴行动"中也有作战记录。苏联坦克兵相当欢迎"瓦伦丁"坦克，认为它装甲不俗，稳定可靠，是各式支援苏联的西方坦克中性能最好的。战争后期，英国和加拿大几乎是在为满足苏联的需求而维持"瓦伦丁"的生产。

Churchill (A22)

步兵坦克 ｜ Mk.IV "丘吉尔"

英国最后一种大规模投产的步兵坦克

　　"丘吉尔"步兵坦克的名字来自第一代马尔博罗公爵、17、18世纪之交英国著名将领兼政治家约翰·丘吉尔。它以长度夸张的车身、高耸的行走机构和厚重的装甲闻名于世。

总体设计

　　为了取代"玛蒂尔达"II和"瓦伦丁"步兵坦克，沃克斯豪尔公司在1939年设计了A20步兵坦克，这便是"丘吉尔"的前身。A20明显是为一战那样的堑壕战准备的，又长又高的履带可以顺利越过战场上密布的弹坑、堑壕和反坦克壕，也能轻松碾过阻滞步兵的铁丝网。为了有效打击固定防御阵地，最初的设计甚至还在车体两侧各设置了一门QF 2磅炮和1挺7.92毫米贝莎机枪。其发动机功率仅为300马力，然而车重却高达42吨，因此A20行动相当迟缓。

　　法国沦陷后，堑壕战已非英军需要面对的主要情况。皇家伍尔维奇兵工厂根据波兰战役及法国战役的经验修改了A20的部分设计并将其交付沃克斯豪尔公司，新的设计称作A22。

　　英军在敦刻尔克大撤退中损失了大量坦克，而德军又随时可能进攻英国本土，英国陆军部当即决定在一年内投产A22，即后来的Mk.IV"丘吉尔"步兵坦克。1940年7月，A22完成设计。当年12月，样车制作完成。1941年6月，第一辆"丘吉尔"走下生产线。

　　"丘吉尔"I型是其第一个生产型，采用铆接车体和全铸造炮塔，车体正面装甲厚102毫米，炮塔正面厚89毫米，车体侧面、炮塔侧面、炮塔后部皆为76毫米，车体后部亦有51毫米厚。炮塔中安装一门QF 2磅炮和一挺7.92毫米贝莎机枪，车体前部左侧还有一门QF 3英寸榴弹炮用于对付非装甲目标。一台贝德福德水平对置12缸发动机能为其提供325～350马力的动力，最高车速可维持在26千米/时的水平。值得一提的是，"丘吉尔"是第一种使用梅里特-布朗三重差速器变速器的英国坦克，可以在不改变左右履带挡位的情况下改变两条履带的相对速度，从而实现平稳、灵活转向，亦可做到原地中心转向。

　　"丘吉尔"的行走机构能够克服大型堑壕以及一战中那样坑洼不平、烂泥遍地的环境。悬挂系统为垂直螺旋弹簧独立

▼ "丘吉尔" VII型步兵坦克。

BEN NEVIS
T173143H

基本参数

车型	"丘吉尔" I 型	"丘吉尔" VII型
乘员	5人	5人
战斗全重	39.1吨	40.7吨
车长	7.44米	7.54米
车宽	3.25米	3.25米
车高	2.49米	2.49米
发动机	1台贝德福德水平对置12缸液冷汽油机（325～350马力）	
最大速度	26千米/时	20千米/时
最大行程	203千米	145千米
主要武器	1门40毫米QF 2磅炮 1门76.2毫米QF 3英寸榴弹炮	1门QF 75毫米炮
辅助武器	1挺7.92毫米贝莎机枪	2挺7.92毫米贝莎机枪
装甲	16～102毫米	20～152毫米

◀ 1945年4月10日，一辆北爱尔兰骑兵团的"丘吉尔"坦克正在跨过塞尼奥河，为它铺路的是两辆重叠在一起的"丘吉尔"架桥车。

式，安装在车体侧面的凸出部上，共有11对直径25.3厘米的小负重轮，悬挂行程很短。通常情况下只有9对负重轮接地，第一对负重轮只有在爬坡或者翻越壕沟时才会和地面接触，最后一对负重轮则主要起张紧履带的作用，即便有少数负重轮损坏坦克也能保持行动能力。履带采用了与一战中菱形坦克类似的过顶设计，长出车体约1.2米。

改进升级

理论上讲，车首的QF 3英寸榴弹炮可以和炮塔中的2磅炮相互配合，优势互补，分别攻击软硬两种目标。然而实际上车体火炮的射界有限，想要大范围调整射向坦克就必须转向，这又会影响2磅炮的瞄准，二者互相干扰，难以协调。因此从"丘吉尔"II型开始，车首榴弹炮被一挺贝莎机枪取代。由于2磅炮的火力不足以对付德军坦克，"丘吉尔"III型改用了QF 6磅炮及与之配套的焊接式炮塔。

1942年8月19日突袭法国北部港口迪耶普的行动是"丘吉尔"的首次实战，将近60辆"丘吉尔"（I型、II型和III型）负责掩护约6000名抢滩登陆的士兵，这次行动中"丘吉尔"暴露出了机械故障频发、可靠性不足的缺陷。

1943年4月21日，北非突尼斯战役期间，"丘吉尔"打出了最具传奇色彩的一战，第48皇家坦克团第4坦克连A分遣队

的"丘吉尔"III以击伤对方炮塔座圈和火炮耳轴的方式使一辆"虎"式坦克丧失了战斗力。那个时运不济的倒霉蛋就是大名鼎鼎的131号"虎"式，现在是英国博文顿坦克博物馆的镇馆之宝。

为了获得更大的高爆弹威力，"丘吉尔"VI型换装了QF 75毫米坦克炮。另外，在意大利战场还出现了一些使用美制75毫米坦克炮的"丘吉尔"坦克，称作"丘吉尔"NA75，其主炮来自在北非被击毁的M4"谢尔曼"坦克。

1944年的"霸王行动"中，一种装甲加强版"丘吉尔"——"丘吉尔"VII踏上战场，车首最前部装甲厚134毫米，驾驶员和车体机枪手面前的垂直装甲，以及炮塔正面装甲增厚至152毫米，车体侧面及炮塔侧面、炮塔后部装甲为95毫米。这已经达到甚至超越了德军"虎"式坦克的水平，虽然还是无法抵挡"虎""豹"的钨芯穿甲弹，但足以扛住其普通穿甲弹。

"丘吉尔"的动力始终没有得到升级，火力最终也停留在QF 75毫米炮的水平，但它优秀的越野能力和厚重的装甲价值非凡。除了充当步兵坦克，还有大量的"丘吉尔"底盘被改造成扫雷车、架桥车、清障车、运输车、道路铺设车、喷火坦克等辅助车辆，为盟军执行各种奇特的任务。作为一款多次升级并且服役时间很长的坦克，"丘吉尔"总共生产了7368辆。

Vickers 6-ton Tank

轻型坦克 │ 维克斯 6 吨坦克

20世纪30年代最具国际影响力的轻型坦克

战间期，随着卡登-洛伊德超轻型坦克获得了巨大成功，英国工业巨头维克斯-阿姆斯特朗公司决定研发一款用于大规模出口的轻型坦克，这一举动出人意料地催生了20世纪30年代最具国际影响力的轻型坦克——维克斯6吨坦克。

总体设计

维克斯6吨坦克的正式名称为Mk.E坦克，试图用英军制式坦克的命名方式来命名，从而获取官方订单。这种坦克设计简单、结实可靠，这对开拓国际市场极为重要。坦克的设计由约翰·卡登和维维安·洛伊德亲自操刀，他们是卡登-洛伊德超轻型坦克研发团队的骨干成员。维克斯6吨坦克的原型车几乎就是放大版的卡登-洛伊德坦克再配上炮塔。车体采用铆接工艺，根据战间期的经典坦克理论，这些战车必须能够支援步兵并抵御正面攻击，所以其正面装甲厚达一英寸（即25.4毫米），但侧后装甲还是很薄弱。动力来自当时已经成熟的阿姆斯特朗-西德利气冷汽油机，由航空发动机改进而来，功率可达80～95马力，足以支持坦克在公路上以35千米/时的速度行驶。悬挂系统则采用了皮实耐用的钢板弹簧平衡式，被后来的很多坦克模仿。

在设计之初维克斯6吨坦克就有两个版本——只搭载机枪的A型和配备火炮的B型。A型利用其还算宽敞的车体横向并排安装了两个单人机枪塔，每个机枪塔里安装一挺维克斯液冷机枪，然而这两个机枪塔均不能全向射击。虽然多炮塔布局在战间期大受欢迎，但实际操作起来极为复杂，所以大多数多炮塔坦克都在二战中前期被淘汰掉了。B型的单炮塔布局影响颇为深远，其双人炮塔中安装一门47毫米步兵炮与一挺同轴机枪，在当时这是一项里程碑式的设计。后续生产中，短身管的47毫米步兵炮往往会被37毫米反坦克炮取代。

海外用户

对国际市场的敏锐嗅觉与维克斯6吨坦克的广泛适用性，为维克斯公司赢得了许多订单。在20世纪30年代中前期，维克斯6吨坦克的性能可圈可点，无论是由相对强劲的发动机提供的机动性、

基本参数

车型	维克斯Mk.E A型	维克斯Mk.E B型
乘员	3人	3人
战斗全重	7.3吨	7.3吨
车长	4.88米	4.88米
车宽	2.41米	2.41米
车高	2.16米	2.16米
发动机	1台阿姆斯特朗-西德利气冷汽油机（80～95马力）	
最大速度	35千米/时	35千米/时
最大行程	160千米	160千米
主要武器	2挺7.7毫米维克斯机枪	1门47毫米炮
辅助武器	—	1挺7.7毫米维克斯机枪
装甲	19～25.4毫米	19～25.4毫米

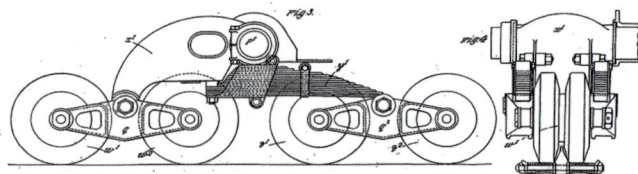

▲ 约翰·卡登设计的悬挂系统，除了维克斯Mk.E之外，亦应用于很多其他国家的坦克。

▲ 波兰陆军装备的A型维克斯Mk.E坦克，武器为两挺霍奇基斯机枪。

由高强度钢履带带来的耐用性、还是同时装备机枪和火炮所具备的"泛用性"，都超过同期的类似产品，比如法国的雷诺FT坦克。维克斯6吨坦克的第一个用户是苏联红军。苏联人在20世纪30年代初购买了15辆双机枪塔的A型并获得了B型的生产许可证，最终发展出了著名的T-26坦克。波兰、葡萄牙、希腊、保加利亚、玻利维亚均少量订购过维克斯6吨坦克，玻利维亚的一辆维克斯6吨坦克还在查科战争中被巴拉圭缴获。此外，加拿大的装甲兵学校也购买了12辆B型并在二战期间用于训练。

亚洲方面，中国购买了20辆B型，它们在淞沪会战中发挥了一定作用并全部损失在战争之中。泰国在1933至1934年间购买了30辆维克斯6吨坦克并在第二次法泰战中将其投入战场。当时法国殖民军仅有20辆老旧的雷诺FT坦克，单单对抗维克斯6吨坦克就很吃力了，更何况泰军又从维克斯公司购买了134辆其他坦克和大量的技术装备，小到步枪和子弹、大到野战炮，当时的泰军在武器上并不处于下风。不过战场上并不存在坚不可摧的东西，法国外籍军团使用75毫米野战炮平射，击毁了一些泰军坦克，勉强挽回了一点点面子。

衍生型号

尽管维克斯6吨坦克很受欢迎，可它的缺点也十分明显——从航空发动机发展而来的气冷发动机容易过热。为了满足比利时军队的需求，维克斯公司为6吨坦克更换了体型更大的劳斯莱斯"幻影"Ⅱ液冷发动机，发动机的变更也让炮塔位置发生了变化，升级后的坦克称作维克斯Mk.F。然而比利时军队选择了维克斯T13轻型坦克，并没有购买这些新的6吨坦克，维克斯Mk.F出口给了泰国和芬兰。

芬兰在1938年购买了26辆维克斯Mk.E B型，后来又购买了8辆Mk.F。1939年的冬季战争时期，芬兰人试图为维克斯6吨坦克安装穿甲能力更强的37毫米博福斯反坦克炮，但战争结束前只有13辆完成了改装。这些火力升级版维克斯6吨坦克参加了1940年1月的洪卡涅米战役，但这场行动几乎就是一场灾难，绝大多数参战的维克斯6吨坦克都在战斗中损失了。另外，芬兰人曾使用苏制45毫米坦克炮改装手头的维克斯6吨坦克，这些坦克在芬兰军队中服役到二战结束，一般被称为T-26E。

获得生产许可证的苏联人同样修改了原始设计，为其配备了新的炮塔并安装了45毫米反坦克炮，这便是著名的T-26坦克。T-26的总产量超过10000辆，是维克斯6吨坦克中产量最大的一种，也是1941年卫国战争爆发时最常见的苏军坦克。波兰人对维克斯6吨坦克进行了本土化改造，7TP坦克就是他们的自产版本，安装了新的散热器、柴油发动机、潜望镜和勃朗宁机枪。

Tetrarch (A17)

轻型坦克 ｜ Mk. Ⅶ "领主"

半路出家的空降坦克

英军在战间期列装了一系列轻型坦克，主要用于训练、侦察和镇压殖民地任务，Mk. Ⅶ "领主" 是其中的最后一款。这本是维克斯-阿姆斯特朗公司的自主设计，希望能够获得军方的订单或者出口海外。陆军部虽然认为它不适合担任 "轻型巡洋坦克"，但还是在1938年赋予了它A17的编号并批准少量生产。

"领主" 是一款非常特立独行的小坦克，采用多连杆式独立悬挂，没有单独的主动轮和诱导轮，车体每侧只有4个负重轮。每个负重轮都配有螺旋弹簧和液气减振器，动力由最后一对负重轮输出，第一对负重轮具有转向功能。车体和炮塔都是铆接结构，装甲最厚处为14毫米。双人炮塔内安装一门40毫米QF 2磅炮和一挺7.92毫米同轴机枪，火炮由炮长肩扛操作。动力为一台亨利-梅朵H形12缸汽油机，输出功率165马力。行驶速度相当快，公路极速64千米/时，越野极速45千米/时。

法国战役的经验表明，维克斯生产的一系列轻装甲、弱火力的轻型坦克已经过时，因此英国陆军部决定不在装甲师中使用轻型坦克。同时，亨利-梅朵汽油机也暴露出散热不好，难以适应沙漠环境的缺陷。因此，1940年7月正式投产的 "领主" 没有参加北非战役，除了有20辆支援苏联之外，大部分都留在了英国国内。1941年年初，英国皇家装甲兵团新组建了三个用于海外两栖作战的连队，其中一个装备了 "领主" 坦克。1942年5月，一小批 "领主" 坦克参加了对维希法国军队作战的马达加斯加战役。

战争之初，英国空降部队的发展方兴未艾。因为其小巧的尺寸和较轻的重量，1941年1月 "领主" 被选定为支援空降部队的 "重型武器"，在空降作战中它们将由专门设计的GAL.49 "哈米尔卡" 滑翔机运输并投送至地面。

由于滑翔机数量不足，它们未能参加1943年的西西里岛战役。1944年6月的诺曼底登陆战之前，英国第六空降师的第六空降装甲侦察团在 "汤加行动" 中使用大约20辆 "领主"，有一些坦克因事故而损毁，而那些参加战斗的坦克在装甲和火力上都不及德军坦克。行动开始数天后，"领主" 不再参加与德军装甲部队的直接战斗，仅用来提供火力支援。到1944年8月，大部分参与作战的 "领主" 被 "克伦威尔" 坦克替代。1944年12月，剩下的 "领主" 也被M22 "蝗虫" 取代。此后，它们再也没有参加过作战行动。

基本参数（Mk. Ⅶ "领主"）

乘员	3人
战斗全重	7.6吨
全长	4.11米
车宽	2.31米
车高	2.12米
发动机	1台亨利-梅朵MAT H形12缸汽油机（165马力）
最大速度	64千米/时
最大行程	230千米
主要武器	1门40毫米QF 2磅炮（备弹50发）
辅助武器	1挺7.92毫米贝莎机枪（备弹2025发）
装甲	4～14毫米
总产量	100辆

Franc

法　国

▼ 1940年5月，法国北部，一队德军士兵正在查看一辆被车组遗弃的夏尔B1比斯重型坦克。

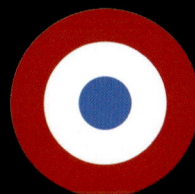

e

从第一次世界大战爆发后到第二次世界大战爆发之前，法国的坦克发展经历了从锐意创新到迅速落后的过程。

法国在一战中研发了施耐德CA1、圣沙蒙等坦克，它们虽然表现得不如英国菱形坦克那般抢眼，但使法国早早踏入了坦克俱乐部的大门。于1917年定型的雷诺FT则是一种深具革命性的坦克，它拥有可以360°旋转的炮塔，奠定了后世坦克的基本结构特征，被誉为世界上第一款现代坦克。在一战结束到二战前夕的漫长岁月里，法国还研发了索玛S35、霍奇基斯H35、雷诺R35、FCM 36等新型坦克，它们在某些方面具有创新性，比如较早使用了倾斜装甲、焊接工艺、柴油发动机，等等。另一方面，像戴高乐这样的青年军官也曾探索过利用装甲集团作战，进行过一定程度的理论创新。然而由于许多原因，法国的坦克发展并没有跟上德国等欧洲列强的步伐。第一次世界大战结束后，法国平民和军队都深受布鲁姆的人民阵线及当时流行的一些社会思潮影响，丧失了大部分忧患意识，战斗意志也消磨殆尽，对在纳粹党领导下摆脱了一战战败国阴影、再度崛起并完全被民粹思潮控制的德国缺乏清醒的认识。

法军的训练水平相对较低，很多士兵对装甲作战的技巧和战术不够熟悉。法军内部指挥混乱，各部队之间缺乏有效协调，难以形成合力。甚至在二战初期，法军中还有大量的FT与其改进款坦克服役，这些坦克的定型仅比英国的菱形坦克晚两年，在20世纪30年代无疑已经过时。即便德军的新型坦克如三号、四号采用传统战术，这些FT也根本不是对手，更何况德军

早在1939年的波兰战役中就采用了以机动力量和航空兵互相配合的快攻打法，此所谓"闪击战"。

毫无意外，在1940年"黄色方案"的一连串作战中，法国坦克由于数量有限和战术不当，未能发挥应有的作用。1940年，随着贡比涅森林中福煦车厢内一份文件被签下，法国成为二战欧洲战事爆发后第二个被德国击败的大国。法国之所以快速沦亡，除了要归因于装甲部队技术水平整体上相对落后外，更主要的还是与军事战略、政治决策、军队士气等因素有关。

在陆地上和德国接壤的法国对边境要地的得失过于敏感，过分依赖第一次世界大战后吸取阵地战经验修筑的马其诺防线，忽视了机动进攻和机动防御战术的发展。马其诺防线以中立国瑞士和德法两国的共同边境为起点，德国人无法从南边绕开或实施突破，但其终点仅延伸到蒙梅迪而不是英吉利海峡边上，这意味着法国人在这个地段所依赖的不是坚固的带有炮塔和永备阵地的防线，而是一个仍然保持抵抗的比利时。从战争爆发到德军迅速攻占比利时全境，英法两军一直忙于在法比边境构筑一条野战防御地带，将马其诺防线一直延伸到英吉利海峡岸边。很显然，法国人想把上一次世界大战中的堑壕战僵局复刻到法国东部，以此来拖垮德国人。

尽管如此，在1939年10月和11月，同盟国又制定了所谓的D计划，规定在德军入侵荷兰和比利时，或者仅仅入侵比利时的情况下，部队应该放弃这条防线，前出至迪勒河或埃斯科河，但此举并不是为了进攻德军、让自己获得战术或战略的主

▲ 1939年10月23日，法国总统勒布伦（左）视察第19坦克营的夏尔D2坦克，戴高乐上校（右）正在为其解说。

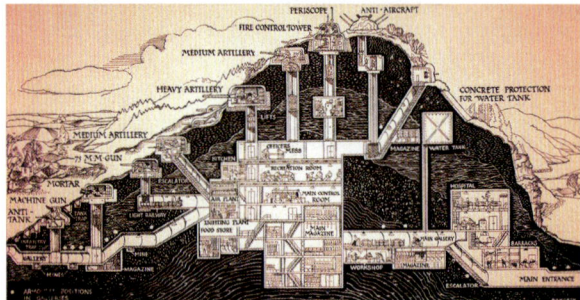

▲ 马其诺防线一座堡垒的剖视图，梯次布置了多种火力。

POUR QUE LA FRANCE SOIT FORTE
SOUSCRIVEZ
AUX
BONS D'ARMEMENT

▲ 二战前的法国国防动员员海报：认购武器债券。画面中重复出现的战车是雷诺R35轻型步兵坦克。

动权，而是为了占据一片由价值不大的野战工事组成的防御阵地，在坚韧却珍贵的马其诺防线外围构筑一片缓冲地带。然而法军的表现是如此不堪，连这样的行动也没能实施。

作为一战的战胜国，法国难免会产生麻痹大意的思想，军队在心理上也未能做好战争准备。虽然法国政府和军队已经目睹了波兰和挪威的亡国之祸，也知道希特勒决意将凡尔赛体系整个推翻，任何绥靖的努力到头来都是无用功，但是直到自己国土上的警笛响起，忧患意识才再次燃起，然而为时已晚。

德军的优势不仅来自兵力众多和武器精良，还来自指挥统一、目标明确、机动灵活、战术得当。沿马其诺防线正面方向，德国部署了冯·勒布将军指挥的C集团军群，用于牵制被部署在这条防线的26个法军师。德国总共投入了150个师来对付荷兰、比利时、法国和英国，其中10个装甲师和10个摩托化师充当进攻矛头，步兵师则负责看守打下来的地块以防敌军反扑。而同盟军只有106个步兵师，装甲力量仅有法国的3个装甲师，他们分散部署在防线后方，没有形成有效的"钢铁洪流"，既不能像"矛头"一样刺入德军的战线，也难以形成"盾牌"应对德军的突破。

军用飞机在一战时还不够成熟，但在二战时期已经变成了必须重视的存在。在对掩护地面行动至关重要的空中力量方面，同盟军也处于绝对的劣势。德军在进攻方向上拥有4个航空队，3000~4000架飞机，而法军仅能凑出700到800架一线飞机，荷军和比军各有大约200架。英国皇家空军虽然足够与

▲ AMC 35骑兵坦克，法国在战间期末期研制，数量非常稀少，总共生产了约57辆，其中还有25辆提供给了比利时军队。

之匹敌，但主力留在了英国负责本土防空和战略轰炸，派驻欧陆的远征军也仅有约200架飞机，所以整个同盟军加起来仅有1300架到1400架的机队规模，不及德国人的一半。

同盟军的武器来源驳杂，英制、法制、美制皆有，码、英里、磅等英制单位和米、公里、千克等公制单位并行，这意味着同盟军不仅后勤体系无法统一，在英法官兵之间连传达行动命令甚至都得花费时间换算度量数据。更糟糕的是，同盟军部队在政治上分属多国，编制上也多有差别，虽然这些国家为了抵抗德国侵略站在了一起，但各国基层部队听命于不同的上级，难以在协同行动中密切配合。

在德军突然而迅速的攻击下，荷军和比军的指挥机构最先瘫痪，这两支军队立刻就失去了组织协同抵抗的能力，从联盟力量的统一指挥中孤立了出来。因为英国皇家空军无力兼顾欧陆，无法提供足够的支持，他们的处境愈发危险。1940年5月11日，"黄色方案"开始仅仅24小时后，德国空军的狂轰滥炸就使荷兰空军仅剩下12架飞机，这进一步加剧了荷军的混乱。

除了硬件条件外，德军在士气上也以绝对优势压过了欧陆盟军，正如古希腊政治家波利比奥斯所言："在一切可能影响战争胜负的因素中，战士的精神面貌是最具决定意义的一个。"随着胜利天平向自己倾斜，德军的士气变得非常高昂，而同盟军则是非常低迷。5月14日，德军通过广播等手段宣称，如果荷军不停止抵抗，就通过空袭将鹿特丹和多德雷赫特夷为平地。尽管后来荷军同意投降，可德军没有等待答复就派出了一个大队约50架飞机轰炸了鹿特丹，当时竟有报道说死伤达5万人，事后查明这很可能是德军为制造恐慌进行的宣传。空袭警报对意志的打击更甚于空袭本身，以至于德军会先用小规模空袭把地面基地里的同盟军吓进防空洞，他们感到安全探出头来后就会发现基地里尽是全副武装的德军伞兵。恐慌情绪由此蔓延，人们对伞兵和"特务"的恐惧溢于言表，许多人都说自己看见德军的伞兵从天而降，于是每个从外面出现的人都成了怀疑对象，就连同盟国的传令兵都会被地方当局逮捕，导致许多需要跨地区传送的指令无法送达。德国人的心理战放大了自己在战场上的优势，成了压死骆驼的最后一根稻草。

面对德军的狂飙突进，积重难返的法军迅速崩溃，仅仅抵抗了四十天便投降了，不仅一战时的民族英雄贝当晚节不保，法国的工业体系也被德国整个兼并。法军的坦克自然也成了德军的囊中之物，从第一次世界大战到二战初期的法国坦克发展道路至此画上句号。尔后戴高乐将军身为海外"孤忠"，卧薪尝胆数载，最终率领自由法军和英美盟军合作解放本土，恢复了法国的民族工业，这就是历史的下一页了。总的来说战间期和二战初期法国在坦克发展和运用上存在明显的缺陷，但这些缺陷并不是导致法国迅速失败的主要原因，法国的装甲力量仅仅是为法国的败亡付出了代价。希望读者能够正确看待法国装甲力量，不要因为法国军政高层犯下了错误便对其过度轻视。

Renault FT

步兵坦克 ｜ 雷诺 FT 轻型坦克

第一辆现代意义上的坦克

研制经历

　　虽然世界上第一辆坦克是英国人发明的，但第一辆现代意义上的坦克却是法国人的作品。甚至早在1916年，法国人就在官方层面开展了关于坦克的研究。当年12月，J. E. 埃斯蒂安上校和施耐德公司的布里埃设计了一辆简陋的装甲车辆，其底盘来自美国的霍尔特拖拉机，全身被11.5毫米的装甲包覆，装备了一门75毫米施耐德火炮和两挺8毫米霍奇基斯M1914机枪。这辆极为原始的坦克与J. E. 埃斯蒂安上校1915年年初在英国见到的坦克差距很大，但它依然被施耐德公司投入量产并在1917年4月16日首次在谢曼德达姆参加了实战。

　　结合施耐德坦克的使用反馈，法国另外一家企业圣沙蒙公司又生产了圣沙蒙坦克。在实战中，这两款坦克的性能均无

法达到预期，J. E. 埃斯蒂安上校对这两种坦克的性能心知肚明，于是他专程访问了英国，与英国军方达成了在坦克制造上进行分工，由英国制造重型坦克，由法国制造轻型坦克的协议。回国后，J. E. 埃斯蒂安上校与法国雷诺汽车公司联系，表达了委托后者研发和生产轻型坦克的意向。起初雷诺汽车公司以没有研发装甲战斗车辆的经验为借口予以拒绝，可J. E. 埃斯蒂安上校和法国军方表现出的态度最终让雷诺汽车公司答应了这一要求。

总体设计

　　1916年11月，第一辆被称为FT坦克的木质模型摆在了J. E. 埃斯蒂安上校面前。相对于当时主流的英国菱形坦克，雷诺FT

▲ 1918年停放在巴黎荣军院前的雷诺FT坦克与贡比涅车厢，皆为法国取得胜利的历史见证。

基本参数（雷诺 FT 轻型坦克）	
乘员	2人
战斗全重	6.5吨（机枪型）/6.7吨（火炮型）
车长	4.10米
车宽	1.74米
车高	2.14米
发动机	1台雷诺4缸液冷汽油机（35马力）
最大速度	7.5千米/时
最大行程	60千米
主要武器	1挺8毫米霍奇基斯M1914机枪（备弹4800发）或1门37毫米SA 18坦克炮（备弹240发）
装甲	8～22毫米
总产量	约3700辆

坦克开创性地采用了可旋转的全向武器转塔、动力舱室分隔等全新的设计。在经过简单的修改后，1917年1月，第一辆FT坦克原型车问世。在里尔东南部的马利地区，这辆原型车开展了一系列测试，包括与施耐德坦克和圣沙蒙坦克组成战斗编队的实战演练。在测试中，J. E. 埃斯蒂安上校提出增加车组乘员，将原定的机枪火力更换为37毫米火炮等要求。更换火炮的要求通过修改武器转塔和引入37毫米SA 18坦克炮的方式可以很快实现，但是增加乘员的要求没有办法得到满足，毕竟这只是一个车长刚刚超过4米的小家伙，容纳两名乘员都显得舱室内部凌乱拥挤。在经历了重新设计武器转塔与升级火力后，第一批量产的FT坦克在1917年9月下线并开始装备法军。

全新的FT坦克采用了驾驶室在前、战斗室居中、动力舱在后的布局，这也是大多数人认为它是第一辆现代坦克的原因之一。FT坦克战斗全重6.5吨或6.7吨，乘员2人，武器为一挺8毫米霍奇斯M1914机枪或一门37毫米SA 18短身管坦克炮，弹药基数分别为4800发和240发。多数FT坦克在车体后部装有尾架以提高越野能力，其最大速度为7.5千米/时，最大行程60千米，装甲厚8～16毫米，后期将炮塔增厚至22毫米。

服役情况

FT坦克价格低廉，一战期间生产了约3700辆，在战场上表现得极为活跃。1918年5月31日的雷兹森林防御作战中，FT坦克首次参加实战。一个装备了75辆FT坦克的装甲营配合一个团的步兵对发动进攻的德军进行反击。在进攻过程中，FT坦克对德军的机枪火力据点和前进通路上的铁丝网展现出了强大的压制能力。但受限于机动能力和防护能力，再加上出现机械故障，在经历了一天的战斗后，只剩下了3辆FT坦克可以勉强继续作战。

从FT坦克参加实战到一战结束只有短短的半年时间，不过它的服役历史却没有结束。在战间期法国研发了多种型号的坦克，但FT坦克依然在法国军队中服役，甚至在1940年法国战役开始时，法军依然装备着大约1500辆FT坦克。法国战役期间，这些老旧的坦克几乎没有做出任何有效的抵抗，绝大多数被完整缴获，它们被德军赋予了Pz.Kpf.Wg. 17R 730(f)的代号。因为数量较多的缘故，这些被缴获的FT坦克并没有移交给维希法国的警察部队，而是划归德国国防军序列作为训练坦克使用。也有一些拆除了炮塔和武器，移交给了德国空军，用作勤务车辆。而拆下来的炮塔和机枪塔则被用作大西洋防线的固定火力点。

外国用户

除了法国外，包括美国、俄国、意大利在内的多个国家也曾装备过FT坦克。其中美国除了采购FT坦克装备部队外，还与法国签订了技术转让协议，在FT坦克的基础上改进研发出了M1917坦克，而M1917坦克也为美国坦克工业在20世纪20至30年代的发展打下了基础。FT坦克在苏俄内战中也发挥了一定的作用，而作为胜利方的苏联红军也在其基础上进行了逆向仿制，生产出了苏联第一辆现代意义上的坦克——MS-1坦克。

中国也曾是FT坦克的用户。1922年，刚刚在第一次直奉战争中战败的奉系军阀开始了强化武备之路，张作霖通过法国的布瓦苏公司，从欧洲购进了一批一战剩余军火，其中就包括36辆FT坦克。这些坦克以农用拖拉机的名义，通过"车炮分离"的形式分批从法国航运到了中国。除此之外，张作霖还通过与白俄旧军官的关系网络，从海参崴获得了十余辆原本装备白俄军队的FT坦克。在装备到齐之后，张作霖下令组建"铁钩子战车队"，并且迅速投入了训练。对当时的中国来说，伺候这些新鲜玩意儿并不是一件很轻松的事，为了维持"铁钩子战车队"的日常训练，光进口汽油一个月就要消耗掉大约3500块大洋。在随后的第二次直奉战争中，"铁钩子战车队"参加了南口战役和涿州战役，但是并没有获得预期的效果，反而因为与步兵缺乏配合造成了一定的损失。在奉系军阀改弦易辙后，"铁钩子战车队"则在名义上成为国民革命军第一骑兵旅的下属部队，并在随后的九·一八事变中几乎损失殆尽。1933年，张学良将剩下的2辆雷诺坦克连同4辆装甲车一同移交给了南京中央陆军军官学校供训练使用。

FCM 36

步兵坦克 ｜ FCM 36 轻型坦克

法国第一款批量生产的柴油发动机坦克

研发经历

1933年，法国霍奇基斯公司提议建造一种廉价的，可以实现快速批量生产的轻型步兵坦克。作为对这一建议的回应，法国军队邀请多家企业参与设计。

位于土伦的地中海锻造与造船公司（FCM）凭借此前在FCM 2C坦克上的经验和建造舰船所需的焊接工艺能力，完成了FCM 36的初步设计。1935年4月2日，只装备了两挺机枪的原型车交付给了军备咨询委员会。委员会对这台车的印象非常深刻，特别是它使用了当时颇为先进的倾斜装甲和柴油发动机。但在测试中出现了多次故障，在6月9日完成第一次评估后，原型车被送回以进行后续的改进工作。

第二辆原型车修改了行走机构与动力总成，在1935年9月10日至10月23日进行了测试。此外，第一辆原型车在完成工厂返修后，于1935年12月再次提交给委员会，随后接受了一系列严苛的测试，包括长达1372千米的长途行军测试。在1936年7月9日的一份官方文件中，FCM 36获得了这样的评价："性能与已经试验过的其他轻型坦克不相上下，甚至更佳。"

通过测试的FCM 36最终获得了量产100辆的订单，于1936年5月26日开始生产。同年，根据军队的使用反馈，地中海锻造与造船公司提出了增大尺寸和换装47毫米SA 35火炮的改装方案，但是并未获得生产许可。

总体设计

FCM 36是法国第一款批量生产的柴油发动机坦克，最开始装备了一台95马力的贝利埃-艾罗柴油机，在后续的测试中因为故障率较高，更换为贝利埃-里卡多柴油机，功率提升到105马力并提高了可靠性。

除此之外，FCM 36还采用了当时极为少见的焊接工艺倾斜装甲。其装甲构造特殊，由焊接在一起的层压钢板组成，与同时期坦克上通常使用的铸造或铆接装甲形成了极为鲜明的对比。FCM 36正面装甲厚度达到了40毫米，车底装甲也有20毫米厚，相比同期的法国轻型坦克，对反坦克地雷有更好的防御效果。

FCM 36的武器包括一门37毫米SA 18坦克炮和一挺7.5毫米MAC 31机枪。SA 18坦克炮早已落后于时代，但是凭借低廉的价格成了20世纪30年代法国军队为数不多的选择。1938年，FCM 36进行了改装，配备了新的37毫米SA 38火炮，也增设了一挺用于防空的MAC 31机枪，但由于车组乘员只有两人，这一改装没有太大的用处。

服役情况

在完成100辆的订单后，FCM 36停止了生产。它们全部交给了驻地位于昂古莱姆的第502战斗坦克团，其中第4轻型坦克营装备了45辆，第7轻型坦克营装备了45辆，7辆用于训练，3辆则用于相关的测试。

在法国战役开始时，4营和7营的FCM 36都被部署在法国—比利时边境线上。从5月14日开始，他们在205和213步兵团的支援下，从两个方向向德军发起进攻。而他们对面则是在俯冲轰炸机支援下的德军最精锐部队国防军第一装甲师。当天法军遭受了极为惨重的损失，7营1连的13辆FCM 36只有4辆返回，整个营45辆FCM 36则损失了29辆，4营也遭受了几乎同样的损失。

在法国战役结束后，德军缴获了37辆FCM 36并通过回收残骸等方式恢复了部分车辆的作战

基本参数（FCM 36 轻型坦克）	
乘员	2人
战斗全重	12.35吨
车长	4.46米
车宽	2.14米
车高	2.20米
发动机	1台贝利埃-里卡多 V形4缸液冷柴油机（105马力）
最大速度	24千米/时
最大行程	225千米
主要武器	1门37毫米SA 18坦克炮或SA 38坦克炮（备弹240发）
辅助武器	1~2挺7.5毫米MAC 31机枪
装甲	最厚40毫米
总产量	100辆

能力。大约有50辆FCM 36加入德军服役并获得了Pz.Kpf.Wg. 737 FCM (f)的代号，因为独特的柴油机和落后于时代的火力性能，它们主要被德军当作训练坦克或者固定火力点。大约有12辆通过安装10.5厘米 leFH 16 (Sf.) 榴弹炮被改造成了自行榴弹炮，另外还有大约10辆通过安装Pak 40反坦克炮被改造成了自行反坦克炮。

▲ 1939年的法国国庆阅兵式上，第7轻型坦克营的FCM 36经过凯旋门。

Renault R35/R40

步兵坦克 ｜ 雷诺 R35/R40 轻型坦克

二战期间法军装备数量最多的坦克

研发经历

法国在第一次世界大战期间研发的雷诺FT坦克虽然具有划时代的意义，但在一战已经结束十余年的20世纪30年代已然落伍，进行改装或者直接淘汰是必然的。

其实早在1925年，雷诺公司就测试了相对FT坦克更为先进的NC-1和NC-2坦克，这两辆原型车换装了动力更为强劲的62马力汽油发动机，防护也得到了升级，并且根据FT坦克的实战经验分别换装了全新的大型螺旋弹簧悬挂和修改后的钢板弹簧悬挂，用以测试两种悬挂的差异。

但是法国军方对这两辆基于雷诺FT改进而来的坦克兴趣不大，并且在1926年提出了新的轻型坦克指标要求。在随后的几年时间内，法军也根据自身对坦克装甲车辆的战术战役设定，将指标敲定为：战斗全重约13吨，装甲要达到30～40毫米，并且装备全新的47毫米坦克炮。

这意味着在雷诺FT坦克的老底子上修修补补已经无法满足要求了。作为回应，雷诺在1934年6月完成了全新设计的ZM原型车，并在同年12月底向法国军方代表进行了初步展示。1935年4月，通过初步评审的ZM原型车增加了附加装甲，并换装了全新的APX铸造炮塔，这一炮塔后来成为法国20世纪30年代步兵坦克的通用炮塔。

此时距离第二次世界大战爆发只剩下四年的时间，战争的阴云已经笼罩了欧洲大陆，为了应对日趋紧张的局势，法国军方向雷诺公司下发生产300辆坦克的订单

基本参数（雷诺 R35/R40 轻型坦克）	
乘员	2人
战斗全重	10.6吨
车长	4.02米
车宽	1.87米
车高	2.13米
发动机	1台雷诺V形4缸液冷汽油机（85马力）
最大速度	20千米/时
最大行程	140千米
主要武器	1门37毫米SA 18坦克炮或SA 38坦克炮
辅助武器	1挺7.5毫米MAC 31机枪
装甲	最厚43毫米
总产量	约1670辆（其中约600个车体）

▶ 安装37毫米SA 18短管坦克炮的雷诺R35轻型坦克。

并为新坦克赋予了R35的代号。直至1936年6月，这批订单才在不断地改进和测试中正式开始生产。

总体设计

R35延续了FT坦克的总体设计，即全向旋转炮塔和驾驶室—战斗室—动力舱三段式布置。车体采用了铸造工艺，通过螺栓连接不同的铸造构件，这有利于提升生产效率。车体正面装甲为43毫米，车体四周的其余部分在30～40毫米之间，炮塔装甲则为30毫米。相对于同时期的法国坦克，R35的防护能力只能说马马虎虎。

在动力方面，雷诺R35安装了一台4缸85马力发动机，公路最大速度大约20千米/时，越野速度约15千米/时，其悬挂系统较为独特，采用了水平橡胶弹簧。主要是出于节约成本考虑，雷诺R35并没有装备法国军队预先设想的47毫米坦克炮，而是依然装备了一门堪称传家宝的37毫米SA 18坦克炮，这门从FT坦克上继承下来的火炮性能数据乏善可陈。除此之外，R35还装备了一挺7.5毫米MAC 31机枪。

总的来说，除了勉强堪用的防护与机动能力外，R35并没有太多的亮点，究其原因还是法国军队对20世纪30年代末期的局势把握不准，对坦克装甲车辆的运用也不够科学。1939年，法国军队增加了R35的订单数量，达到了2300辆，但是受限于APX炮塔的生产速度，雷诺公司很难消化庞大的订单。例如在1936年，雷诺公司累计交付了380个R35的车体，却只接收到了37个APX炮塔，这一问题直至法国战役开始时也没有得到解决。最终R35整车的生产数量为1070辆，剩下的大约600个车体只能在组装厂闲置。

升级改进

生产R35的同时，雷诺公司也在着手对其众多子系统进行改进。1939年12月，雷诺公司将坦克设计和研发部门进行重组，专门成立了伊希莱姆利诺工厂，即著名的AMX（Atelier de Construction d'Issy-les-Moulineaux）。通过为R35更换新的悬挂系统，增设无线电通信设备，换装全新的APX-R1炮塔，安装 37毫米SA 38坦克炮，AMX研发出了R40坦克。但是直至1939年第二次世界大战爆发前夕，R40的原型车才开始测试，法国战役开始时只有极少数的R40在法国军队中服役。除此之外，部分R35也更换了APX-R1炮塔和37毫米SA 38坦克炮，但是和R40一样，经过升级的R35坦克数量极为有限。

服役情况

在法国战役期间，R35和R40能有效地应对德国军队装备的一号坦克和二号坦克，但面对性能更为优秀的三号坦克和四号坦克时毫无还手之力。最终德国完整缴获了大约800余辆R35和R40坦克，并将其命名为Pz.Kpf.Wg. 35R 731（f），装备于二线部队。从大西洋防线到巴尔干半岛，再到东欧平原，都能看到德国装甲兵驾驶R35/R40战斗的身影。除此之外，德国还为多余的底盘安装了47毫米斯柯达KPÚV vz. 36反坦克炮，制成了代号为4.7cm PaK(t) auf Pz.Kpf.Wg. 35R(f) 的坦克歼击车。这些改造后的坦克歼击车和德国利用一号坦克底盘改造的一号坦克歼击车一道，成了二线部队的反坦克主力。

除了法国和德国之外，包括意大利、罗马尼亚、匈牙利、波兰在内的多个国家也装备过R35坦克，作为中立国的瑞士也在法国战役结束后扣留了十余辆越过边境前来避难的R35坦克。

罗马尼亚装备的R35尤为值得一提。在20世纪30年代，为了应对急速扩张的德国带来的军事压力，罗马尼亚曾考虑以许可生产的方式从法国引进200辆雷诺R35，但遭到法国拒绝。于是罗马尼亚退而求其次，从雷诺公司直接采购45辆雷诺R35，这批坦克在1939年8月开始交付。在波兰战役开始后，波兰陆军第21轻型坦克营的雷诺R35越过边境，被罗马尼亚扣押并补充进罗马尼亚陆军，作为德国的仆从与苏联作战。而在1944年罗马尼亚倒向盟军后，这些雷诺R35又调转炮口，作为苏联的盟友对德作战。这批经历堪称传奇的雷诺R35在第二次世界大战结束后又作为剩余物资，被倒卖给中东国家。于是在中东战争中还能看到黎巴嫩人驾驶着翻新和改造后的R35坦克出现在战场上，直至20世纪60年代它们才被更先进的装备取代。

▲ 罗马尼亚装备的雷诺R35，换装了苏制45毫米坦克炮。

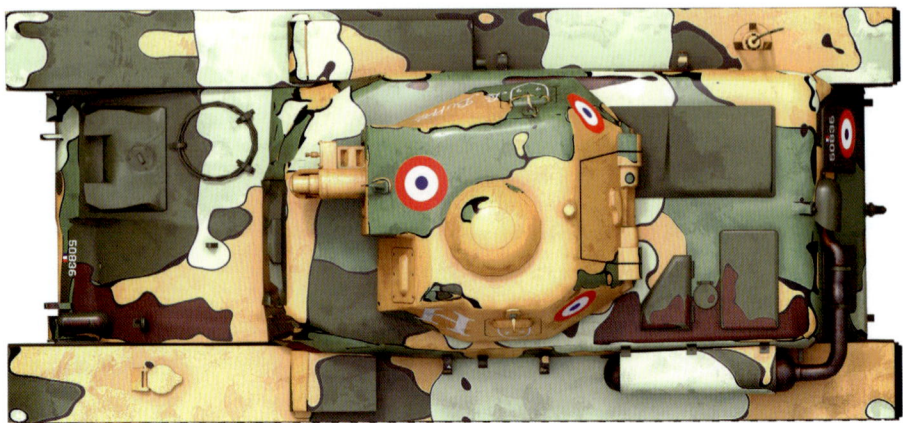

Char D1

步兵坦克 | 夏尔 D1 轻型坦克

雷诺 FT 坦克的不成功改型

在第一次世界大战中问世的雷诺FT坦克拥有极高的产量和巨大的影响力，堪称法国早期坦克的代表。不过随着时间的推移，到了20世纪20年代，雷诺FT坦克已经无法跟上时代的步伐，法国军队遂在1926年提出了新的轻型坦克设想，在防护、机动、火力这三要素上有了新的指标要求。

作为回应，雷诺对NC-1坦克进行了改进，包括换装功率更大的发动机（从62马力提升到了74马力），优化尾气排放系统和散热系统，扩大油箱容量，改进悬挂系统，等等。安装机枪的原型车称为NC-2（和前文中的NC-2同名，但设计并不相同），安装火炮的版本则称作NC-3。很快就有10辆预生产型NC-3投入测试，虽然暴露出了一些在FT坦克上就存在的缺陷，但法国军队还是在得到雷诺的修改承诺后接受了这批坦克。在随后的定型过程中，新坦克采用了全新的铸造炮塔，相对FT坦克的炮塔增加了尺寸并强化了防护，修改后的设计则称为NC-27。在确定要量产后，这一项目最终被命名为夏尔D1，以方便和雷诺同

▲ 在突尼斯服役的夏尔D1坦克。

期进行的夏尔D2、夏尔D3项目做区分。["夏尔"（Char）
即法文"装甲战斗车辆"的意思。]1930年12月23日，第一
批70辆订单开始投入生产。1932年7月，法国军队又增加了
30辆的订单。1933年10月，又增加了50辆的订单。夏尔D1
的生产持续到1935年，最终交付了160辆（包含10辆预生产
型）。尽管与FT坦克数千辆的交付数量和影响力不可同日而
语，可是考虑到战间期法国军队摇摆不定的坦克战役战术运
用理念和稀缺的军费，这种订购数量已经对雷诺的设计很包
容了。

　　夏尔D1的设计与FT坦克基本一致，但增厚了装甲，换装

了大功率发动机，修改了悬挂系统，最大速度提升到了18.6千
米/时，续航能力也提升到了大约100千米，火力也升级为一门
47毫米SA 34坦克炮和两挺7.5毫米MAC 31机枪。

　　尽管夏尔D1最初是按照轻型坦克或者法军自定义的"步
兵支援坦克"来设计的，可是在服役过程中它长期扮演着
"主力坦克"角色，它不光要承担起支援步兵的任务，还要
与敌人的坦克装甲车辆对抗。这种与原始设计和战术战役设
想脱节的窘境让法军对夏尔D1恶评不断，另外"旧瓶装新
酒"的改造思路也导致故障率较高，让它的口碑愈发糟糕。
最终在其他型号的轻型坦克陆续服役后，大多数的夏尔D1被
运输到法国在北非的殖民地发挥余热。直到第二次世界大战
爆发、法国战役开始前夕，为了补充军备，这批已经服役了
十余年的坦克中的一部分才被重新运回法国本土。性能本就
堪忧的夏尔D1在经历了十余年的折腾后显然不是德国坦克的
对手，在整个法国战役期间，大约有一半的夏尔D1被摧毁，
其余的则被德国军队缴获并赋予了Pz.Kpf.Wg. D1 732(f)的名
称，用以补充二线部队。而留在北非的夏尔D1则继续在法国
军队中服役，并且经历了"火炬行动"，最终被英国援助的
"瓦伦丁"步兵坦克所替换。

基本参数（夏尔 D1 轻型坦克）	
乘员	3人
战斗全重	14吨
车长	4.71米
车宽	2.18米
车高	2.41米
发动机	1台雷诺V形4缸液冷汽油机（74马力）
最大速度	18.6千米/时
最大行程	100千米
主要武器	1门47毫米SA 34坦克炮（备弹160发）
辅助武器	2挺7.5毫米MAC 31机枪（备弹2000发）
装甲	10～40毫米
总产量	160辆

Char D2

步兵坦克 │ 夏尔 D2 中型坦克

法军增强坦克机械化作战能力的不成功尝试

1930年四五月间，在夏尔D1还未投产的时候，雷诺公司就开始了夏尔D2的研制工作。它已经脱离了传统步兵坦克的范畴，除了能够支援步兵之外，也能和敌方坦克交战。根据法国步兵指挥部的建议，它的防护应该比更全面，发动机功率应提升到120马力，使最高车速达到22千米/时。与此同时，车重还不能增加太多，一旦重型坦克夏尔B1遭到国际条约的禁止，它将顶替夏尔B1的岗位，担负起突破坦克的职责。

夏尔D2基本上是D1的放大版，不过为了减重其车体采用了焊接与压铆螺栓铆接相结合的工艺，可以省去车体框架。悬挂仍为垂直螺旋弹簧式，车体每侧有3组平衡臂，每组配有1根弹簧和2个减振器，安装4个负重轮。此外每侧还有2个主要起张紧履带作用，一般不与地面接触的负重轮。大部分悬挂机构都被侧裙板覆盖，4对托带轮则暴露在外——夏尔D2配备了托带轮以减少履带振动，夏尔D1则没有这一装置。发动机则采用了雷诺6缸汽油机，功率提升至150马力。

D2有两个主要生产型号，分别为1935年型和1938年型。其中，1935年型安装的是APX-1炮塔和47毫米SA 34短管坦克炮；1938年型则采用APX-4炮塔和47毫米SA 35长管坦克炮，对付装甲目标非常有效。无论APX-1还是APX-4都是单人炮塔，车长兼任炮长与装填手，任务非常繁重，同时履行好所有职责几乎是不可能的。单人炮塔是战间期至二战初期法国坦克的"传家宝"，对坦克战斗力的发挥产生了不利影响。

最终，夏尔B1重型坦克并没有被国际条约所禁止，夏尔D2的重要性也就随之下降。只有100辆D2被制造出来，1935年型与1938年型各50辆。1937年，戴高乐指挥的507坦克团第1营率先接收了夏尔D2（1935年型），这些坦克在训练中暴露出发动机、变速器、转向机构可靠性差，容易磨损的问题。1939年，该营被改组为第19坦克营并参加了旨在支援波兰却无果而终的萨尔攻势，结果在120千米的行军路途中，40辆夏尔D2中的30辆发生故障——它们的悬挂系统过于脆弱，难以适应碎石路面。1940年，该营部分换装了1938年型夏尔D2，1935年型夏尔D2则接受改造，换装从夏尔B1重型坦克上拆下的APX-1A炮塔，然而改造工作直至法国战役爆发也没全部完成。

由于磨损严重、缺乏备件，以及尚未完成改装，夏尔D2的战备状态很差，1940年5月24日，亚眠战役期间，24辆夏尔D2投入战斗，这已经是数量巅峰了。5月27日，17辆夏尔D2在没有步兵掩护的情况下参加了攻击索姆河沿岸亚眠桥头堡的战斗，结果遭遇惨败。在实际服役的84辆夏尔D2中，只有21辆是被敌军击毁或击伤的，多达38辆因发生故障被遗弃，法国投降时只有7辆仍在使用，剩下的10余辆则停在仓库内。德军并没有装备缴获来的夏尔D2，只是把炮塔拆下来装在了装甲列车和防御工事上。

▲ 1937年，法国第507坦克团团长戴高乐上校与夏尔D2的合影。

基本参数（夏尔 D2 中型坦克）	
乘员	3人
战斗全重	19.75吨
车长	5.46米
车宽	2.22米
车高	2.66米
发动机	1台雷诺V形6缸液冷汽油机（150马力）
最大速度	23千米/时
最大行程	100千米
主要武器	1门47毫米SA 34/SA 35坦克炮（备弹160发）
辅助武器	2挺7.5毫米MAC 31机枪（备弹2200发）
装甲	10～40毫米
总产量	100辆

AMR 33

骑兵坦克 | AMR 33 轻型坦克

法军的第一种骑兵坦克

早在20世纪20年代，法国的骑兵部队就对机动灵活、火力凶悍的装甲战斗车辆（AMC）产生了浓厚的兴趣，他们提出了两种构想：方案一为一种公路时速为55千米的4吨级装甲战斗车辆；方案二为一种公路时速30千米的7.5吨级装甲战斗车辆，相对方案一强化了防护和越野能力。但是受限于当时温和的国际环境和并不充足的军费，这两个构想仅停留在无休止的测试阶段。1932年1月16日，法国骑兵部队又提出了装甲侦察车辆（AMR）的概念，标志着历时近十年的AMC构想进入了新的阶段。在漫长的测试中，雷诺公司的VM方案最终胜出，并在1933年3月8日获得了生产许可，被正式命名为AMR Renault Modèle 1933，即AMR 33。

在完成首批45辆的订单后，法国军方增加了73辆的订单，最终产量为118辆。法军虽然着急下发订单，但是对AMR 33的性能依然持怀疑态度，在量产过程中两辆原型车依然在接受测试，特别是对悬挂系统。

在原定的计划中，AMR 33将以独立装甲连的形式列入骑兵师部队编制，每个独立装甲连下辖三个排，每个排下辖五辆AMR 33，在这种编组方式下每个骑兵师都将拥有15辆AMR 33。但实际交付并没有遵守这样的规则，法国军方计划将第四骑兵师整体改编为一个全新的轻型机械化骑兵师，以摩托化步兵代替原有的骑兵，在这种新构想下AMR 33刚出厂即配发给了第四骑兵师。这从侧面反映了法军在坦克装甲车辆的应用上其实没有明确的方向，也为后来法国战役中的惨败埋下了伏笔。

定型后的AMR 33采用了铆接结构，战斗全重5.5吨，车体和炮塔装甲最厚处都是13毫米，防护只能说勉强达到轻型装甲车辆的及格线。动力方面，AMR 33采用了一台雷诺自产的84马力8缸汽油发动机，相对于5.5吨的战斗全重可谓动力强劲，公路行驶极速可以达到60千米/时，续航能力也超过了200千米。武备方面，AMR 33装备了一挺7.5毫米MAC 31E机枪，这是MAC 31机枪的改进型号，缩短了尺寸以方便安装在小型装甲车辆上。

在法国战役期间，少数装备了AMR 33的部队很快被德军的进攻冲散。它们的火力无法对德军坦克构成威胁，甚至它们出现

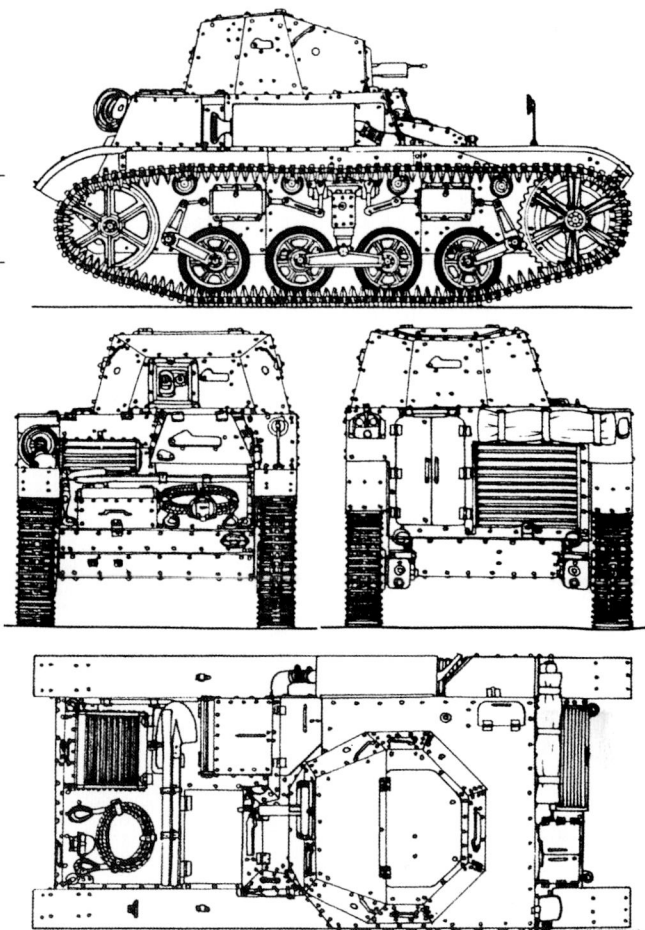

基本参数（AMR 33 轻型坦克）	
乘员	2人
战斗全重	5.5吨
车长	3.5米
车宽	1.64米
车高	1.73米
发动机	1台雷诺8缸液冷汽油机（84马力）
最大速度	60千米/时
最大行程	200千米
主要武器	1挺7.5毫米勒贝尔MAC 31E机枪（备弹2250发）
装甲	5~13毫米
总产量	118辆

的地方也与最初的设想不符。AMR 33并没有在侦察和快速穿插作战中发挥作用，而是在与摩托化步兵的协同作战中被逐渐消耗殆尽。法国战役结束后，德军缴获了一定数量的AMR 33并赋予其Pz.Sp.Wg. VM 701(f)的代号，但并没有对其进行深度挖掘，只用作培训驾驶员的教练车。

1936年，雷诺公司针对AMR 33的缺陷提出了一种改进方案，即更换悬挂系统，换装新发动机，强化武备，新的方案称作雷诺ZB。这一改进方案并没有获得法军青睐，于是雷诺公司将目光投向中国。自1936年3月起，中国陆续进口了大约16辆雷诺ZB，它们以"法制三吨半重雷诺战车"的代号在中央军和滇军中服役，并且在1942年随第200师参与了缅甸作战。

Hotchkiss H35/H38/H39

骑兵坦克 | 霍奇基斯 H35/H38/H39 轻型坦克

由步兵坦克转职而来的骑兵坦克

研制经历

第一次世界大战以来，法国军队的坦克长期由雷诺公司和施耐德公司负责研发和生产，但是自1926年法国军队提出新的坦克装甲车辆发展概念后，多家兵工厂都摩拳擦掌准备进入这个新的蓝海市场，其中就包括由美国人本杰明·霍奇基斯（Benjamin B. Hotchkiss）于1875年在巴黎附近创立的霍奇基斯公司。而在此前，霍奇基斯主要的产品是机枪、汽车和变速器。由其设计和生产的霍奇基斯M1914机枪占据法国军队主力机枪的位置长达二十余年。起初霍奇基斯H35坦克的研发并没有法国军队的参与，它是霍奇基斯根据法国军队1926年提出的轻型坦克指标要求自行研制的，这是一种纯粹的商业行为，霍奇基斯将独自承担项目风险。1933年，霍奇基斯完成了H35的概念设计，采用在当时颇为时髦的铸造车体，这样的设计有利于减轻车体重量。1933年法国军队细化了此前的轻型坦克指标要求，将装甲厚度提升到了30毫米，坦克的重量也要控制在6吨上下。

霍奇基斯并不是这个项目的唯一参与者，实力强劲的雷诺也参与了竞争，雷诺的竞争方案称作R35。1935年5月，两辆H35原型车陆续进入了测试阶段。在测试过程中，法国军队对H35的防护和火力并不满意，要求霍奇基斯进行改进并提供一辆新的测试车。于是在同年8月，一辆采用改良后的车体、安装APX-R炮塔的H35交付法军。11月，改进后的H35通过了一系列测试，而霍奇基斯也获得了法国军队200辆的订单。

改进升级

定型后的H35与竞争对手R35极为相似，采用同样的炮塔，拥有同样的火力（一门37毫米SA 18 坦克炮，一挺7.5毫米MAC 31机枪）。为了满足法国军队的指标要求，H35非常小巧，车长只有4.22米，宽度只有1.95米，采用驾驶员加车长的两人制车组。发动机是霍奇基斯自产的75马力6缸汽油机，最大公路速度为30千米/时。为了提升生产速度，H35的车体铸造件采用了焊接加螺接的连接工艺。

1936年，H35正式量产并陆续交付部队。它本是作为步兵坦克设计的，但其越野操控品质十分糟糕，甚至有刷蹭、碾压随车步兵的危险，因此步兵部队拒绝接收。无奈之下，H35只能交

◀ 被德军缴获、安装了280毫米火箭弹发射器的霍奇基斯H39。

基本参数

车型	霍奇基斯H35	霍奇基斯H38	霍奇基斯H39
乘员	2人	2人	2人
战斗全重	11吨	—	12.1吨
车长	4.22米	4.22米	4.22米
车宽	1.95米	1.95米	1.95米
车高	2.15米	2.15米	2.15米
发动机	1台霍奇基斯6缸液冷汽油机（75马力）	1台霍奇基斯6缸液冷汽油机（120马力）	1台霍奇基斯6缸液冷汽油机（120马力）
最大速度	30千米/时	36.5千米/时	36.5千米/时
最大行程	129千米	129千米	129千米
主要武器	1门37毫米SA 18坦克炮	1门37毫米SA 18坦克炮	1门37毫米SA 38坦克炮
装甲	最厚40毫米	最厚40毫米	最厚45毫米
总产量	霍奇基斯H35为400辆，H38和H39共计800辆		

付骑兵部队，和步兵相比，骑兵的机动更加依赖道路，因此越野能力上的缺陷相对来说不算那么严重。不过骑兵部队希望得到速度更快的坦克，于是霍奇基斯为H35安装了新的发动机，功率提升至120马力，公路速度达到了36.5千米/时。除此之外，霍奇基斯也计划为H35换装全新的37毫米SA 38坦克炮，但这一型火炮需要优先供应其他坦克，只有部分H35接受了火力升级。改进了动力系统的H35被命名为H38，改进了动力系统和火炮的H35则称作H39。除了火炮上的差异外，大部分H39还安装了ER 29无线电台，充当指挥坦克。H38和H39从1938年10月开始量产，在1940年法国战役爆发前夕，法国军队共接收了大约1200辆H35/H38/H39。

▲ 一名德军坦克手正在逃离起火燃烧的霍奇基斯H39坦克，1944年1月拍摄于巴尔干半岛。

服役情况

H35/H38/H39主要装备法军骑兵师，包括第1轻机械化师、第18龙骑兵师、第2和第3轻机械化师，等等。除此之外，还编成了诸如第13和38坦克营之类的单位在步兵师中服役。大多数H35/H38/H39都参与了法国战役，但由于火力贫弱没有发挥太大的作用。只有在极少数地区的战斗中，在面对缺乏装甲部队掩护的轻步兵时，它们才能展现出极为强大的压制能力，比如在全线崩溃的卢森堡—法国防线上，第3轻机械化师的13辆H35打出了反冲锋和突袭的效果，但是大多数装备H35/H38/H39的部队都没有条件如此完美的战场。H35/H38/H39的装甲防护优秀，能抵挡德军Pak 36/37反坦克炮的射击，因此德军缴获了相当多车况良好的坦克，它们主要是因为缺乏燃料被车组遗弃的。法国战役结束后，维希法国向北非派遣了装备27辆H35/H38/H39的独立第522坦克群（临时编组而成的营级独立坦克作战单位），在"火炬行动"中，这些坦克与盟军的M3"斯图亚特"进行了交战。

德国人也对缴获的H35/H38/H39进行了改装，主要是针对饱受诟病的单人炮塔。德军的版本被命名为Pz.Kpf.Wg. 35H 734(f)/38H 735(f)/39H 735(f)。这些改造后的坦克主要装备位于法国的二线部队，也有一些移交给了仆从国，诸如芬兰。一线部队也少量装备，用于反游击作战，比如长期在巴尔干半岛同南斯拉夫游击队作战的"欧根亲王"师。部分H35/H38/H39甚至活跃到了1944年6月。除了直接利用外，德国也对一些坦克进行了特殊改造，包括在车体两侧安装280毫米或者320毫米火箭弹发射器、拆除炮塔后换装7.5厘米Pak 40反坦克炮或10.5厘米leFH 18 榴弹炮、拆除炮塔后改装为野战炮兵部队的弹药运输车或观测车，等等。

大多数H35/H38/H39都在远离一线的二线部队服役，因此德军装备的H35/H38/H39中有很大一部分又完整地回到了自由法国军队的手里。但此时法国人已经看不上这批落后的坦克了，它们或被当作废钢铁回炉重铸，或移交给新成立的宪兵部队，还有大约10辆通过秘密渠道从马赛运到了以色列的海法。这批服役时间接近30年的坦克在以色列的建国战争，即第一次中东战争中立下了汗马功劳，其中一辆H35甚至被缺少坦克装甲车辆的以色列人用到了1952年。

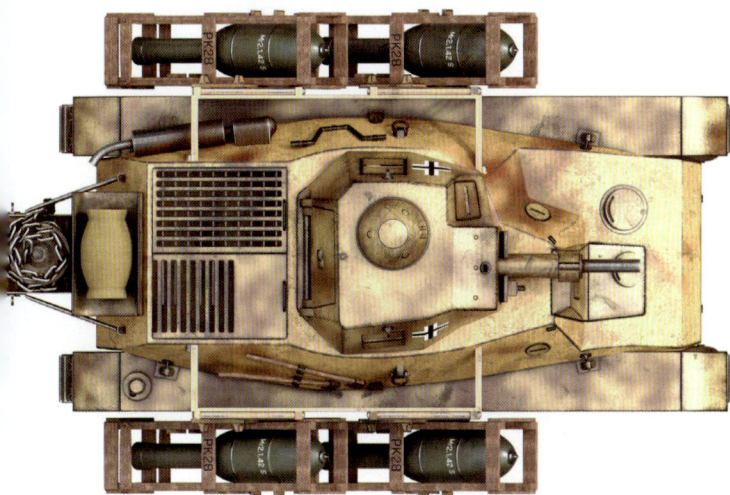

SOMUA S35

骑兵坦克 │ 索玛 S35 中型坦克

二战中火力、机动、防护最均衡的法国坦克

第一次世界大战期间，传统的骑兵部队在面对机枪火炮时显得脆弱不堪，骑马的骑兵部队被开坦克的"骑兵"取代已成定局。在战间期，法国通常将坦克分为两种类型——步兵坦克和骑兵坦克。步兵坦克负责支援步兵并对敌方的工事火力点进行压制；而骑兵坦克则扮演着此前骑兵的角色，主要通过高机动性完成快速穿插和对敌军的分割包围。简而言之，步兵坦克

通常有着高防护的属性，骑兵坦克则拥有高机动的属性。1931年，法国军方提出了研发一款全新的骑兵坦克以取代过时型号的计划，并在1934年6月底正式完成了设计指标规划，最终这一订单交给了圣奥恩机械和火炮加工厂，该厂缩写为"索玛"（SOMUA）。

设计与生产

圣奥恩机械和火炮加工厂的原型车防护非常优秀，车体正面装甲厚度达到了47毫米，车体侧面和后部也有40毫米。

它配备了夏尔B1比斯重型坦克的APX-4炮塔，这是一种电动炮塔，以小型电机驱动旋转，在当时颇为先进。当然，考虑到日常保养和维护，以及战斗中可能出现的电机故障等问题，APX-4炮塔也配备了应急的手摇液压设备。在实际使用中，车长通常利用电机进行大角度的炮塔旋转，然后再利用手动设备进行微调以实现精确瞄准。武器方面，它选用了一门47毫米SA 35坦克炮和一挺7.5毫米MAC 31机枪，在当时可以有效压制苏联和德国的坦克。

索玛S35的动力来自一台圣奥恩机械和火炮加工厂自研的V型8缸汽油发动机，功率接近200马力，配合两个大容量的油箱，可以实现快速机动与长距离突袭的战术设定。值得一提的是，原型车还安装了当时仅配备给指挥坦克的ER 28无线电台，但在实际生产过程中并没有实现全部安装无线电设备的设想。

▲ 固定在德军装甲列车上的索玛S35，必要时它也能从板车上开下来。

1935年4月，第一台原型车交付法军，随后进行了四个月的测试。这种坦克在1935年8月投入量产并获得了索玛S35的代号。其实在测试期间，索玛S35就暴露出了一系列缺陷：车

长身兼数职，炮塔对车长的保护比较薄弱，悬挂维护不便，等等。但是着急装备新坦克的法国军队已经无法等待厂家改进设计，只能先下达量产订单，然后一边生产一边改进。截至1939年9月1日，厂家累计完成了246辆索玛S35的生产。1940年6月，430辆的订单全部完成。

除了生产S35外，圣奥恩机械和火炮加工厂还根据法国军队的要求，提出了安装75毫米炮的自行火炮方案，但生产刚一开始法国战役就爆发了，最终只制造了几个底盘便不了了之，其他几个关于升级防护和火力的方案也只停留在纸面上。1945年，二战结束之后，还曾出现过在索玛S35的底盘上安装英制17磅炮，将其改装成自行反坦克炮的计划，不过这是个问世即过时的方案，同样没有实施。

服役经历

法国战役之前，索玛S35是法国军队装备的最好的坦克，防护、火力、机动三大属性颇为均衡，作战能力不俗。在1940年法国战役爆发时，大多数索玛S35装备于比利时前线的法军第1轻机械化师、第2轻机械化师和第3轻机械化师。尽管缺乏协同作战和间接支援火力，索玛S35还是凭借优秀的综合作战能力和相对较多的数量尽力迎击德军。

1940年5月12日，汉努特战役爆发。作为法国战役期间最大规模的坦克战，双方共计六个装甲师、约1700辆各式坦克和装甲车辆在比利时一个叫汉努特的村镇周边展开厮杀。依靠坚固工事和性能优异的索玛S35等新型坦克，法国军队最

终取得了战役的胜利。在战斗中，一辆索玛S35在800米的距离上遭到德军20毫米机关炮、37毫米反坦克炮甚至75毫米坦克炮的密集攻击，但是依然全身而退，最后因为陷入弹坑而被乘员放弃。法军在汉努特战役中取得了战术优势，这让德军认识到正面突破比利时—法国边境线是极为困难的，甚至会陷入类似一战的堑壕战局面。于是在后续的作战中，德军调整了战略方向，选择从阿登森林绕过法军防线，最终取得了法国战役的胜利。

法国投降后，德军缴获了大约250～300辆索玛S35并重新命名为Pz.Kpf.Wg. 35S 739(f)，德军为大多数索玛S35安装了与三号坦克和四号坦克类似的车长指挥塔，解决了车长缺乏防护的问题。维希法国政府曾提议恢复索玛S35的生产，以供应法军和德、意军队，然而希特勒担心这是法国重新武装自己的"阴谋"，所以断然拒绝。

德国将缴获的索玛S35部署在芬兰、东线、巴尔干半岛和大西洋防线，并且向意大利、匈牙利、保加利亚等盟友或仆从国军队提供了少量的此种坦克。

有趣的是，有一部分索玛S35配发给了在巴尔干半岛作战的武装党卫队第7"欧根亲王"师，而南斯拉夫游击队从"欧根亲王"师手中缴获过索玛S35并利用英国人援助的QF 6磅炮进行改造，使其成了一辆自行反坦克炮。

基本参数（索玛 S35 中型坦克）	
乘员	3人
战斗全重	19.5吨
车长	5.38米
车宽	2.12米
车高	2.62米
发动机	1台索玛8缸液冷汽油机（190马力）
最大速度	40千米/时
最大行程	259千米
主要武器	1门47毫米SA 35坦克炮
辅助武器	1挺7.5毫米MAC 31机枪
装甲	20～47毫米
总产量	430辆

Char 2C

重型坦克 | 夏尔 2C

有史以来外形尺寸最大的坦克

　　夏尔2C是法国地中海锻造与造船公司在一战末期研制的超重型坦克，旨在和雷诺FT坦克形成配合，在突破敌方防线时承受猛烈攻击并提供强大的火力支援。它吸取圣沙蒙坦克和施耐德CA 1坦克履带接地长度较短、越壕能力不足的教训，借鉴了英国菱形坦克的设计理念，拥有超长的车身和纵贯整个车身长度的行走机构。

　　以当时的标准来看，夏尔2C的各项指标参数堪称恐怖，战斗全重达69吨，车长超过10米，车高超过4米，乘员多达12人！其防护明显优于法国既有的坦克和英国菱形坦克，车体正面装甲为45毫米，车体侧面为22毫米。为了带动庞大的身躯，夏尔2C安装了两台250马力的迈巴赫发动机，极速勉强可以达到12千米/时。值得一提的是，夏尔2C采用了电传动技术，即发动机为发电机提供动力，发电机又把电力输送给电动马达，理论上讲可以降低传动功率损耗。拥有前后两座炮塔/机枪塔是其显著特征，前部炮塔安装一门75毫米APX 1897坦克炮，后部机枪塔安装一挺8毫米霍奇基斯M1914机枪，此外车体前部和两侧还各有一挺霍奇基斯机枪。

　　夏尔2C于1919年定型，此时一战已经结束，法国对重型坦克的需求急剧下降，生产计划一度被取消，不过在炮兵上将让·巴蒂斯特·尤金·埃斯蒂安的坚持下，还是有10辆夏尔2C走下

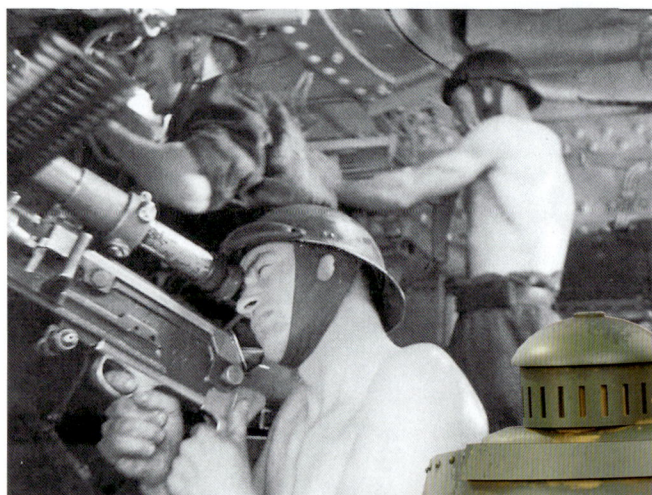

▲ 夏尔2C车体内部，车体左侧的机枪手正在操作8毫米霍奇基斯M1914机枪。

生产线。在第二次世界大战爆发之前，这些庞然大物已经成了烫手的山芋，尽管外形威武霸气且都经历了大大小小的改进，但性能实在落后于时代。夏尔2C在1940年的法国战役期间表现平平，绝大多数都毁于车组之手以免资敌。德军只缴获了一辆完整的夏尔2C，他们在表现出短暂的惊愕后也意识到这种巨大的"恐龙"毫无利用价值，草草处理后就把它和其他缴获的装备一齐拉到柏林供群众参观去了。

基本参数（夏尔 2C）

乘员	12人（车长、驾驶员、炮长、装填手、通信员、电工、两名机械师、四名机枪手）
战斗全重	69吨
车长	10.27米
车宽	3米
车高	4.1米
发动机	2台迈巴赫12缸液冷柴油机（共500马力）
最大速度	12千米/时
最大行程	150千米
主要武器	1门75毫米APX 1897坦克炮
辅助武器	4挺8毫米霍奇基斯M1914机枪
装甲	6～45毫米
总产量	10辆

Char B1

重型坦克 ｜ 夏尔 B1

1940年法军中最强大的坦克

研发背景

20世纪20年代初期，法国根据第一次世界大战的经验，启动了研发新型重型坦克的计划。在法国军队的设想中，这是一款"主战坦克"（Char de Bataille），能承担突破敌人防御纵深和与敌方坦克装甲车辆交战的任务，将会取代夏尔2C等一系列老旧坦克。对新型重型坦克的要求具体为：全重13吨，最大装甲厚度25毫米，车体部分安装一门用于支援步兵作战的75毫米火炮，武器转塔则安装两挺机枪。与当时的其他

坦克装甲车辆相比，新的重型坦克在火力和防护上将有着质的提升，但也不难看出，法军尽管有着FT坦克的成熟经验，可在设计重型坦克时依然无法摆脱第一次世界大战的惯性思维。有坦克生产经验的厂商纷纷做出回应，在军方的主持下，新型重型坦克融合了雷诺、地中海锻造和造船公司、赫尔科特海用锻冶钢铁公司、施耐德公司等多家厂商的设计，雷诺成为其主要生产商，但不是唯一设计者。这款坦克在1934年被定

▲夏尔B1比斯重型坦克。

基本参数		
车型	夏尔B1	夏尔B1比斯
乘员	4人（驾驶员、车长、通信员、装填手）	
战斗全重	28吨	31.5吨
车长	6.37米	6.37米
车宽	2.46米	2.46米
车高	2.79米	2.79米
发动机	1台雷诺直列6缸液冷汽油机（272马力）	1台雷诺直列6缸液冷汽油机（307马力）
最大速度	28千米/时	28千米/时
最大行程	180千米	160千米
主要武器	1门75毫米SA 35坦克炮	1门75毫米SA 35坦克炮
	1门47毫米SA 34坦克炮	1门47毫米SA 35坦克炮
辅助武器	2挺7.5毫米MAC 31机枪	2挺7.5毫米MAC 31机枪
装甲	最厚40毫米	最厚60毫米
总产量	34辆	369辆

▲ 夏尔B1比斯的驾驶员席（左）和75毫米火炮炮尾（右）。

型为夏尔B1，次年投入量产并交付了32辆，装备了一个完整的坦克营。

设计与改进

量产型的夏尔B1坦克配备了两门火炮。车体右前部安装一门75毫米SA 35火炮，主要发射高爆榴弹，用以突破敌军堑壕工事和支援步兵作战。车体前侧上部的APX-1A全向炮塔内安装一门47毫米SA 34坦克炮和一挺7.5毫米MAC 31机枪，既能与坦克交战，也能在突破防线后对侧向的敌方步兵予以杀伤。此外，75毫米火炮右侧的机枪架上还有一挺车体机枪，在坦克外部很难观察到。动力方面，安装了一台272马力的雷诺6缸汽油发动机，最大公路速度达到了28千米/时，最大越野速度20千米/时。法军对夏尔B1评价很高，不过仍然希望增强坦克的防御能力和反坦克火力。为此雷诺公司又开发了夏尔B1的改进型夏尔B1比斯，车体正面装甲由40毫米增厚至60毫米，炮塔更换为APX-4型，炮塔四周厚度皆为56毫米，47毫米主炮则升级成SA 35型，炮管长度从32倍径提升到了40倍径。这一改进增加了战斗全重，对机动能力产生了一定的负面影响，雷诺公司也为此改进了发动机，提升了输出功率。除此之外，夏尔B1比斯的传动系统也得到改进，采用了在当时非常先进的反馈控制差动装置，提升了变速器的工作效率，也有利于对于坦克姿态进行细微调整，满足75毫米火炮的瞄准需求。

服役经历

第二次世界大战爆发前夕，夏尔B1和夏尔B1比斯装备总数分别为34辆和369辆，隶属4个装甲师和4个独立坦克连。它们堪称法国陆军最强大的坦克，在法国战役中不乏可圈可点的战例。例如，在1940年5月16日斯通尼地区爆发的战斗中，一辆夏尔B1比斯坦克展现出惊人的战斗力，击毁了2辆四号坦克、11辆三号坦克、2门反坦克炮，并且在耗尽弹药后全身而退撤出了战斗，后来这辆坦克被称为"斯通尼屠

夫"。但是法国战役的进程和形式与法国陆军最初的设想截然不同，并不是所有坦克都有机会充分发挥战斗力。由于缺乏协同和必要的火力掩护，大多数夏尔B1和B1比斯都没做有效抵抗就被车组遗弃。

法国战役结束后，德军缴获了大概160辆夏尔B1和B1比斯，将其重命名为Pz.Kpf.Wg.B2 740 (f)。德军中的夏尔B1和B1比斯主要装备驻扎在法国的部队，只有极少部分参与了"巴巴罗萨行动"。第201和202装甲团的7个连还装备了喷火型夏尔B1比斯坦克，这一改型主要是将车体的火炮更换为一具最大喷射距离达到100米的火焰喷射器，主要用于城市攻坚作战。在"巴巴罗萨行动"期间，换装火焰喷射器的夏尔B1比斯被单独编成了第102坦克团。此外，亦有一些底盘被改装成自行榴弹炮。

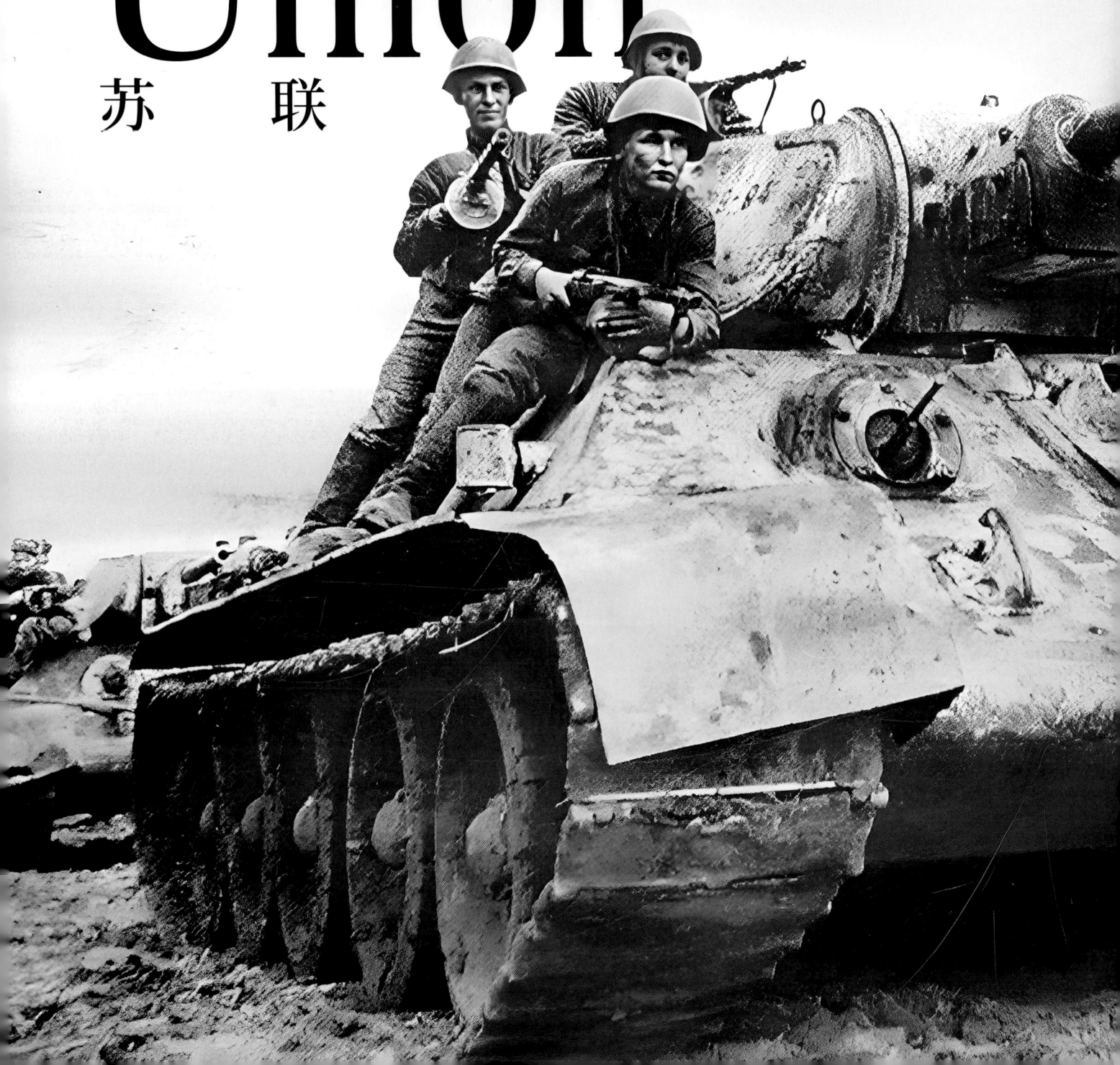

Soviet Union
苏联

▼ 搭载步兵的T-34/76 1941年型中型坦克——二战期间苏军制定了完善的步兵搭乘坦克作战战术。

PART **VII**

在战间期，英、法、德等国的坦克作战理论多是通过训练、演习，乃至理论家们的推演一点点得出的，直到二战爆发才得以检验这些理论，有些国家一开战就直接被赶下了牌桌，根本没有完善理论的机会。

苏联的情况与上述国家不同，因为国土和想定作战地域极为广袤，大规模的机动作战既有必要性又有可能性。另一方面，在相当长的一段时间里苏联国内基础设施建设都非常糟糕。在两方面因素的共同作用下，苏联军队相当重视骑兵及其他具有较强机动能力和越野能力的兵种的发展。在其他国家纷纷把骑兵当作主要侦察力量时，苏联却在实战中积累了大规模运用骑兵部队的丰富经验，尤其是以集团军和方面军层级实施进攻的经验——直到第二次世界大战爆发前苏联都是唯一一个拥有此类经验的国家。

俄国在一战乃至内战期间大规模运用骑兵部队，因此其坦克部队在建立之初就有现成的大兵团机动作战经验。二战期间苏军的诸多坦克运用原则都可以追溯到国内战争期间，从目前掌握的资料来看至少包括但不限于以下四种作战样式的经验：

1. 使用骑兵集群进入突破口并向敌后方深远地域实施奔袭；
2. 短时间内在决定性方向上集中优势兵力实施突破；
3. 以一系列连续的战役形式实施进攻；
4. 为配合正面进攻，实施侧翼和敌后突击。

如果读者对苏联的战役法有所了解就会发现，上述四种作战样式在大方向上与后来发展起来的大纵深战役理论实际上是一致的（尤其是前两种），根据《苏联军事百科全书》的定义，大纵深战役理论的实质在于"以杀伤兵器同时压制敌人整个防御纵队，在选定方向上突破敌战术地幅，然后将发展胜利的梯队（坦克、摩托化步兵、骑兵）投入交战，并以空降兵实施机降，迅速把战术胜利发展为战役胜利，以求尽快达到预定的目的"。

其中，突破战术地幅的冲击梯队应当由数个在坦克和炮兵力量上得到加强的步兵军组成。在突破敌战术地幅后则需要投入以坦克、摩托化步兵、骑兵等快速力量组成的机械化军或骑兵军作为发展胜利梯队。"同时压制敌人整个防御纵队"的任务主要由航空兵来完成，空降兵则要着力破坏敌方的交通网和补给点以期减缓其预备队的集结速度和建立第二道防线的速度，以辅助发展胜利梯队将战术胜利发展为战役胜利。

大纵深战役理论中的两个细节非常值得关注：

首先，大纵深战役理论中对坦克的使用理念与闪击战存在本质区别。德国人将装甲部队作为剑尖矛头，用坦克履带碾过敌军的防线并不断高速推进，步兵的任务是尽可能跟进并解决装甲部队由于时间因素而未能完全消灭的敌军力量；大纵深战役理论则主张以步兵为主力将敌军防线撕开口子，装甲部队在打开缺口后再鱼贯而入扩展战果，除非突破存在难度，否则一般不会在一开始就投入大量装甲部队。也就是说，苏德双方在

▲ "持剑来俄国者，必死于剑下。"——1945年5月隆隆驶过柏林街头的IS-2坦克很好地印证了这句俄罗斯古谚。

坦克运用理念上相互借鉴是存在的，但如果说是抄袭的话就不太符合实际了。

其次，苏联人将坦克兵视为诸多兵种之一而非某种万能神药，某种意义上这也算是苏联人的建军特色，他们反对将某一个兵器或兵种视为夺取战争胜利的唯一法宝并集中力量发展该兵器或兵种。相比之下西方国家经常"表现出一种反复无常和毫无节制的偏好"，比如两次世界大战期间杜黑和米切尔等人大力鼓吹轰炸机具有决定性作用，富勒、戴高乐乃至古德里安等人将坦克摆在首位并完全将其他兵种视作辅助力量。如果把目光放到核武器问世后的年代，一些西方军事家还把核武器视为"绝对武器"。

单从技术角度讲，苏联坦克的研发也充分反映了对集中发展某一兵器或兵种的反对——他们的坦克型号特别多。从开始组建坦克部队到二战结束，纳粹德国一共就批量生产列装了7个型号的主力坦克，而本章收录的苏联坦克就已经有15个条目了，其中还不乏多个型号合并介绍的。

据统计，仅在1942年至1945年间，苏联就设计制造了62种不同型号的坦克和自行火炮。这些履带式装甲车辆普遍采用了宽幅履带来降低对地面的单位压力，以便提升越野性能。结构设计上则着重考虑大批量生产的需要及野战条件下维修的需求——二战期间共有四十余万辆次的坦克及其他装甲车辆被随军维修人员修复。

在战争期间，苏联坦克的火力和防护能力随着新型号的列装而不断增强。加强火力的主要途径是加大装药量以提高火炮膛压，火炮口径和身管长度也随之水涨船高。加强防护的手段有增加易受损部位的装甲厚度、加大装甲板倾斜角度、改进车体与炮塔外形，等等。

由于种种原因，苏联坦克部队的无线电装备规模较小，战争爆发前只有指挥车才装有电台，装备部队的三种电台中有两种属于陈旧型号，较符合当时作战需求的10P电台又因为对石英的消耗较大而产量不高。过了相当长一段时间车载电台才普遍配发给全部的坦克和自行火炮等战斗车辆，车内通信设备的状况也与之相似。缺乏电台经常让苏军坦克部队在和德军对抗时处于不利境地。

苏联工厂在批量生产坦克时不断运用新技术和新工艺，它们或许对提升坦克的质量没有太大帮助，但显著提高了生产效率。从目前掌握的资料来看，苏联的坦克制造厂在战时广泛采用铸造法来制造大型钢制零件，他们通过以金属模具代替砂型模具等方式来节约时间，最终使生产效率提高了一倍以上。生产中还广泛采取了用零件代替浇筑和锻造的方式来缩减工时，乌拉尔工厂甚至有模压生产T-34炮塔的记录。基洛夫工厂首先采用了一种以高频电流对零件进行热处理的工艺，在提升零件硬度与耐磨性能的同时大幅缩短加工时间，某些零件的加工周期甚至由30分钟减少到了40秒。自动焊接或许是改进工艺方

▲ 经过国内革命战争的洗礼，骑兵拥有崇高的地位，也为苏联红军积累了丰富的大兵团机动作战经验。

▲ 1928年，红军总参谋长图哈切夫斯基正在观摩T-16坦克的测试，这种原型车最终发展成了苏联的第一种量产型坦克MS-1。

▲ 1941年11月7日红场阅兵式上的T-34中型坦克，当时莫斯科战役已经打响，它们即将奔赴战场。

面最显著的成果，据称此项技术可以大大加速车体制造速度并缓解电焊工不足的问题，二战期间仅乌拉尔工厂就焊接了超过四百万米的焊缝。

1941年上半年苏联的坦克生产量仅为1800辆，得益于一系列的生产工艺改进，下半年就达到了4740辆，1942年全年则生产了24000辆且其中半数是部队急需的T-34中型坦克，德国的坦克工厂直到战争结束也没能达到这个生产规模。在整场第二次世界大战中，苏联共生产了十万余辆坦克和自行火炮。

T-27 Tankette

超轻型坦克 ｜ T-27

苏联继 MS-1 坦克之后第二款大规模生产的装甲载具

　　苏联建立之初，工业基础薄弱，国内缺乏生产坦克的技术和经验。为了迅速提升苏联红军的机械化程度，苏联领导人决定向有坦克生产经验的国家购买样车和生产许可。在经过多方面考虑后，苏联于1929年向当时技术领先的英国维克斯公司购买了一款已经销往16个国家的优秀轻型坦克——卡登-洛伊德 Mk.Ⅵ。对这款坦克进行了一系列改装后，苏联推出了自产型号，名为T-27超轻型坦克。

　　T-27是一款非常小巧的战车，长2.6米，宽1.83米，高1.44米，装甲最厚处仅10毫米。和原版卡登-洛伊德战车相比，它增加了乘员舱顶盖，生存能力有一定的提升。此外，苏联人还加长了车体，更换了福特公司授权生产的嘎斯AA 4缸发动机并安装了新的悬挂系统以适应东欧和西伯利亚的自然环境。虽然车体有所加长，但车内空间依然十分狭窄，两名车组乘员每时每刻都在被发动机的噪声折磨。

　　由于空间限制，加之彼时苏联的电子工业非常不发达，

T-27并未配备电台。不过有一部分T-27被改装成了指挥型的T-27V，在后舱加装了加强框架和无线电设备。火力方面，起初T-27只配备一挺7.62毫米DT机枪，1932年苏联军方希望加强火力，于是为其安装了一门法制37毫米火炮，这个型号称作T-27M。此后还有安装45毫米炮和76.2毫米炮的测试版本和配备火箭发射器的测试版本，不过这些测试型都没有获得量产许可。另外，苏芬战争中还出现过安装PTRS-41反坦克步枪的试验型号。

　　T-27于1931年年初服役，主要用于侦察任务，并且还参与过在中亚地区镇压巴斯玛奇运动的作战行动。这种战车成本低廉，易于维护，但履带过窄导致它经常陷在沼泽中无法自行脱困。20世纪30年代末期它已严重过时，主要作为训练车和后勤车辆使用。凭借着优于卡车的越野能力，一些T-27转职成为炮弹运输车或火炮牵引车来。虽然T-27没有什么抢眼的战场表现，但它还是在苏联红军探索机械化部队战术的过程中做出了一定的贡献。

基本参数（T-27）

乘员	2人
战斗全重	2.7吨
车长	2.6米
车宽	1.83米
车高	1.44米
发动机	1台嘎斯AA直列4缸液冷汽油机（40马力）
最大速度	42千米/时
最大行程	120千米
主要武器	1挺7.62毫米DT机枪（备弹2520发）
装甲	6～10毫米
总产量	2540辆

T-26 Light Infantry Support Tank

轻型坦克 | T-26 步兵坦克

卫国战争爆发时苏联装备数量最多的坦克

苏联军方以快速建立装甲部队的思想为指导，于1930年向英国购买了维克斯6吨坦克并以它为基础研制、生产了T-26轻型坦克。1941年卫国战争爆发时，T-26是苏联装备数量最多的坦克，超过10000辆，它仅凭一己之力就让苏联拥有了世界上规模最大的装甲部队。此外，T-26还衍生出了大约50种变体，包括各种火炮口径和装甲厚度的普通坦克，以及喷火坦克、牵引车、装甲人员输送车、自行火炮、工程车辆，甚至防空坦克。

在获得卡登-洛伊德Mk.VI坦克的生产许可后，苏联军方对英国维克斯公司信心大增，决定展开更多合作。1930年5月28日，双方签订了一份合同，苏联购买了15辆维克斯6吨坦克以及完整的图纸和生产线。第一批车辆于当年秋天抵达苏联，其他车辆在1931至1932年到达，当时苏联国产版的维克斯6吨坦

克，即T-26已经做好了投产准备。

和维克斯6吨A型一样，T-26轻型坦克的早期型安装两个独立的武器转塔，这个型号的正式名称为T-26A。起初每个转塔中只有一挺7.62毫米DT机枪，后来将其中一挺机枪改为37毫米火炮。这种双转塔结构有严重的缺陷，每个转塔都不能360°旋转，非常影响作战效率。因此苏联很快推出了T-26B，也就是我们最熟悉的单炮塔型T-26坦克。T-26B的炮塔向右侧偏置，炮塔内安装一门45毫米火炮和一挺7.62毫米机枪。

T-26由一台90马力的嘎斯T-26型发动机驱动，最大速度31.3千米/时。底盘保留了维克斯6吨坦克优秀的钢板弹簧悬挂，拥有良好的越野能力，也可以很好地适应苏联的冻土沼泽环境。但是T-26仍然没有摆脱以装甲换机动的设计思路，其大部分型号车体和炮塔最厚处都只有15毫米，只能抵挡重机枪的射击。受限于苏联不发达的电子工业，仅有一部分指挥型T-26加装了电台，剩下的T-26在作战时通过信号旗交流。

虽然以现在的眼光来看T-26是典型的设计思路出现偏差的早期轻型坦克，但在20世纪30年代，它的战斗力不容小觑。凭借45毫米口径的主炮，它能碾压德军当时大规模列装的一系列一号坦克和二号坦克，甚至要强于一些早期的三号坦克。

1937年，西班牙内战爆发，T-26获得了最佳的试车场。苏联援助西班牙281辆T-26坦克，它们在战场上打出了碾压德国坦克的效果。之后T-26坦克又参加了苏芬战争，由于错误的坦克战术，它们的优势并不明显。但是在1939年的诺门罕战役中T-26全面碾压日军并取得了辉煌胜利。

此时的T-26仍然以步兵支援为主要任务，并没有特别注重坦克在甲弹对抗中的生存能力。但是在见识到德军的闪击战和坦克战的威力后，苏联军方意识到轻型坦克本身也可以汇聚

▲ 一辆T-26A正在演示其越障能力。

成一股中坚力量，于是将T-26的前装甲厚度提高到了50毫米上下。但是这样的改进并没有拦住德军的装甲攻势，T-26经常被德军的37毫米反坦克炮和50毫米坦克炮击毁，不过这种坦克设计思路和坦克战法的转变为T-34坦克的问世提供了理论基础。

1937年8月21日，《中苏互不侵犯条约》签订。当年9月初，国民政府派遣军事委员会参谋次长杨杰等人组成"实业考察团"前往苏联请求援助。随后苏联向中国提供了大量的军事装备，其中就包括82辆T-26轻型坦克，大部分为1933年型。

虽说T-26在苏德战场上面对德军的战争机器稍显乏力，但在缺乏反坦克武器的中国战场上对阵日军坦克可以发挥出巨大的作战效能。1939年11月，国民革命军第五军第200师南下参加桂南会战，这是中国第一支机械化师，当时装备了70辆T-26坦克。昆仑关战役中，T-26坦克可以非常轻松地击穿日军的八九式中战车、九四式轻装甲车等车辆，将日军装甲部队打得落荒而逃，甚至不少日本士兵将T-26视作"可怕的怪物"。

基本参数（T-26B 1933 年型）	
乘员	3人
战斗全重	9.4吨
车长	4.62米
车宽	2.44米
车高	2.24米
发动机	1台嘎斯T-26直列4缸液冷汽油机（90马力）
最大速度	31.3千米/时
最大行程	182千米
主要武器	1门45毫米20K坦克炮（备弹136发）
辅助武器	1挺7.62毫米DT机枪（备弹2898发）
装甲	6～15毫米
总产量	10300辆（全系列总产量，并非1933年型这一型的产量）

T-50 Light Infantry Support Tank

轻型坦克 | T-50 步兵坦克

生不逢时的优秀设计

▲ T-50炮塔内部，可见主炮炮尾部分和两挺同轴机枪。

基本参数（T-50 步兵坦克）	
乘员	4人
战斗全重	14吨
全长	5.2米
车宽	2.47米
车高	2.16米
发动机	1台V-4型直列6缸液冷柴油机（300马力）
最大速度	60千米/时
最大行程	220千米
主要武器	1门45毫米20K坦克炮（备弹150发）
辅助武器	2挺7.62毫米DT机枪（备弹4095发）
装甲	12～37毫米
总产量	69辆

　　T-50的设计用途是替代日趋老旧的T-26坦克，与BT快速坦克配合作战。它在设计上有诸多可圈可点之处，但造价相对较高且深受发动机可靠性不足的困扰。与此同时，各司其职的步兵坦克与快速坦克也被通用性更强的中型坦克所取代。因此T-50问世后不久就失去了军方的青睐，匆匆制造了69辆就宣告停产。

　　T-50的设计深受T-34中型坦克的启发，它看起来就像一辆缩小版的T-34。其车体采用焊接工艺，装甲板倾斜布置，首上装甲厚37毫米，但是拥有50毫米的等效厚度。炮塔的外形也与T-34的十分相似，主炮为45毫米20K坦克炮，这门炮和德国三号坦克的37毫米炮相比毫不逊色。它虽然内部空间不大，但采用了作战效率较高的三人炮塔，车长、炮长、装填手各司其

职。更为难得的是，T-50的车长拥有具备全向视野的指挥塔，类似的设计直到1942年才应用到T-34的生产型上。此外，所有的T-50都配有电台，这在当时的苏联坦克上相当罕见。T-50采用了在当时比较前卫的扭杆悬挂，拥有6对直径较小的负重轮和3对托带轮，主动轮在后，诱导轮在前。专门为它设计的V-4型直列6缸柴油机功率高达300马力，让它的最大速度达到了60千米/时。但单独为一型轻型坦克生产发动机显然不如直接使用嘎斯卡车的发动机来得经济，更何况这种柴油机也不够成熟可靠，故障率较高。T-50于1941年投产，然而随着T-34中型坦克的广泛装备，苏军很快对它失去了兴趣，所以第二年就停产了。一些T-50参加过在列宁格勒的战斗和北高加索的战斗，没有留下太多的作战记录。

BT Fast Tank

轻型坦克 | BT 系列快速坦克

世界上唯一投入量产的快速坦克

主要型号

快速坦克是坦克发展早期的一个坦克类型，不同于传统的轻型坦克，它不追求较小的车体，而是通过各种不同的方法来提高坦克的机动性和速度。起初很多国家都对快速坦克进行了探索，但只有苏联的BT系列坦克成功量产并在第二次世界大战中获得了不俗的战绩。

主要型号

美国是世界上最早开始研发快速坦克的国家，在坦克问世之初，各种类型的坦克百花齐放，克里斯蒂快速坦克便是其中的一个重要类型。1919年，美国工程师沃尔特·克里斯蒂设计了一款名为克里斯蒂M1919的坦克，应用了由他本人设计的独特悬挂，这种悬挂也被称为"克里斯蒂悬挂"。从克里斯蒂M1928开始，克里斯蒂坦克引入了轮履两用驱动系统，其最后一对负重轮通过齿轮与主动轮连动，第一对负重轮处则安装了汽车上常见的转向装置，因此拆下履带后可以高速行驶。

克里斯蒂坦克虽然经历了很多次改进，但始终没有获得美国军方的青睐，不过独特的悬挂和驱动设计吸引了当时十分重视骑兵战术的苏联军方。1931年，苏联从美国购买了两辆克里斯蒂M1931坦克，伪装成农用拖拉机运回国内。哈尔科夫工厂迅速开始研究并在当年仿制成功，推出了BT-1快速坦克，这是BT系列快速坦克中的第一个型号。

BT系列快速坦克同苏联很多其他系列坦克一样，是一个非常庞大的家族。BT-1实际上只是克里斯蒂坦克的苏联版试验车，仅仅生产了两辆用作技术验证。苏联军方认为克里斯蒂坦克可以大规模应用，但需对设计进行升级。1931年年底，BT-2坦克问世，它优化了结构并将主武器从原来的7.62毫米DT机枪升级为37毫米火炮。这是一种适合苏联战术的坦克，因此得以量产。随后又诞生了BT-3和BT-4两款改型，但只是对BT-2的小幅修改，性能没有太大的提升。

BT-5和此前的BT系列坦克有较大的不同，它重新设计了炮塔并安装了一门45毫米20K坦克炮。BT-5使用履带时最大速度为52千米/时，在拆卸掉履带后速度可以达到惊人的72千米/时，这也催生了一个陈年老梗："我们打断了它的履带，现在它跑得更快了。"

BT系列的最后一个主要型号是BT-7，于1935年开始生产。它重新设计了车体，更多地使用了倾斜装甲，驾驶室不再凸出于首上装甲。部分BT-7沿用了BT-5的炮塔，但大部分还是采用了新设计的锥形炮塔，改善了避弹外形。另外，BT-7的动力系统也进行了大幅升级，使用了仿制版米库林M17T汽油发动机，这是德国宝马发动机的仿制品。因为机动性优秀，BT-7较为适合执行大纵深快速穿插作战，在卫国战争初期是苏军的主力坦克。

衍生车型

由于底盘优秀，再加上苏联军方秉持"只要用不死就往死里

◀ BT-7快速坦克。

基本参数（BT-7 快速坦克）	
乘员	3人
战斗全重	13.8吨
车长	5.66米
车宽	2.23米
车高	2.42米
发动机	1台仿制版米库林M17T V形12缸气冷汽油机（450马力）
最大速度	52千米/时（履带行驶）86千米/时（车轮行驶）
最大行程	250千米
主要武器	1门45毫米20K坦克炮
辅助武器	1挺7.62毫米DT机枪
装甲	6～20毫米
总产量	约5000辆

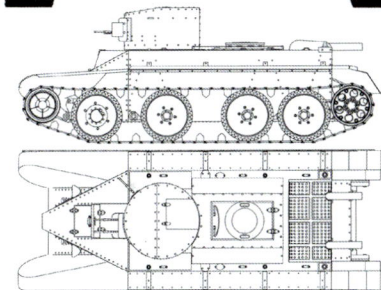

▲ BT-1快速坦克。

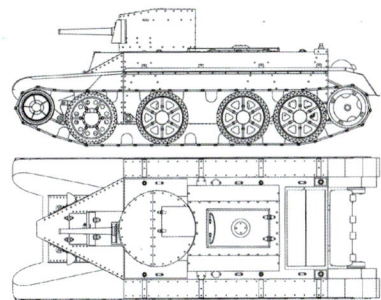

▲ BT-2快速坦克。

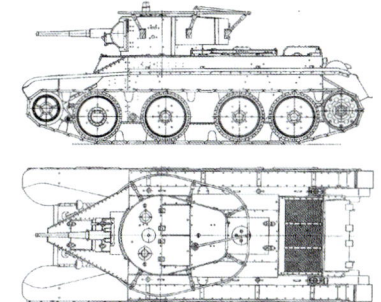

▲ BT-5快速坦克。

用"的思想，BT系列坦克拥有非常多的衍生车和试验车。

1935年，苏联在BT-5坦克的基础上生产了10辆BT-IS坦克样车。这款坦克创意性地为每一对负重轮都增添了传动机构并强化了装甲防护。 BT-IS在履带状态下的最大速度为65千米/时，拆掉履带后速度能达到113千米/时。不过BT-IS的成本过高，并且此时BT-7已经投产，因此这款坦克最终没有获得量产许可。BT-7也有不少改装版本，其中在坦克表面安装附加装甲的称为BT-7E，换装短管76.2毫米炮的称为BT-7A，换装动力更强的V形12缸液冷柴油发动机的称为BT-7M。由于改进较多，BT-7M也被称为BT-8，它到1940年才停止生产。

1936年出现的BT-SV是防护加强型，前装甲厚度提高到了25毫米并进一步增大装甲倾角，炮塔和车体外部重新设计，BT-SV-2型还安装了用于夜间作战的大灯。BT-SV虽然没有获得量产许可，但催生了在1937年提出的A-20方案，也就是T-34坦克的原型车之一。此外，还有以BT-2坦克为原型的D-38，将主要武器换成了76.2毫米短管坦克炮。还有各种工程坦克、喷火坦克、装甲运兵车，等等。

在所有衍生车当中，最具特点的非PT-1坦克和RBT-5坦克莫属。PT-1是苏联最早一批试验型两栖坦克，不过它的可靠性非常差，经常由于其自身重量而无法浮在水面，最终没有正式量产。RBT-5在BT-5坦克的基础上，于炮塔两侧焊接了两个火箭发射架，携带两枚直径240毫米，重达250千克的鱼雷火箭，给人一种头重脚轻的感觉。这种疯狂的想法最终没有得到军方的认可，但是我们不难想象，德军的坦克兵在看到两枚巨大的火箭弹从BT快速坦克上发射时惊恐的表情吧。

T-28 Medium Tank

中型坦克 | T-28

苏军最早装备的中型坦克

▲ 苏联战时海报——我们的土地因勇士而闻名，T-28车长警惕地瞭望敌情，宛如古罗斯勇士灵魂附体。

基本参数（T-28A 中型坦克）

乘员	6人
战斗全重	25.4吨
车长	7.44米
车宽	2.87米
车高	2.82米
发动机	1台仿制版米库林M17T V形12缸气冷汽油机（450马力）
最大速度	42千米/时
最大行程	220千米
主要武器	1门76.2毫米KT-28坦克炮（备弹70发）
辅助武器	3～5挺7.62毫米DT机枪（备弹8000发）
装甲	最厚30毫米

1930年，列宁格勒的基洛夫"布尔什维克"工厂总工程师S.金茨布尔格受命设计一款多炮塔中型坦克，用于支援步兵和执行突破任务。1933年，这种参考了英国"独立"号坦克的设计理念，拥有3个炮塔/机枪塔的坦克被正式定型为T-28。服役之后它成了各种阅兵式上的常客，用以展示苏联强大的机械化力量。

服役之初，T-28算得上火力强大、防护良好的坦克。它的最大外观特点就是拥有一座主炮塔和两座机枪塔。主炮塔从T-26坦克的炮塔改进而来，安装一门16.5倍径76.2毫米KT-28榴弹炮和一挺7.62毫米DT同轴机枪。KT-28榴弹炮可以发射6.2千克重的高爆弹以轰击工事，以25°的最大仰角射击时射程可达7千米。两座机枪塔位于车体前部，驾驶室两侧，各安装一挺7.62毫米DT机枪，各有220°的射界，用于清扫步兵。车体前部装甲最厚处为30毫米，车体两侧、后部，以及炮塔四周皆为20毫米厚，在当时能抵挡大多数野战炮的攻击。

相对于25.4吨的战斗全重来说，T-28的动力堪称强劲，装备一台450马力的M17T型V形12缸气冷汽油机，其最大速度可达42千米/时，在步兵支援坦克中算是非常快的。相对于发动机，悬挂系统显得非常传统，采用垂直螺旋弹簧平衡悬挂，共有12对小直径负重轮，悬挂系统受到20毫米厚侧裙板的保护。T-28采用诱导轮在前、主动轮在后的布局，变速器位于发动机之后，动力舱长度较大，车体和履带接地也较长，其越壕宽度可达4米。

T-28的第一个主要生产型号是T-28A，亦称T-28 1934年型。从1936年开始，T-28A在炮塔尾部增加了安装在球形机枪座上的DT机枪以抵御从坦克后方接近的步兵。第二个主要型号为T-28B，亦称T-28 1938年型，主炮升级为76.2毫米L-10榴弹炮，炮管长度增加至23倍径，拥有更长的射程并获得了一定的反坦克能力。到了20世纪30年代末期，T-28的装甲已经无法有效抵御当时的反坦克武器，因此1940年又推出了T-28E，即装甲加强型，附加装甲板使其车体正面装甲厚度增加到了60毫米，炮塔正面也提升至50毫米，车重则提升至32吨，最大速度下降到23千米/时。所有型号的T-28都配备了无线电台，这在苏联坦克中是较为少见的。

T-28的生产持续到1941年，总共只生产了五六百辆。它们参加了1939年的诺门罕战役、瓜分波兰的行动，以及苏芬战争。在1939年对芬兰的攻势中，苏军损失了大约200辆T-28（其中大多数被苏军回收、修复），这足以证明T-28的防护不再可靠，直接催生了T-28E。

加装了附加装甲的T-28在1940年年初对芬兰曼纳海姆防线的大规模进攻中表现不错，成功碾碎了芬军的防御。1941年6月时尚有约400辆T-28在苏联西部边境服役，不过它们在"巴巴罗萨行动"开始后的两个月内损失殆尽。

T-34 Medium Tank

中型坦克 ｜ T-34

四号坦克配备的短身管75毫米主炮，只有从后方攻击T-34才能奏效，即便如此也必须击中T-34引擎上方的格栅方能把它击毁。

——海因茨·古德里安

T-34是一种深具革命性的坦克，它将避弹效果较好的倾斜装甲、威力较大的长身管火炮、安全性较高的柴油发动机、利于高速行驶的克里斯蒂悬挂结合在一起，同时获得良好的火力、防护和机动性。这使其成为一种功能全面的"通用坦克"，取代了苏军的步兵坦克和快速坦克。此外，这也是一种利于大规模生产的坦克，二战期间总共制造了50000多辆，对维持苏军钢铁洪流的数量优势至关重要。当然，T-34的历史意义远不止于此，苏联在战后装备的众多坦克，如T-54/55、T-62、T-72、T-90，在某种意义上都延续着T-34的设计理念。

研制经历

由于苏联的BT快速坦克在西班牙内战中暴露出了装甲薄弱的问题，1937年国防委员会要求哈尔科夫机车厂研制BT坦克的替代品。1938至1939年，先后有两种继承了BT系列快速坦克基本布局的原型车问世，分别是A-20和A-32。A-20采用倾斜装甲、45毫米主炮、柴油发动机、轮履两用驱动系统和克里斯蒂悬挂。A-32虽然也采用克里斯蒂悬挂，但舍弃了并不实用的轮履两用功能，此外它还安装了76.2毫米主炮，并且拥有更厚的装甲。A-32被设计成一种"通用坦克"，用于取代T-26步兵坦克和BT快速坦克，既有不错的火力和防护，又拥有优秀的机动性。最终，A-20方案被放弃，而A-32获批少量生产。

1939年年底，A-32的主要设计者米哈伊尔·科什金又向苏联最高统帅提议在不明显降低机动性的情况下对A-32进行火力和防护升级，得到了最高统帅的批准。一系列升级的直接成果就是T-34中型坦克，它吸收了苏军在张鼓峰事件和诺门罕战役中的实战经验，采用比A-32坦克更厚的装甲和身管更长的76.2毫米火炮。1940年1月，哈尔科夫机车厂生产出两辆T-34坦克的样车。当年4到5月，科什金亲自率领2辆样车进行了长达2000千米的行驶试验，一路从哈尔科夫开到莫斯科，给最高统帅留下了深刻印象。随后，两辆样车前往曼纳海姆防线接受

测试，再经明斯克和基辅返回哈尔科夫，一些传动系统的缺陷被发现并得到纠正。终于，T-34坦克在1940年6月完成生产图纸，随即开始批量生产，第一批坦克在当年9月下线。

总体设计

T-34延续了BT系列快速坦克的整体布局，驾驶室在前，战斗室居中，动力舱在后，传动装置位于动力舱后部。车体为焊接结构，前部、侧面上部和后部的装甲都倾斜布置。首上、首下、后部、车体侧面下部装甲厚45毫米，车体侧面上部厚40毫米。其中，首上装甲的倾斜角度接近60°，等效厚度接近90毫米。这样的防护水平足以抵御37毫米反坦克

▲ T-34/85 1944年型。

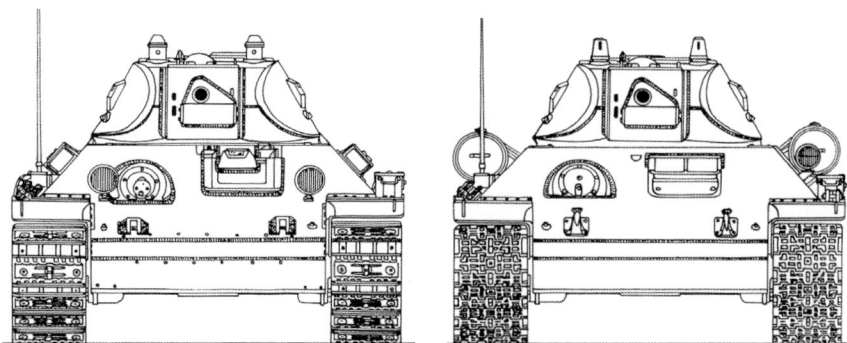

▲ T-34/76 1941（左）与T-34/76 1941/42（右）正视对比。

基本参数（T-34/85）

乘员	5人
战斗全重	32.2吨
车体长/全长	6.19米/8.15米
车宽	3.00米
车高	2.72米
发动机	1台哈尔科夫V-2-34 V形12缸液冷柴油机（500马力）
最大速度	55千米/时
最大行程	300千米
主要武器	1门85毫米D-5T或ZiS-S-53坦克炮（备弹56发）
辅助武器	2挺7.62毫米DT机枪（备弹1890发）
装甲	15~90毫米

T-34/85 1943年型炮塔

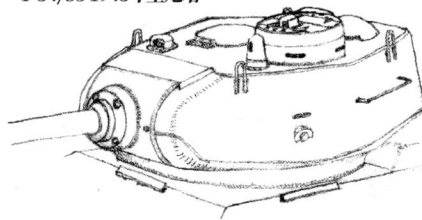

T-34/85 1944年型炮塔

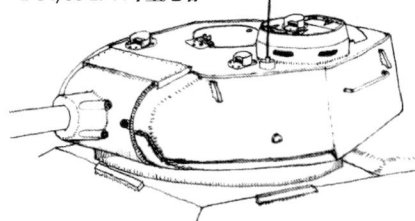

T-34/85 1945年型炮塔

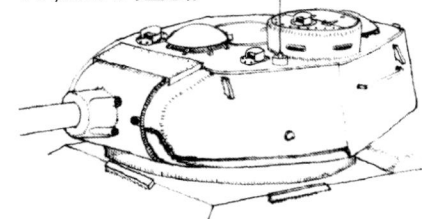

▲ T-34/85 各亚型炮塔对比。

炮和45毫米反坦克的攻击。车组乘员有4人，驾驶员位于车体前部左侧，机枪手/无线电操作员在驾驶员右侧，驾驶舱门开在首上倾斜装甲板上。双人炮塔的内部空间较为狭小，车长在左，装填手在右，并没有设置专职炮长，车长需要在指挥全车作战的同时操作火炮，瞄准射击。这极大地影响了作战效率，导致索敌速度和交战反应速度较慢。1940年型T-34使用一门76.2毫米L-11型坦克炮，从1941年开始主炮更换为身管更长的F-34型，1944年年初投产的T-34/85则安装85毫米D-5T火炮或ZiS-S-53火炮。

T-34的动力来自一台500马力的哈尔科夫V-2-34型V形12缸液冷柴油机，最大公路速度和最大越野速度分别为55千米/时和30千米/时。和汽油发动机相比，柴油机在被命中后更不易起火燃烧，因此安全性更佳。悬挂系统为克里斯蒂式，拥有5对大直径负重轮，没有托带轮。每个负重配备一具螺旋弹簧，呈一定的倾斜角度安装在车体内部。受装甲倾斜角度限制，第一对负重轮的弹簧长度最短，这在一定程度上影响了负重能力，也降低了增加前部装甲厚度的潜力。与BT系列坦克不同，T-34取消了主动轮和最后一对负重轮的连动，只能以履带行驶。履带相当宽大，宽度将近50毫米，这使其地面压强只有大约0.72千克/平方厘米左右，低于同时期的大多数坦克。因此T-34在非铺装路面和越野路面上拥有非常出色的通过能力，不易在积雪或泥泞中陷车。此外，其油箱容积高达540升，最大行程可达350千米，这非常契合苏军大纵深作战的需求。

主要型号

按照主炮口径的不同，可以将T-34分为T-34/76和T-34/85两大系列，它们的主要亚型如下：

T-34/76 1940年型——炮塔外形较为扁平，车长和装填手共用一个大型炮塔舱门。主炮为30.5倍径76.2毫米L-11火炮，配有猪鼻形炮盾。

T-34/76 1941年型——炮塔外观与1940年型无明显不同，装备一门41.2倍径76.2毫米F-34火炮，配有盒状炮盾。

T-34/76 1941/42年型——为车体机枪增加了外防盾；驾驶员舱盖上的潜望镜由一具变为两具，并且配备了铰链开合式装甲护盖。大灯由两具变为一具，安装位置由车首改为车体左侧。

T-34/76 1942/43年型——实际于1942年投产，采用大型六边形炮塔，炮塔高度显著提高。车长和装填手各有一个圆形舱门，在打开状态下酷似米老鼠的耳朵。这一型号采用了新的5速变速器，和此前的4速变速器相比不仅易于驾驶，而且更为可靠，越野速度也提升至30千米/时。

T-34/76 1943年型——在六边形炮塔左侧加装了车长指挥塔，指挥塔四周开有6条观察缝，拥有全向视野，提高了索敌能力。

T-34/85 1943年型——实际于1944年年初投产，主炮为85毫米D-5T坦克炮，与之配套的是大型三人炮塔，配备了专职炮

T-34/76 1940年型

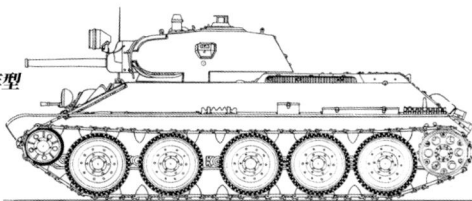

T-34/76 1941年型

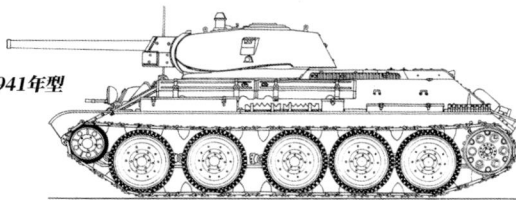

T-34/76 1941/42年型

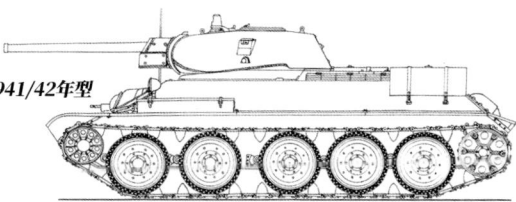

T-34/76 1942/43年型

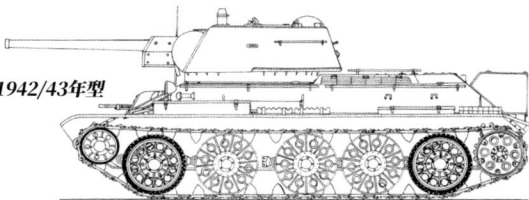

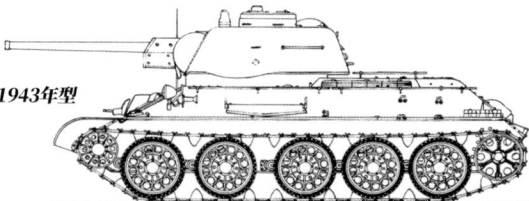

T-34/76 1943年型

T-34/85 1944年型

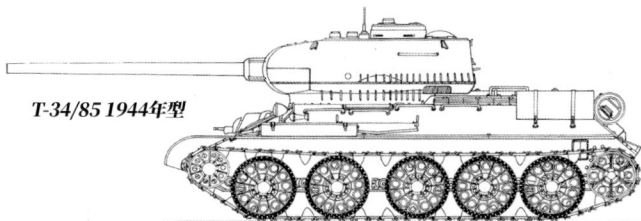

▲ T-34各亚型侧视对比。

长，车长拥有指挥塔，作战效能显著提高。炮塔正面装甲增厚至90毫米，车体侧面上部装甲增厚至45毫米。

T-34/85 1944年型——投产时间仅比T-34/85 1943年型晚了一个月左右，主炮更改为ZiS-S-53坦克炮。D-5T和ZiS-S-53都由52K型高射炮发展而来，发射普通穿甲弹时可在500米距离穿透约125毫米厚的垂直均质装甲。

T-34/85 1945年型——拥有更大型化的车长指挥塔，炮塔旋转改由电动马达驱动，两个炮塔换气扇的位置由全布置于炮塔后部改为在车长指挥塔前后各布置一个。

战场表现

卫国战争开始时T-34是一种非常强大的坦克，德军的三号坦克和四号坦克无法与之匹敌，Pak 36和Pak 38反坦克炮也难以将其击穿，这一度引起了所谓的"T-34危机"——"黑豹"坦克的问世在很大程度上就是德国对"T-34危机"的反应。即便如此，在1941年T-34的损失也非常惊人，达到了2000辆左右。这是指挥和战术失当、坦克战备状态不佳、车组缺乏训练、无线电设备不足、回收和修复工作不力等诸多因素导致的。1942年时T-34的性能依然足够坚挺，它们在抵御德军的夏季攻势和合围列宁格勒方向的德军时发挥了重要作用。1943年，情况发生了变化，T-34的76.2毫米主炮在任何距离都无法击穿德军新锐坦克"虎"式和"黑豹"的正面装甲，然而对手却能在1500米到2000米的距离上正面击穿T-34。另外，配备长管75毫米炮的四号坦克，75毫米Pak 40型反坦克炮，以及应用越来越广泛的88毫米炮也对T-34构成了威胁。

形势的逆转催生了T-34/85，火力大幅提升，防护小幅改善，机动性基本保持不变。85毫米主炮使其具备了在500米距离上击穿"虎"式坦克正面装甲的能力，在一定程度上缩小了甲弹对抗中的劣势。虽然作战性能仍然无法与"虎""豹"匹敌，但它具有一项德国坦克望尘莫及的优势——易于生产。截至1945年5月战争结束时，T-34/85的月产量已经达到了1200辆，而在二战期间德国生产的"黑豹"坦克总共只有大约6000辆，而"虎"式坦克更是只造了1300辆左右。充足的数量弥补了性能上的劣势，也让T-34汇聚成了苏联红军那势不可挡的钢铁洪流。

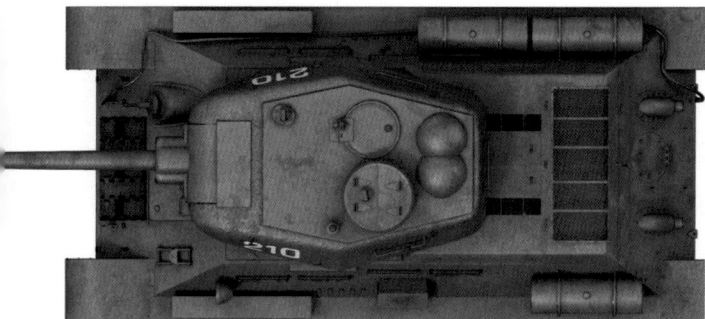

T-44 Medium Tank

中型坦克 | T-44

二战中鲜为人知的中型坦克，战后苏联主战坦克的基石

T-44的研制工作始于1943年，目标是列装一款具有KV重型坦克那样的防护能力，但机动性和T-34中型坦克相当的坦克。1944年一二月间，位于下塔吉尔的乌拉尔机车厂的莫洛佐夫设计局制造了两个构型的原型车——T-44/85和T-44/122。测试表明，安装85毫米炮的方案要优于安装122毫米炮的方案。莫洛佐夫设计局从下塔吉尔迁回哈尔科夫原址后，对T-44/85进行小幅修改，又推出了T-44A，这种坦克最终在1944年9月进入苏军服役。

和T-34相同，T-44也采用驾驶室在前、战斗室居中、动力舱在后的总体布局，不过其发动机布置方式由纵置改为横置，这可以大幅缩短动力舱长度，从而提供更大的车内空间。此外炮塔也可以布置在车体中心上方，而不是较为靠前的位置，以便更好地分配重量。

T-44车体正面同样采用了倾斜装甲，首上装甲厚达90毫米，倾斜角为60°，等效厚度180毫米，车体侧面和后部装甲的

厚度分别为75毫米和45毫米，其防护水平整体而言较T-34有大幅提升。此外，T-44将驾驶员舱门置于车体顶部，同时取消了车体机枪的大型开口，首上装甲上不再开有大的孔洞，这也就消除了防御上的弱点。更进一步，由于更改了发动机空气滤清器和散热系统的布置，且取消了战斗室地板上的弹药架，T-44的车体比T-34的车体矮了30厘米左右，被弹面积更小。

T-44使用一种六边形的铸造炮塔，外形与T-34/85的炮塔类似。炮塔装甲得到全面加强，正面厚120毫米，侧面厚90毫米，后部厚75毫米。火力则和T-34/85基本一致，主炮是一门85毫米ZiS-S-53坦克炮。T-44虽然防护水平大幅提升，但战斗全重得以控制在32吨以内，与T-34/85基本持平。一台哈尔科夫V-2-44型柴油机提供了520马力的动力输出，最大速度可达55千米/时。行走机构方面，T-44仍然采用5对大直径负重轮，没有托带轮，但以扭杆悬挂替代了克里斯蒂悬挂，拥有更佳的抗冲击能力和行驶稳定性。

近卫坦克第6旅、第33旅和第63旅率先接收了T-44坦克，但他们在参加柏林战役和布拉格战役前又重新装备了

T-34/85。T-44虽然在二战后期服役，却从未参加过二战中的任何一场战斗。从1944年10月开始，设计师试图为T-44安装100毫米主炮以提升火力，这成了战后大名鼎鼎的苏联主战坦克T-54/T-55的开端。

基本参数（T-44）	
乘员	4人
战斗全重	31.8吨
车体长/全长	6.07米/7.65米
车宽	3.18米
车高	2.41米
发动机	1台哈尔科夫V-2-44 V形12缸液冷柴油机（520马力）
最大速度	55千米/时
最大行程	200千米
主要武器	1门85毫米ZiS-S-53坦克炮
辅助武器	2挺7.62毫米DTM机枪
装甲	15～120毫米
总产量	1823辆（含战后生产）

T-35 Heavy Tank

重型坦克 | T-35

世界上唯一投入量产的五炮塔重型坦克

1933年8月，T-35重型坦克与T-28中型坦克同时定型并获批投产，这是一种基于"陆地战舰"理念设计的多炮塔坦克。在设想中，一辆T-35将充当"陆地舰队"的核心，指挥并支援若干T-28坦克作战。然而，除了在阅兵式上以高大威武的外形为苏联红军充门面之外，T-35并没有在实战中发挥多大的作用。

出于通用性和易生产性方面的考虑，T-35尽可能多地使用T-28的零件，包括主炮塔、机枪塔、发动机、变速器，等等，其基本布局也与T-28相似。当然，二者的差异也很明显，最突出的差异是火力配置。T-35拥有一座主炮塔、两座副炮塔和两座机枪塔。副炮塔和机枪塔以对角的方式布置在主炮塔前后，确保在每个方向上都有均衡的火力。主炮塔以三速电动马达驱动，并可手动微调，主炮为一门76.2毫米KT-28榴弹炮，俯仰角为 - 7°～ + 23°。反坦克的任务主要交给副炮塔内的45毫米20K火炮，这也是T-26轻型坦克的主炮。在防护方面，T-35与T-28基本上不分伯仲，车体正面最厚处为30毫米，炮塔正面厚20毫米。为了容纳数量众多的炮塔，T-35的车体长度达到了9.72米，战斗全重也飙升至45吨。相对于战斗全重，其防护能力实在算不上优秀，这也是多炮塔坦克的通病之一。

基本参数（T-35A）	
乘员	12人
战斗全重	45吨
车长	9.72米
车宽	3.2米
车高	3.43米
发动机	1台仿制版米库林M17T V形12缸气冷汽油机（500马力）
最大速度	30千米/时
最大行程	150千米
主要武器	1门76.2毫米KT-28坦克炮（备弹95发）2门45毫米20K坦克炮（备弹225发）
辅助武器	5～7挺7.62毫米DT机枪（备弹10080发）
装甲	11～30毫米

▲ 1940年的十月革命纪念日阅兵式上，使用锥形炮塔的T-35B驶过红场。

T-35的悬挂装置仍为螺旋弹簧平衡式，不过相对于T-28采用了新的设计，每个负重轮都配有弹簧，且弹簧呈一定角度倾斜布置。在第一对负重轮前还有一对履带张紧轮，平时不与地面接触。由于车体加长，托带轮也从T-28的每侧4个增加每侧6个。悬挂系统同样有侧裙板保护，侧裙板厚度为10毫米。

为了操作这个庞然大物，12名乘员挤在并不算宽敞的坦克内部，包括车长、主炮炮手、主炮装填手、副炮炮手（两名）、副炮装填手（两名）、机枪手（两名）、驾驶员、机械师（两名）。同时指挥11名乘员和5个武器转塔作战已经超出人力范围，各个炮塔/机枪塔之间也很难不互相干扰，所有多炮塔坦克都面临类似的问题。

T-35A是T-35的主要生产型，总共制造了49辆。1938年又推出了T-35B型，换装正面装甲厚25毫米的锥形炮塔，车体正面装甲也增厚至70毫米，战斗全重增加到54吨，总共只生产了10辆。总的来说，T-35是一种昂贵且复杂的坦克，产量相当少，算上2辆原型车才制造了61辆。

1935年到1940年间，T-35主要在执行阅兵任务，它们高大的车身和林立的枪炮看起来确实非常威风，把苏联红军勇攀机械化高峰的精气神展现得淋漓尽致。卫国战争爆发时苏军还有48辆T-35可用，它们在不到半年的时间内就损失殆尽，主要是因机械故障、缺乏维护、燃料不足被遗弃，被德军击毁的少之又少。

◀ *T-35A 重型坦克*。

KV-1 Heavy Tank

重型坦克 | KV-1

卫国战争初期坚不可摧的重型坦克

苏军装备的第一种重型坦克——T-35坦克，虽然火力较为强大，但防护水平不甚理想，机动性也比较差，很难依照大纵深战役理论协助步兵执行突破任务。第185厂的T-100重型坦克，以及第100厂的SMK重型坦克与KV重型坦克都参与了T-35继任者的竞争。前两者是多炮塔坦克，而KV则是更为简化的单炮塔坦克，能够在不增加重量的前提下强化装甲。1939年在苏芬战场的测试表明，KV坦克要优于其他两种坦克。最终KV坦克得到了苏联最高领导层的批准，以KV-1的名称投入生产。KV这个名称指代克里缅特·伏罗希洛夫，即当时的苏联国防人民委员。

KV-1 1939年型

1939年型是KV-1的第一个主要生产型号，这是一个重达45吨的庞然大物，正面装甲厚达75毫米，侧面和后部分别厚75毫米和70毫米，拥有在当时无与伦比的防护。其履带非常宽大，在雪地和泥地上都有非常出色的抓地力，履带翼子板上方则形成了宽大的储物空间。负重轮共有6对，每个负重轮都有独立的扭杆悬挂。由于履带重量巨大，车体每侧各有3个直径和厚度都比较大的托带轮。动力来自一台600马力12缸柴油机，最大速度可达37千米/时。大部分1939年型采用焊接炮塔，安装一门30.5倍径76.2毫米L-11坦克炮，配有猪鼻形炮盾。L-11的炮口初速在610米/秒上下，500米距离可击穿62毫米的均质装甲。这个型号在1939至1940年交付，共生产了141辆。

KV-1 1940年型

1940年型又称KV-1A，配备了身管略长的31.5倍径76.2毫米F-32坦克炮，炮盾与1939年型有明显的差异。F-32坦克炮的初速、穿甲能力和L-11不相上下，但拥有更好的射击稳定性和精度，同时降低了后坐力，提升了射击效率。这个型号主要在1940年至1941年年初交付，生产了250辆左右。

KV-1 E

这是一种装甲加强型，主要用1939年型改装而成，在车体正面和两侧螺接了25毫米厚的附加装甲，在炮塔侧面螺接了30毫米厚的附加装甲，显著增强了生存能力。与此同时，主炮也被升级成F-32型，战斗全重增加至47到48吨。没有确切的资料表明有多少KV-1接受了这样的改装。

KV-1 1941年型

亦称KV-1B，主炮为一门42.5倍径76.2毫米ZiS-5坦克炮，炮口初速可达965米，500米距离上可穿透92毫米厚的均质装甲。亦有资料声称一部分1941年型安装了为T-34/76坦克准备的F-34型坦克炮，这种火炮的倍径与ZiS-5坦克炮相同，初速、穿甲能力也与之相当。早期的1941年型使用焊接炮塔，后期则安装了铸造炮塔，铸造炮塔的正面厚度达到了100毫米。这个型号共制造了大约1200辆。

KV-1 1942年型

这是KV-1的最后一个大规模生产型号，也是产量最大的型号，大约制造了1700辆，也被称作KV-1C。主炮同样是ZiS-5坦克炮，炮塔为铸造式。其炮塔在外观上与后期的1941年型区别不大，但将一些部位的装甲厚度增加到了110~120毫米，同时削减了次要防护部位的装甲厚度，使得整体重量保持不变。

KV-1的战场表现

"巴巴罗萨行动"开始时大约只有530辆KV-1在服役，不过在当时它们几乎是坚不可摧、势不可挡的，给德国人制造了极大的震撼。当时德军装备的50毫米主炮型三号坦克和短管75毫米主炮型四号坦克都难以击穿KV-1的装甲。1941年8月20日，在列宁格勒附近的克拉斯诺格瓦尔代斯克（现加特契纳），一支由5辆KV-1和2辆后备车组成的小部队巧妙运用沼泽与树林地形伏击了德国第6装甲师的先头部队，在半小时的战斗中击毁了43辆德军坦克。参战的KV-1无一损失，其中一辆中弹多达156枚，但没有一枚德军炮弹能击穿它的装甲。此战是KV-1在二战中的最高光时刻，苏方指挥官季诺维·科洛巴诺夫中尉也因此被授予红旗勋章。

虽然对德军坦克具有碾压性的优势，但是到了1941年秋天，苏军中的KV-1已经所剩无几。它们大多被德军飞机、野战炮、88毫米反坦克炮，或使用反坦克手榴弹的反坦克小队击毁，也有一些因为机械故障和燃料不足被车组遗弃。在军事工业迁移到乌拉尔山脉附近后，KV-1的生产得以恢复，1942年它们依旧表现出色，不过由于速度难以跟上T-34中型坦克，它们通常被降级为后备支援力量，只有在遇到激烈抵抗时才投入战场。在面对1942年年末问世的长管75毫米炮型四号坦克时KV-1显得射程不足，和"虎"式、"黑豹"对阵时它更是失去了防护与火力优势，在1943年的库尔斯克会战中KV-1损失惨重。与此同时，速度过慢、传动系统易出故障、无法通过许多承重等级低的桥梁等问题也一直如影随形，引发了越来越多的不满。KV-1作为突破型坦克服役至1943年年末，随后被IS重型坦克取代。

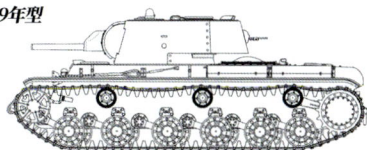
1939年型

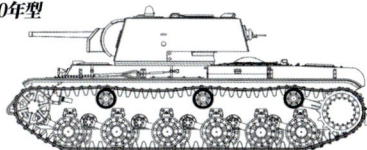
1940年型

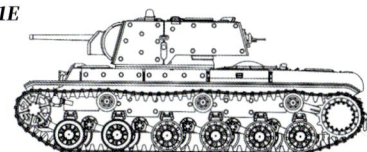
KV-1E

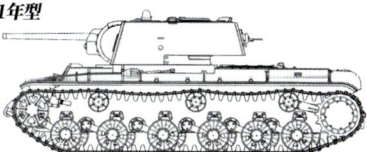
1941年型

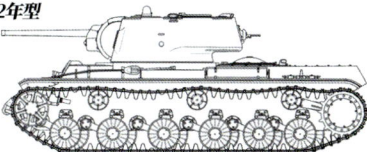
1942年型

▲KV-1各亚型侧视对比。

基本参数 [KV-1 1941年型（焊接炮塔）]

乘员	5人
战斗全重	45吨
车体长/全长	6.68米/6.75米
车宽	3.32米
车高	2.71米
发动机	1台V-2K V形12缸液冷柴油机（600马力）
最大速度	35千米/时
最大行程	250千米
主要武器	1门76.2毫米ZiS-5坦克炮
辅助武器	3挺7.62毫米DT机枪
装甲	最厚90毫米

◀KV-1 1941年型（焊接炮塔）。

KV-2 Heavy Tank

重型坦克 | KV-2

传奇的自行火炮坦克

1939年，苏军总参谋部要求制造一种配备重型榴弹炮的坦克，用于摧毁芬兰曼纳海姆防线上的混凝土工事。列宁格勒基洛夫工厂（第100厂）很快拿出了直接在KV坦克底盘上安装大型炮塔和152毫米榴弹炮的方案并获得了批准，这种实际上担负自行火炮功能的坦克被称作KV-2。

KV-2的车体与KV-1并无不同，但安装了一座异常高大的箱形炮塔和一门152毫米M-10T榴弹炮，炮塔正面厚110毫米，侧面厚75毫米。KV-2的试制型采用的是一种正面装甲有一定倾斜角度的七边形炮塔，在一些资料中它被称作MT-1炮塔。而正式生产型安装的是前部装甲垂直布置的六边形炮塔，这种炮塔简化了生产工艺并为乘员提供了更大的工作空间，一些资料称之为MT-2炮塔。另外，有时试制型会被称为1939年型，而正式生产型则叫作1940年型。

基本参数（KV-2 重型坦克）	
乘员	6人
战斗全重	53.8吨
车体长/全长	6.68米/6.95米
车宽	3.32米
车高	3.45米
发动机	1台V-2K V形12缸液冷柴油机（600马力）
最大速度	25千米/时
最大行程	200千米
主要武器	1门152毫米M-10T榴弹炮（备弹20发）
辅助武器	2挺7.62毫米DT机枪（备弹8000发）
装甲	最厚110毫米

KV-2为巨大的火炮和厚重的装甲付出了高昂的代价。它的战斗全重超过53吨，动力系统、传动系统和行走机构却和KV-1一致，并未得到升级，机动性、可靠性和通过能力进一步恶化。其最大公路速度仅有25千米/时，最大越野速度仅为12千米/时，发动机和变速器容易因为不堪重负而损坏，压塌桥梁和路面的情况也变得更加频繁。此外，如果地面不够平坦，旋转炮塔也会遇到困难，甚至会因为重心过高而导致翻覆。

虽然不够机动灵活，KV-2还是沉重打击了德国侵略者。当时德军的装备序列中没有能够与之匹敌的坦克，除了88毫米高射炮之外的德军反坦克炮也对其无可奈何。据信在1941年6月24日，拉塞尼艾战役期间，一辆苏军摩托化第3军坦克第2师的KV-2在立陶宛斯考德维莱附近抵挡了德国第6装甲师24小时之久，无论是37毫米Pak 36反坦克炮、50毫米Pak 38反坦克炮、Panzer 35(t)轻型坦克、Panzer 38 (t)轻型坦克，还是携带炸药的工兵，都没能让这辆KV-2失去战斗力，德军调来88毫米炮后才将其击毁。88毫米炮总共发射了6枚炮弹，其中也只有2枚击穿了KV-2的装甲。在1941年，KV-2的大部分损失是由机械故障或燃料短缺造成的，被德军击毁的情况相对较少。因其强大的火力、厚重的装甲和高大的外形，KV-2获得了"无畏"和"巨人"的绰号，分别来自苏军士兵和德军士兵。另外，因为炮塔外形过于另类，德国人戏称其为"移动厕所"。

1941年10月，KV-2的生产厂列宁格勒基洛夫工厂被迫迁往乌拉尔山脉东麓的车里雅宾斯克，工厂恢复生产后，KV-2却因过于笨重、故障频发等问题而停产。此后，KV-2的战场地位被射程更远、机动性更强、可靠性更高、更加便于生产的SU-152、ISU-152等自行火炮所取代。

▲ 两名德军士兵正在检视被车组遗弃的KV-2。

▲ 1941年的某一天，白俄罗斯维捷布斯克，这名德军士兵在倾覆的KV-2旁摆了个猥琐的姿势。

◀KV-2试制型。

◀KV-2生产型。

KV-1S & KV-85 Heavy Tank

重型坦克 | KV-1S 与 KV-85

KV-1的两种并不成功的改型

为KV-1减重、提速的尝试导致了KV-1S的诞生，事实证明这一尝试并不成功。而以KV-1S底盘发展而来的KV-85同样是不受欢迎的坦克。这两种坦克只是IS系列重型坦克服役之前的一段插曲。

KV-1S

S是Skorostnoy的缩写，代表"快速"。KV-1S的最大速度达到了40千米/时，但它为此付出了巨大的代价。其车体首下装甲和车体侧面装甲削减至60毫米，同时采用了全新设计的铸造炮塔，体积更小，装甲更薄（炮塔正面厚82毫米），另外

负重轮也变得更小。这样一番操作后其战斗全重降至42.5吨。为了提升机动性，它还采用的新的传动系统，发动机散热系统和润滑系统也得到改进。火力方面较KV-1并没有提升，主炮仍为ZiS-5型。唯一值得称道的是在车长舱门周围配备了5具潜望镜，提供了周视能力。从1942年8月到1943年年底，只有1370辆KV-1S走下生产线，一些资料显示它们参加过库尔斯克会战和柏林战役。KV-1S的作战效能堪堪与T-34/76相当，造价却远高于后者。在德军反坦克火力不断加强的情况下，以牺牲装甲为代价换取机动性的提升显然是不合时宜的。

▲ 1943年4月，刚刚接收KV-1S的独立近卫突破坦克第6团官兵喜形于色，并且对新坦克充满好奇。

▲KV-1S重型坦克。

KV-85

　　制造KV-85是一种权宜之计，1943年中期，由KV-13发展而来的IS-85坦克初具雏形，其炮塔已经成熟可用，但车体还没有做好投产准备。因此，将IS-85的炮塔安装在KV-1S的底盘上就成了最具可行性的应急方案。1943年9月，结合了KV-1S底盘和IS-85炮塔的KV-85坦克在车里雅宾斯克投产，然而生产只持续到当年年底，仅有148辆KV-1S被制造出来，腾出来的产能用于生产更加强大的IS-85（即IS-1）坦克。KV-85和KV-1S一样面临着防护薄弱的问题，其底盘很难抵御75毫米及以上口径反坦克炮的攻击。此外，和KV-1S相比，KV-85对底盘做了小幅修改，取消了机枪手/无线电操作员，驾驶员位于车体中线上，车组由5人减少到4人。

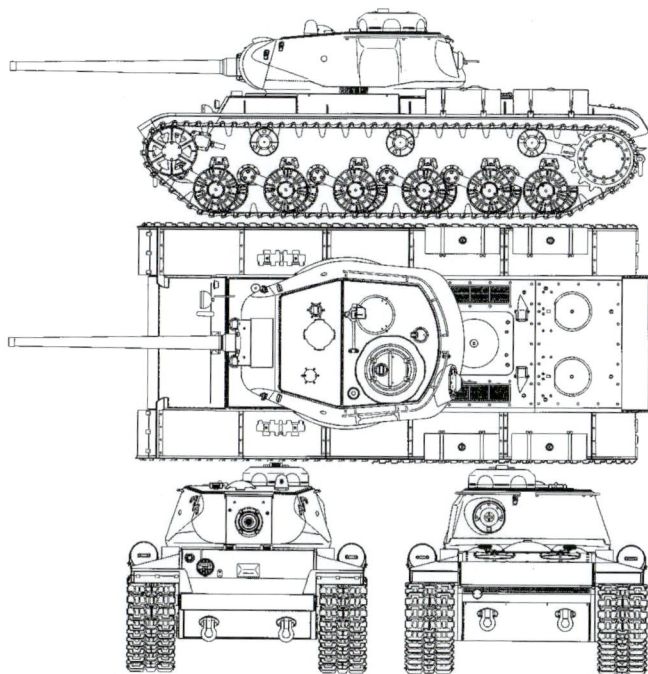

▲KV-85重型坦克。

基本参数

车型	KV-1S	KV-85
乘员	5人	4人
战斗全重	42.5吨	46吨
车体长/全长	6.9米/7.41米	6.9米/8.49米
车宽	3.25米	3.25米
车高	2.83米	2.83米
发动机	1台V-2 V形12缸液冷柴油机（600马力）	
最大速度	40千米/时	35千米/时
最大行程	200千米	160千米
主要武器	1门76.2毫米ZiS-5坦克炮	1门85毫米D-5T坦克炮
辅助武器	3挺7.62毫米DT机枪	3挺7.62毫米DT机枪
装甲	20～82毫米	20～100毫米
总产量	1370辆	148辆

IS-2 Heavy Tank

重型坦克 | IS-2

在没有压倒性数量优势的情况下不要与"斯大林"坦克交战，必须用一个排的"虎"式和它对抗，任何一对一的单挑都会让我们失去一辆宝贵的坦克。

——海因茨·古德里安

IS-2重型坦克是苏联对德国"虎"式坦克的回应，这种以苏联最高统帅约瑟夫·斯大林之名命名的坦克拥有厚达120毫米的倾斜前部装甲和122毫米口径的巨炮，不仅是驱虎屠豹的利器，也是攻城拔寨的重锤，在通往柏林的道路上居功甚伟。

从IS-85到IS-122

IS-85即IS-1，是从KV-13中型坦克发展而来的重型坦克，它借鉴了KV-13坦克拥有倾斜装甲的铸造车体并安装了新型铸造式三人炮塔，配备85毫米D5-T主炮。不过装备同款火炮T-34/85已经投入战场，因此IS-1和之前的KV-1一样，陷入了火力和同期中型坦克持平的境地。然而宽敞的炮塔似乎可以容纳口径更大的火炮。1943年11月和12月，有两种更具威力的火炮被安装在IS-1的炮塔里并进行测试。其一是100毫米D-10 S，这是二战期间威力最大的苏制反坦克炮。其二是122毫米A19S，这本来是一种军属压制火炮，可以发射重达25千克的炮弹。测试表明，122毫米炮的整体性能更胜一筹，虽然穿甲能力不及100毫米炮，但它能够发射威力巨大的高爆弹，这对一种突破型重型坦克来说至关重要。另外，军方相信IS坦克的装甲足以让它抵近到距离"虎"式、"黑豹"等坦克500米处，在这个距离上，122毫米炮也足以击穿它们的装甲，并且威力是致命的。

就这样，122毫米炮方案胜出，车里雅宾斯克工厂于1943年11月开始生产。当年12月至次年2月间大约有100辆IS-122交付部队，它们的正式名称为IS-2，而坦克主炮版的A19S火炮则被命名为D-25。

总体设计

前部装甲布局是IS-2的重要创新之一，其60毫米厚的首上斜面装甲倾斜72°，120毫米厚的车体前部上层装甲则有30°的倾斜角，它们在拥有良好的抗弹性能的同时也节省了钢材，能够承受88毫米炮在1000距离上的攻击并确保车重不会太重。炮塔与IS-1坦克相同，正面、侧面、后部的厚度都达到了100毫米，配有侧壁厚90毫米的指挥塔，指挥塔上开有6个观察窗，可为车长提供全向视野。相对于122毫米主炮的巨大体积，炮塔内空间较为狭小，只能容纳28发弹药。D-25主炮使用分装式弹

1943年型

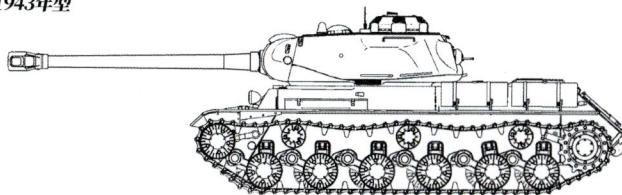

1944年型

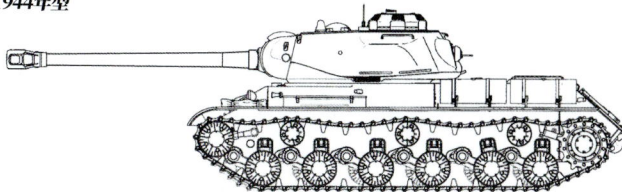

▲ IS-2 1943年型与IS-2 1944年型侧视对比。

▲IS-2重型坦克1944年型。

基本参数		
车型	IS-2 1943年型	IS-2 1944年型
乘员	4人	4人
战斗全重	46吨	46吨
车体长/全长	6.7米/9.9米	6.7米/9.9米
车宽	3.12米	3.12米
车高	2.71米	2.71米
发动机	1台V-2-10 V形12缸液冷柴油机（520马力）	
最大速度	37千米/时	37千米/时
最大行程	240千米	240千米
主要武器	1门122毫米D-25坦克炮或D-25T坦克炮（备弹28发）	1门122毫米D-25T坦克炮（备弹28发）
辅助武器	3挺7.62毫米DT机枪 1挺12.7毫米德什卡机枪	3挺7.62毫米DT机枪 1挺12.7毫米德什卡机枪
装甲	20～120毫米	20～120毫米
总产量	1943年型和1944年型共计3854辆	

▲1945年5月，隶属近卫重型坦克第6旅的IS-2停泊在德国国会大厦之下，国会大厦的塔楼已经插上红旗。

药，装填时先填入弹头再填入发射药，并且只配备了一名装填手。面对沉重的炮弹和烦琐的装填过程，即便是训练有素的车组每分钟也只能发射两到三轮。IS-2采用四人制车组，没有专职的电台操作员，无线电联络工作由车长兼职。

IS-2采用坚固的扭杆悬挂，车体每侧有6个负重轮和3个托带轮，诱导轮在前，主动轮在后。发动机是一台哈尔科夫V-2-10柴油机，输出功率520马力。传动系统与KV-85坦克相同，有四个前进挡和两个后退挡，但第二个后退挡实际上从未使用过，这也催生了名梗"苏维埃永不后退"。

IS-2射速较慢的问题在1944年换装D-25T坦克炮之后得到了一定程度的缓解，这是D-25坦克炮的改进版，一些资料显示其射速提高到了每分钟三到四发。1944年年末，IS-2的车体前部装甲得到改进，原来由60毫米厚首上斜面和120毫米厚车体上部前装甲组成的阶梯状构型被一整块120毫米厚、倾角60°的首上装甲取代，避弹外形更加优秀。这个首上改用整体式倾斜装甲的型号称作1944年型，与之相对应，车首采用阶梯状装甲的是1943年型。

主要变体

在使用IS-2重型坦克底盘的变型车中，最著名的便是ISU-122和ISU-152自行火炮。二战期间，苏军为了对付德军重型坦克和摧毁坚固工事，先后生产了4种大口径自行火炮，分别是SU-122、SU-152、ISU-122和ISU-152，它们都取消了炮塔，在车体前部安装了固定式战斗室，其中SU-122使用T-34底盘，SU-152使用KV坦克的底盘，后两种使用IS-2重型坦克的底盘。ISU-152自行火炮安装一门152毫米ML-20S加农榴弹炮，可发射重48.5千克的穿甲弹和重43.5千克的榴弹，榴弹射程为9000米。该炮的射速较低，但可在相当远的距离上摧毁德军坦克。由于车内只能携带20发炮弹，其作战效能受到了很大的限制。ISU-122有两种火炮，其一是122毫米A-19型，其二是122毫米D-25S型，后者采用半自动立楔式炮闩，射速更高一些，它们可发射重25千克的炮弹，射程为13000米。

战场表现

1944年，IS-2取代KV-1成为苏军主力重型坦克，主要配发给独立重型坦克团，每团通常下辖4个连，共装备21辆IS-2。

IS-2带给德军的震撼不及卫国战争之初的KV-1，不过它足以抗衡"虎"式、"黑豹"坦克和"象"式歼击车，此外其威力巨大的高爆弹在摧毁防御工事时非常有效。这种坦克的首次实战发生在1944年二三月间，切尔卡瑟战役刚刚结束不久。独立近卫坦克第72团宣称在科尔孙—舍甫琴科夫斯基地区以损失8辆IS-2为代价，击毁了41辆"虎"式坦克和"象"式歼击车。IS-2战斗生涯的最高光时刻出现在利沃夫—桑多梅日战役期

间，1944年8月的桑多梅日桥头堡战斗中，独立重型坦克第71团的11辆IS-2成功击退了第501重型坦克团14辆"虎王"坦克的进攻。柏林战役期间，IS-2发射的高爆弹发挥了重大作用，它们可以击毁整栋建筑，埋葬躲藏其中的德军步兵。IS-2在柏林街头穿行、通过勃兰登堡凯旋门，以及停泊在德国国会大厦旁边的照片也把它和世界反法西斯战争的胜利深度绑定在了一起，使它成了意义远超重型坦克本身的历史象征物。

IS-3 Heavy Tank

重型坦克 | IS-3

深深震撼了西方国家的装甲"恐龙"

　　1945年9月7日的柏林胜利阅兵式上，一种前所未见的坦克映入了欧美盟军的眼帘。它拥有怪异的箭镞形车首、庞大的椭圆形炮塔，以及壮硕的122毫米大炮，无论是火力还是避弹外形都不容小觑。在它面前，当时的所有西方坦克都像玩具一般脆弱不堪。这种给世界带来极大震撼的坦克就是IS-3，苏联最后一种以约瑟夫·斯大林之名大规模服役的重型坦克。

　　1944年4月8日，IS-2坦克刚刚投入实战不久，苏联国防委员会就决定研制其后续型号。根据对战场上被击毁的坦克的调查研究，新的重型坦克必须能抵御车体前方60°角范围内88毫米炮的射击。第100厂拿出了椭圆形整体铸造炮塔的坦克方案，而第185厂拿出了箭镞形车首的坦克方案。测试表明椭圆形炮塔和箭镞形车首都有良好的避弹外形，于是这两个方案在1944年12月被合并。新的样车在次年3月通过测试并获得了IS-3的型号名称，同年5月投入量产。

　　IS-3延续了IS-2的整体布局，但在不增加战斗全重的前提下实现了防护水平的大幅度提升。车首由三块110毫米厚的装甲板焊接而成，首上装甲在垂直和水平方向都有倾角，极大地提升了等效厚度。车体侧面主装甲厚达90毫米，其下段为垂直装甲，上段的倾斜角则达到了60°，等效厚度高达180毫米。此外，侧面上段主装甲外还有一层倾斜30°的30毫米裙甲，进一步加强了侧面防护。椭圆形炮塔正面厚110毫米，等效厚度可达250毫米左右。炮塔侧面和后部最厚处为220毫米，整体上呈从下到上逐渐变薄的趋势，大部分位置的等效厚度都不低于160毫米，且具有极其有利于制造跳弹的外形。这座炮塔并没有配备指挥塔，只是在车长舱门上安装了可以旋转的潜望镜，具有300°的视野。主炮仍然为122毫米D-25T坦克炮，依旧采用分装弹并且只配备一名装填手，射速甚至比IS-2还要慢。

　　IS-3看似庞大，实则内部空间相当狭小，另外过于奇诡的避弹外形进一步压缩了乘员的活动空间。由于设计仓促，再加上战时生产混乱，IS-3的机械可靠性非常差，装甲焊接质量和装甲本身的质量也令人担忧，甚至出现过炮塔因为弹药殉爆而碎裂的情况。1948年到1959年间，所有的IS-3都经历了三轮大规模改装和升级。

　　IS-3投产时欧洲战事已经结束，另外也没有明确的证据表明它参加过1945年8月苏军在远东的行动。冷战期间IS-3倒是卷进了一些局部战争和政治事件，不过战绩非常难看。IS-3虽然算不上优秀的坦克，但还是凭借唬人的外形深深刺激了西方国家，在它的刺激之下，美国研制了M103重型坦克，英国研制了"征服者"重型坦克和FV4005坦克歼击车。从这个角度讲，IS-3倒也是一种威慑作用强大的重型坦克。

基本参数（IS-3）

基本参数（IS-3）	
乘员	4人
战斗全重	45.7吨
车体长/全长	6.9米/9.85米
车宽	3.09米
车高	2.45米
发动机	1台V-2-1S 12缸液冷柴油机（520马力）
最大速度	40千米/时
最大行程	185千米
主要武器	1门122毫米D-25T坦克炮（备弹28发）
辅助武器	1挺7.62毫米DTM机枪（备弹950发） 1挺12.7毫米德什卡机枪（备弹250发）
装甲	20～220毫米
总产量	2311辆

▲ 参加1945年9月7日柏林胜利阅兵的IS-3坦克。

T-37A & T-38 & T-40 Amphibious Scout Tank

特种坦克 | T-37A、T-38 与 T-40 两栖侦察坦克

苏军对两栖作战车辆的初期探索

　　东欧的水网和沼泽密集交错，普通的坦克在这样的地形中经常会陷入无法动弹的境地，只有两栖坦克才能从容应对这种情况。因此，苏联在20世纪30年代开发了T-37A、T-38、T-40等一系列两栖坦克。

　　1930年，英国维克斯公司推出了名为A4E 11的超轻型两栖坦克。这款坦克并没有引起英国军方的重视，倒是引起了苏联军方的浓厚兴趣，苏联在购买卡登-洛伊德超轻型坦克的同时也购买8辆A4E 11超轻型两栖坦克。

　　1932年，苏联第37工厂在A4E 11的基础上设计出了T-37A两栖坦克，依靠车体浮箱、螺旋桨和尾舵，它可以渡过一些小溪小河。这款坦克主要用于侦察任务，因此火力和装甲都很弱，主要武器是一挺装在机枪塔上的 7.62毫米DT机枪，装甲只有9毫米厚，仅能抵御步枪子弹的攻击。

　　随着战争的不断逼近，苏联试图提升两栖坦克的性能，于是在1936年研发了T-37A的改进版本T-38两栖坦克。T-38的升级主要集中在增加浮力和提升传动装置与行走机构的可靠性方面，火力和防护水平并未得到提升。不过一部分T-38在装备部队后换装了20毫米TNSh机关炮，它们被称作T-38 M2。

▲▼ T-38两栖侦察坦克。

基本参数

车型	T-37A	T-38	T-40
乘员	2人	2人	2人
战斗全重	3.2吨	3.3吨	5.5吨
车长	3.75米	3.78米	4.10米
车宽	2.00米	2.33米	2.33米
车高	1.84米	1.63米	1.90米
发动机	1台嘎斯AA直列4缸液冷汽油机（40马力）	1台嘎斯AA直列4缸液冷汽油机（40马力）	1台嘎斯202直列6缸液冷汽油机（85马力）
最大速度	40千米/时 & 6千米/时	40千米/时 & 6千米/时	45千米/时 & 5.4千米/时
最大行程	200千米	230千米	450千米
主要武器	1挺7.62毫米DT机枪	1挺7.62毫米DT机枪	1挺12.7毫米德什卡机枪
辅助武器	—	—	1挺7.62毫米DT机枪
装甲	6～9毫米	4～9毫米	6～14毫米
总产量	2551辆	1415辆	952辆

　　总的来说，T-38并没有解决两栖坦克火力贫弱的问题。于是在1939至1940年间，苏联又研制了一款名为T-40的两栖坦克，主要武器换成了一挺12.7毫米得什卡重机枪，装甲增厚至14毫米，悬挂也变成了独立扭杆式，比T-37A和T-38的螺旋弹簧平衡式悬挂要先进很多，越野性能大大提高。T-40还有一个火力加强版，名为T-40A，主要武器是一门20毫米机关炮。T-40总的最后一个生产批次去掉了武器转塔，加装了"喀秋莎"多管火箭炮，这个改型称作BM-8-24。

　　有趣的是，由于T-37A和T-38的战斗全重很小，苏军萌生了让其充当空降坦克的想法。有资料显示，T-37A和T-38曾被悬挂在重型轰炸机下面进行空投试验，甚至被直接扔进了水里。虽然这种战术并没有真正派上用场，但是苏联借此机会成立了世界上第一个空降师。

　　卫国战争开始时，这些弱小的两栖坦克通常在令人绝望的情况下担负起支援步兵的任务，它们大多都没能挺过1941年。

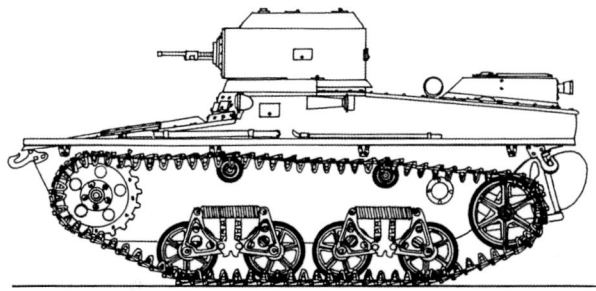

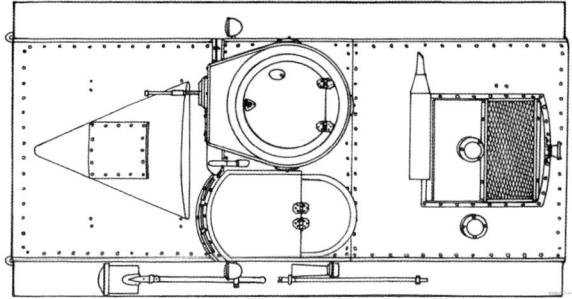

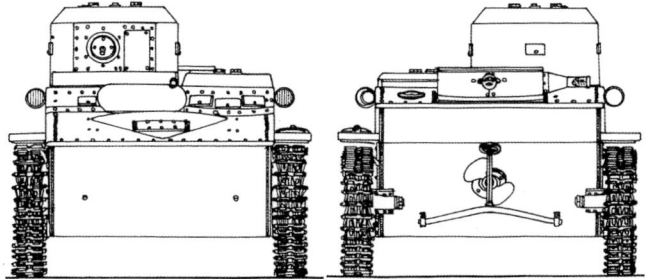

▲ T-37A两栖侦察坦克。

▲ T-40两栖侦察坦克。

T-60 Scout Tank & T-70/80 Light Tank

特种坦克 | T-60 侦察坦克与 T-70、T-80 轻型坦克

不尽如人意的辅助坦克

▲T-60侦察坦克。

卫国战争中前期，苏联研制了T-60、T-70、T-80等一系列以T-40两栖侦察坦克为基础的轻型坦克，作为主力坦克的补充。不过这些坦克都没有发挥太大的作用，事实证明它们在20世纪40年代属于过时的武器。

卫国战争爆发之初，曾经设计了T-40两栖侦察坦克第37工厂受命设计一种价格低、工时短，并且普通汽车厂或造船厂就能生产的轻型坦克，用于快速补充苏军坦克部队的损失，这便是T-60侦察坦克。它沿用了T-40两栖坦克的底盘并重新设计了车体装甲和炮塔，主要武器变更为一门20毫米TNSh机关炮，装甲最厚处达到了20毫米。因为车重增加，它丧失了水上航行能力。T-60的设计只用了15天时间，1941年7月就开始少量生

产，1941年当年就制造了1360多辆。它火力不强，装甲贫弱，越野能力也很糟糕，被苏军士兵称为"两个兄弟的坟墓"。此外，T-60还是二战中唯一一种全部都没有配备无线电的坦克。虽然性能不尽如人意，但作为一种应急产品，它的确在支援步兵方面发挥了一些作用。

由于T-60在火力、防护和机动性方面都无法令人满意，第38工厂于1942年设计了其后续型号T-70轻型坦克。在计划中它将取代T-50轻型步兵坦克和T-60侦察坦克。T-70在T-60的基础上加长了底盘，车体正面装甲增厚至45毫米，火炮防盾装甲增厚至60毫米，主炮则是一门45毫米20K坦克炮。T-70拥有两台嘎斯202发动机，起初两台发动机各驱动一条履带，事实证明这样无法平衡两侧履带的动力输出，于是只好改回两台发动

▲▶ T-70轻型坦克。

机连入同一个变速器的常规传动布局。1942年3月至1943年10月间，第37厂、第38厂、嘎斯汽车厂等单位共制造了8000多辆T-70。这种坦克大多没有配备无线电，因此算不上合格的侦察坦克。在支援步兵方面，T-70也远没有它的变体SU-76自行火炮有效。后者在T-70底盘的基础上安装了固定战斗室，配备一门76.2毫米ZiS-3野战加农炮。

T-70采用双人车组、单人炮塔，车长身兼数职，不堪重负。为了弥补这一缺陷，嘎斯汽车厂在1942年下半年研发了T-80轻型坦克。它使用双人炮塔，配有专职炮长，车长只需兼顾装填手的职责。T-80的车体几乎与T-70完全一致，只不过采用了更坚固的悬挂和更宽的履带，并且增加了把手以便步兵搭乘。T-80非常生不逢时，它在1943年年初投产，而当年10月苏联就取消了所有轻型坦克的生产，因为此时轻型坦克定位尴尬，在执行侦察、联络任务方面它们不及《租借法案》提供的装甲车，在支援步兵方面它们又赶不上中型坦克。

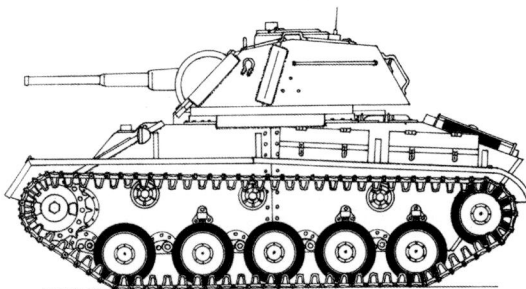

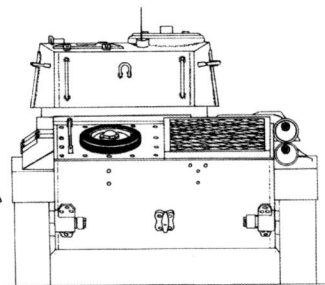

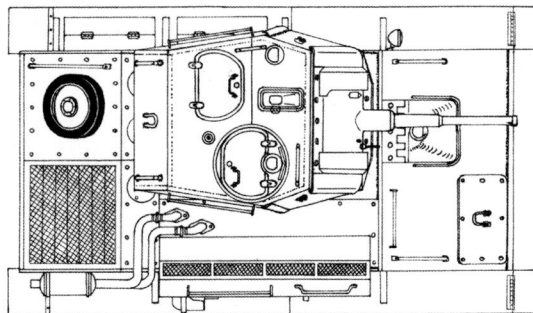

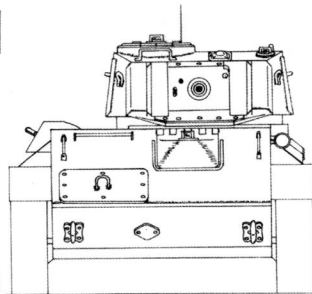

▲ T-80轻型坦克。

基本参数

车型	T-60侦察坦克	T-70轻型坦克	T-80轻型坦克
乘员	2人	2人	3人
战斗全重	5.8吨	9.2吨	11.6吨
车长	4.1米	4.29米	4.29米
车宽	2.39米	2.42米	2.52米
车高	1.75米	2.04米	2.23米
发动机	1台嘎斯202直列6缸液冷汽油机（70马力）	2台嘎斯202直列6缸液冷汽油机（共140马力）	2台嘎斯203F直列6缸液冷汽油机（共170马力）
最大速度	45千米/时	45千米/时	45千米/时
最大行程	450千米	450千米	320千米
主要武器	1门20毫米TNSh机关炮	1门45毫米20K坦克炮	1门45毫米M38坦克炮
辅助武器	1挺7.62毫米DT机枪	1挺7.62毫米DT机枪	1挺7.62毫米DT机枪
装甲	10～20毫米	10～60毫米	10～60毫米
总产量	5417辆	8631辆	85辆

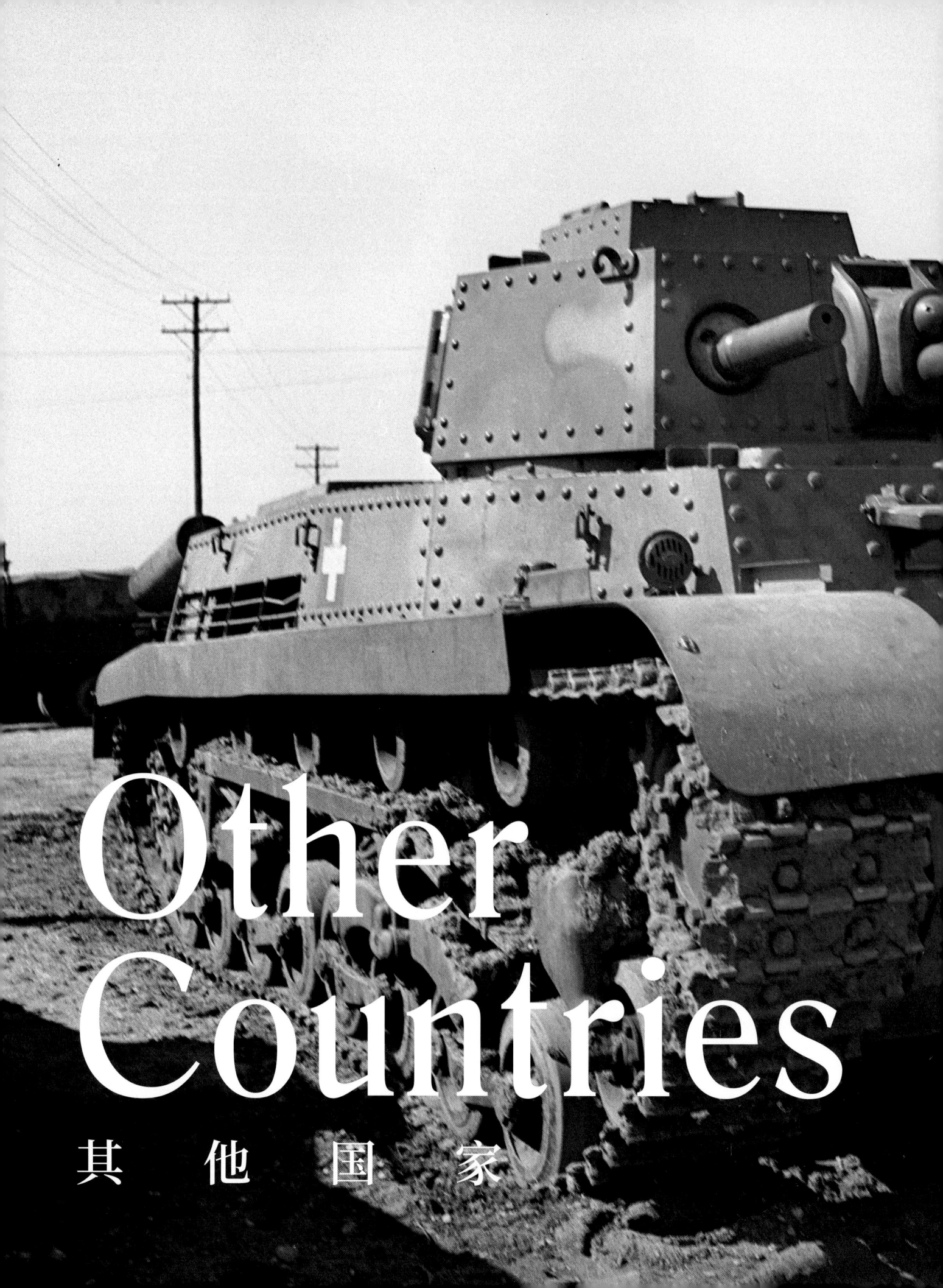

Other
Countries
其 他 国 家

▼ 匈牙利40M"突朗"I轻型坦克。

VIII
PART

▲正在涉水的瑞典Strv m/40L轻型坦克。

说起二战期间的小国坦克就一定绕不过约翰·卡登、维维安·洛伊德这两位设计师，以及英国维克斯公司。这二人联手设计的卡登-洛伊德战车在战间期引发了一股超轻型坦克浪潮，其模仿者甚众，前文中的意大利L3系列坦克与本章中的波兰TK-3、TKS均深受其影响。这两位设计师还参与了维克斯6吨坦克的设计工作，而维克斯6吨坦克也在20世纪30年代掀起了一场轻型坦克浪潮，前文中的苏联T-26、下文中的波兰7TP都继承了它的衣钵。

若论对坦克发展的影响，瑞典和捷克斯洛伐克这两个小国就不得不提。瑞典是老牌工业国家，工业水平与设计能力并不算低，世界上最早量产并服役的扭杆悬挂坦克就来源于此。捷克斯洛伐克是一战后获得独立的新国家，汇聚了原奥匈帝国中大量的工业人口与重工业资源，捷克斯洛伐克设计制造的Lt vz. 35与Lt vz. 38都是非常出色的轻型坦克。在瑞典与捷克斯洛伐克的帮助下，匈牙利发展出了"托尔迪"轻型坦克和"突朗"中型坦克，这也从一个侧面证明了瑞典坦克与捷克斯洛伐克坦克的优秀。

这些小国由于国力匮乏、经济疲弱、订单稀缺或是没能走出大危机的阴影，将主要精力放在了发展与卡登-洛伊德战车类似的超轻型坦克与仅安装50毫米以下口径火炮、战斗全重不足15吨的轻型坦克上——这些坦克经济实惠、能够快速扩充机械化部队的规模。虽然实力和资源都比较有限，但他们仍然尽可能地追赶着日新月异的坦克发展潮流。

加拿大和澳大利亚这两个国家较为特殊，作为英联邦的成员，它们负有参战的义务，是英联邦军事体系的重要组成部分，其中澳大利亚还处在抵御日本南进的关键位置。这两个国家工业基础远不及英国，然而由于英国疲于应对战争，无法向它们提供机械化战争所必需的坦克，它们不得不赶鸭子上架般临时自主研发。

加拿大研制的"公羊"巡洋坦克拥有与M4"谢尔曼"早期型号相当的机动性，优于早期"谢尔曼"的穿甲能力和略逊于早期"谢尔曼"的防护水平。澳大利亚研制的AC 1"哨兵"巡洋坦克在纸面数据上甚至优于英国"十字军"巡洋坦克。对这两个地广人稀的军事小国来说，这样的成绩已经相当难能可贵了。

Strv L-60 Light Tank

瑞典 | Strv L-60 轻型坦克

世界上第一款采用扭杆悬挂的量产型坦克

Strv L-60是瑞典兰德斯维克公司在1934年研制的轻型坦克，采用著名坦克设计师斐迪南德·保时捷设计的扭杆悬挂，行驶起来比传统的钢板弹簧悬挂更加稳定，在当时具有跨时代的意义。其车体和炮塔都是焊接结构，装甲比较薄弱，最厚处仅15毫米。车体两侧各有4个负重轮和2个托带轮，位于车体前部的主动轮非常巨大，车体后部的诱导轮位置很低。战车的动力来自一台布辛-纳格V形8缸汽油发动机，输出功率150～160马力。主要武器是一门20毫米麦德森机关炮，辅助武器是一挺7.92毫米麦德森机枪。

瑞典虽然是中立国，但还是需要保有一定的武装力量来抵御德国人的入侵。1937年，瑞典陆军下达了15辆L-60 S/I型坦克的订单，正式的型号名称是Strv m/38，主炮升级为穿甲能力更强的37毫米博福斯坦克炮。1939年，又有20辆L-60 S/II型，即Strv m/39被订购，和前型相比，它们的辅助武器改为两挺并联的麦德森机枪，发动机也换成了145马力的斯堪尼亚-瓦比斯V形8缸汽油机。1940年，瑞典陆军又购买了100辆L-60 S/III，又叫Strv m/40L，配备新的炮盾、侧舱口和车长指挥塔，装甲有所加强，车体也被拉长了10厘米。瑞典陆军的最后一批Strv L-60订单于1942年下达，它们叫作L-60 S/V或Strv m/40K，车体正面和炮塔正面都采用了50毫米厚的装甲板，车体进一步拉长，发动机功率提高到160马力，这个型号生产了80辆。

除了瑞典军队自用外，Strv L-60也出口到了爱尔兰、匈牙利、多米尼加等国。其中匈牙利获得了生产许可，并在其基础上发展出了"托尔迪"系列坦克。爱尔兰军队中的Strv L-60服役到20世纪60年代，而多米尼加的Strv L-60直到2002年才退役。

基本参数（L-60 S/III型，即Strv m/40L）	
乘员	3人
战斗全重	9.11吨
车长	4.8米
车宽	2.07米
车高	2.05米
发动机	1台斯堪尼亚-瓦比斯V形8缸汽油机（145马力）
最大速度	45千米/时
最大行程	270千米
主要武器	1门37毫米博福斯坦克炮
辅助武器	2挺7.92毫米麦德森机枪
装甲	5～15毫米
产量	100辆

▲瑞典兰德斯维克工厂的Strv L-60轻型坦克装配车间。

Strv m/42 Medium Tank

瑞典 | Strv m/42 中型坦克

瑞典的第一种中型坦克

基本参数（Strv m/42 TH）	
乘员	4人
战斗全重	22.5吨
车长	6.22米
车宽	2.34米
车高	2.59米
发动机	2台斯堪尼亚-瓦比斯603汽油机（共325马力）
最大速度	45千米/时
最大行程	—
主要武器	1门75毫米m/41坦克炮
辅助武器	4挺8毫米Ksp m/39机枪
装甲	9～55毫米

▲ 物尽其用——Strv m/42的乘员正在充分利用动力舱顶部和炮塔顶部的空间以获得休息。

　　1936 年，瑞典兰德斯维克公司应匈牙利政府的要求设计了Lago坦克，虽然这辆接近16吨的坦克配备了一门威力可观的47毫米博福斯坦克炮，但它本质上还是一种加强了的轻型坦克，最终没能拿下匈牙利的订单。瑞典人从此意识到需要研制一款真正的中型坦克，遂以Lago坦克为基础设计了一种增重至22吨的新坦克，它配备了拥有55毫米正面装甲的炮塔，安装一门31倍径75毫米坦克炮，足以和德国四号坦克的早期型号相媲美。这种坦克被命名为Strv m/42 TM，字母T和M分别代指"两个"和"磁性"，即两台发动机和电磁变速器。

　　1941年11月，瑞典军方向兰德斯维克公司订购了100辆Strv m/42 TM中型坦克。次年1月，军方又下达了60辆的订单，这一批坦克由沃尔沃公司生产，配备了更传统的液力变速器，其中55辆安装两台斯堪尼亚-瓦比斯603发动机，其余五辆安装一台沃尔沃A8B发动机，它们分别被命名为Strv m/42 TH（双发动机，液力变速器）和Strv m/42 EH（单发动机，液力变速器）。二战结束之后，还有一批安装双发动机、改用纯机械式变速器的Strv m/42问世，它们被称作Strv m/42 TV。

　　Strv m/42在设计时性能尚可，但第一批次直到1943年4月才开始服役，此时最大厚度55毫米的装甲和身管较短的75毫米火炮就已经有些不够看了，它在对抗德国四号坦克晚期型号和苏联T-34中型坦克时会落于下风。从20世纪50年代末期开始，Strv m/42逐步被"百夫长"坦克取代。一些退役的Strv m/42换装高初速75毫米火炮和新炮塔，升级为Strv m/74中型坦克，另一些则被改造成了Ikv 72型自行步兵炮。

LT vz. 35 Light Tank

捷克斯洛伐克 | LT vz. 35 轻型坦克

小国坦克工业的诚品之作

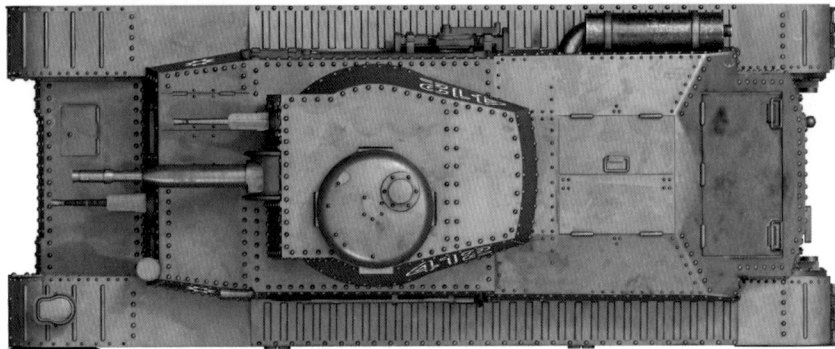

　　1934年年底，捷克斯洛伐克陆军提出了研制轻型骑兵坦克的要求，捷克摩拉维亚-科尔本-丹历公司和斯柯达公司拿出了两个颇为相似的方案，不过斯柯达的样车装甲更厚、车重更大。由于更有升级潜力，斯柯达的方案获胜，最终发展成了LT vz. 35轻型坦克。

　　与战间期的许多坦克相似，LT vz. 35的车体和炮塔皆为铆接结构。车体和炮塔正面装甲厚25毫米，车体侧面厚16毫米，车体后部则为19毫米，炮塔侧面和后部厚15毫米。坦克的主炮是一门37毫米斯柯达坦克炮，可在500米的距离上击穿31毫米厚的均质装甲。车长兼炮长位于主炮左侧，拥有一具放大倍率2.6倍、视场25°的望远瞄准镜，车长指挥塔在前后左右设有四个潜望镜，拥有较好的视野。装填手在主炮右侧，并列机枪也由他操作。坦克的动力来自一台120马力的斯柯达T11/0直列4缸液冷汽油机，可以使用一种酒精与苯甲醇的混合燃料，变速器在动力舱尾部。悬挂系统与维克斯6吨坦克有一些相似之处，车体每侧有两个钢板弹簧悬挂臂，每个悬挂臂上都安装两组平衡臂，每组平衡臂上有两组负重轮。为了改善爬坡性能，第一组负重轮前还设有履带张紧轮。

LT vz. 35的首批订单在1935年10月30日下达，捷克斯洛伐克被吞并前共装备了298辆，1939年3月德国占领捷克斯洛伐克后缴获了其中的244辆坦克。德国人为LT vz. 35增加了专职炮长，使乘员增加至5人，这一改进让弹药携带量有所减少。这些坦克参加了波兰战役、法国战役和"巴巴罗萨行动"。

值得一提的是，LT vz. 35配备了当时比较罕见的气动换挡机构，可以大幅减轻驾驶员的工作负担，这一装置在中欧和西欧表现良好，但是在苏联的寒冬中故障率较高。

▲ "巴巴罗萨行动"开始时，德国国防军第6装甲师的Panzer 35(t)坦克（LT vz. 35在德军中的型号名称）正在穿越立陶宛领土。

▲ LT vz. 35（左）与苏联KV-1（右）的正面视角对比，可见二者体型悬殊。

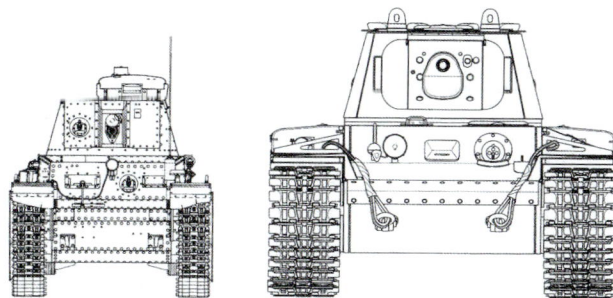

基本参数（LT vz. 35 轻型坦克）	
乘员	4人
战斗全重	10.5吨
车长	4.9米
车宽	2.06米
车高	2.37米
发动机	1台斯柯达T11/0直列4缸液冷汽油机（120马力）
最大速度	34千米/时
最大行程	190千米
主要武器	1门37毫米斯柯达KPÚV vz. 34坦克炮（备弹72发）
辅助武器	2挺7.92毫米vz. 37机枪（备弹1800发）
装甲	8～25毫米
总产量	434辆

LT vz. 38 Light Tank

捷克斯洛伐克 | LT vz. 38 轻型坦克

战斗力堪比德国三号坦克早期型号

　　1935年，捷克摩拉维亚-科尔本-丹历公司开始研发一种新式坦克用以取代已经服役的LT vz. 35轻型坦克，这就是LT vz. 38轻型坦克的起源。

　　这型坦克采用了发动机后置、变速器前置的布局，车体和炮塔都是铆接结构。主炮为一门47.8倍径37毫米ÚV vz.38坦克炮，配有穿甲弹和榴弹，兼具反坦克和支援步兵功能。主炮的并列机枪较为特殊，拥有可以独立俯仰与旋回的枪架，这一点和LT vz. 35保持一致。悬挂系统为苏林式，有四对大直径负重轮，虽然看上去像扭杆悬挂，但实际上仍旧是一种板簧悬挂。

　　LT vz. 38大量使用战间期经过验证的设计，结构简单，技术成熟，结实可靠，易于维护，成本合理，能同时满足捷克斯洛伐克军队与出口市场的需求。然而，1939年3月16日德国入侵捷克斯洛伐克时，第一批LT vz. 38刚

刚交付部队，尚未形成战斗力，实际上没有一辆LT vz. 38投入对德作战。

　　捷克斯洛伐克沦陷后，德国军械局接管了摩拉维亚-科尔本-丹历公司并决定继续生产LT vz. 38，它们获得了Panzer 38(t)的新编号并继续生产，其中t是"捷克

（Tschechich）"的缩写。1939至1942年，捷克斯洛伐克共为德国生产了1414辆Panzer 38(t)。它们作为德军的主力坦克参加了波兰战役和法国战役，表现比德国人自研的一号坦克和二号坦克都要好。"巴巴罗萨行动"中也有它们的身影，不过完全不是苏军T-34和KV坦克的对手。1943年时它们就退出了一线装甲部队，战间期的设计到此时已经难以满足作战需求了。

不过LT vz. 38优秀的底盘得到了充分利用，德军的"黄鼠狼"III自行反坦克炮、"蟋蟀"自行火炮、Flakpanzer 38(t)防空坦克、Sd.Kfz. 140/1侦察坦克都是其衍生车型。LT vz. 38最著名的变体是1944至1945年间生产的"追猎者"坦克歼击车，总共制造了2827辆，比坦克本体的数量还要多。

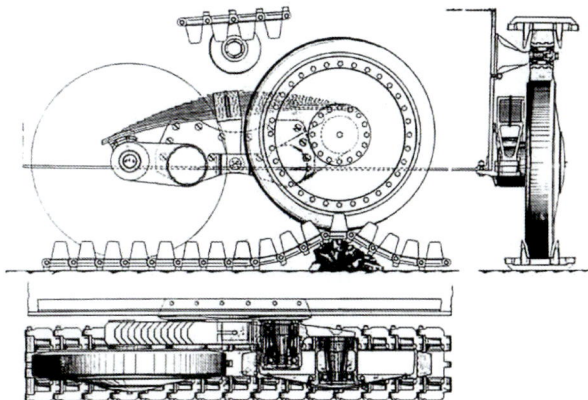

▲ *LT vz. 38的苏林式悬挂。*

基本参数 [Panzer 38(t) E 型]

乘员	4人
战斗全重	9.8吨
车长	4.6米
车宽	2.15米
车高	2.25米
发动机	1台布拉格TNHPS/II 直列6缸液冷汽油机（125马力）
最大速度	42千米/时
最大行程	250千米
主要武器	1门37毫米KwK 38(t) 坦克炮（备弹90发）
辅助武器	2挺7.92毫米MG 37(t)机枪（备弹1800发）
装甲	8～50毫米

▲ 1941年7月，已经沦陷的乌克兰桑博尔市街头，斯洛伐克国防部长斐迪南德·查特洛斯高高站在一辆*LT vz. 38*坦克上。

Toldi Light Tank

匈牙利 | "托尔迪"轻型坦克

瑞典 Strv L-60轻型坦克的匈牙利版本

20世纪30年代匈牙利的主要假想敌是捷克斯洛伐克，只要有轻型坦克就足以与之抗衡。1938年，匈牙利购买了瑞典StrvL-60轻型坦克的生产许可证，在其基础上改进了炮塔并加强了悬挂，研制出38M"托尔迪"Ⅰ轻型坦克。"托尔迪"这个名称来自匈牙利历史上的英雄人物，中世纪时期著名的马扎尔骑士米克洛斯·托尔迪。

38M"托尔迪"Ⅰ正面装甲厚13毫米，主要武器为一支20毫米苏罗通反坦克枪，产量为80辆，首批2辆于1940年4月交付部队。1942年，质量更好的42M"托尔迪"Ⅱ问世，安装了更可靠的发动机，炮塔略微增大，正面装甲增厚至23毫米，悬挂也得到加强，但火力没有得到提升，这个版本生产了110辆。

在42M"托尔迪"Ⅱ投入量产的同时，匈牙利军队不得不面对越来越多的苏联中型和重型坦克，20毫米反坦克枪很难对付它们，因此火力升级势在必行。也是在1942年，匈牙利人把"托尔迪"坦克的火炮升级为42.5倍径40毫米坦克炮，并且在正面安装附加装甲，这个版本称作42M"托尔迪"Ⅱa，总共制造了80辆。匈牙利还有生产43M"托尔迪"Ⅲ的计划，其40毫米主炮的炮管增长至45倍径，正面装甲提升至35毫米，然而生产计划被盟军的轰炸打断，只造出了12辆。

由于匈牙利工业基础薄弱，"托尔迪"的早期生产非常不顺，坦克的质量也非常糟糕，从42M"托尔迪"Ⅱ开始才实现稳定量产。"托尔迪"坦克通常装备装甲旅和摩托化旅，是匈牙利军队的主力坦克之一。它们参与了1941年在南斯拉夫的战斗以及"巴巴罗萨行动"，并且毫无悬念地在苏联蒙受了严重损失。

40M"猎手"防空坦克是"托尔迪"坦克最著名的一个变体，由38M"托尔迪"Ⅰ的底盘改装而成。它拉长了底盘、增加了一对负重轮以容纳较大的敞篷炮塔和40毫米博福斯高射炮。火炮射速可达120发/分钟，使用穿甲弹可以在100米的距离上击穿46毫米装甲，在1000米处穿透30毫米的装甲。

基本参数（43M"托尔迪"Ⅲ）	
乘员	3人
战斗全重	9.4吨
车长	4.75米
车宽	2.14米
车高	1.87米
发动机	1台布辛-纳格L8V汽油机（160马力）
最大速度	50千米/时
最大行程	200千米
主要武器	1门45倍径40毫米42M坦克炮
辅助武器	1挺8毫米加保尔机枪
装甲	7～35毫米

▲40M"猎手"防空坦克。

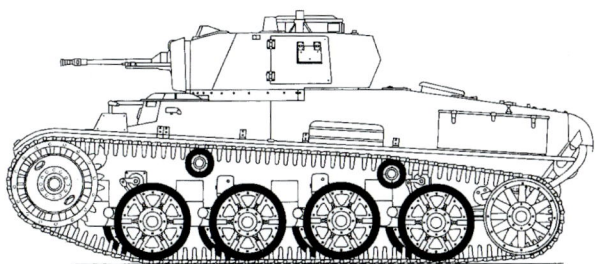

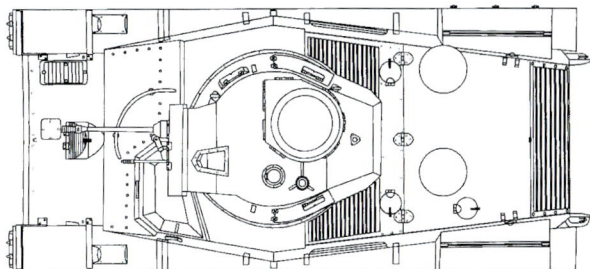

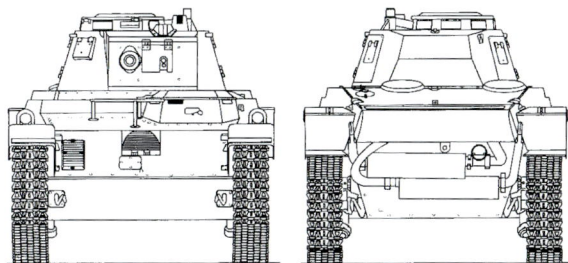

▲38M"托尔迪"Ⅰ四视图。

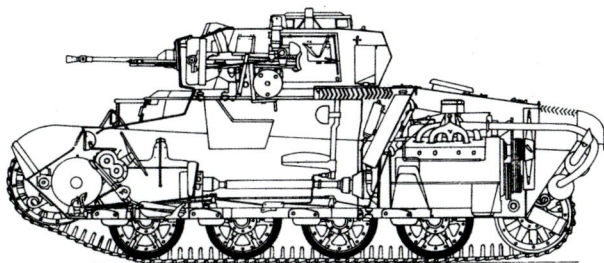

▲38M"托尔迪"Ⅰ剖视图。

▲42M"托尔迪"Ⅱa侧视图。

▲43M"托尔迪"Ⅲ侧视图。

Turán Medium Tank

匈牙利｜"突朗"中型坦克

捷克斯洛伐克LT vz. 35轻型坦克的放大版

从1937年开始，捷克斯洛伐克斯柯达公司开始尝试基于LT vz. 35轻型坦克来研制一种中型坦克，然而直到国家沦陷、斯柯达公司被德国人接管，该型坦克也没能量产。被德国占领之后，斯柯达公司将样车定型为T21，并且把它卖给了正在寻求中型坦克的匈牙利，匈牙利则在T21样车的基础上发展出了40M"突朗"I中型坦克。

可以将"突朗"I视作LT vz. 35的放大版，其外观、总体布局、悬挂系统、装甲的结构与安装工艺几乎与LT vz. 35如出一辙。车体和炮塔仍旧为铆接结构，不过正面装甲厚度达到了50毫米。另外，主炮也采用了匈牙利本土制造的51倍径40毫米坦克炮，与著名的博福斯40毫米高射炮通用弹药，和T21原型车上的47毫米火炮相比初速更高，穿甲能力更强。

从1941年投产到1943年停产，匈牙利总共生产了285辆"突朗"I型坦克，其中有许多还安装有与德国坦克类似的间隙装甲护板。

参与"巴巴罗萨行动"之后，匈牙利人发现自己手中的40毫米炮对苏联的T-34中型坦克与KV-1重型坦克毫无办法，于是设法在"突朗"坦克上安装了75毫米野战炮。这个火力升级版本称作41M"突朗"II，虽然其炮塔被放大，但内部空间依然十分狭窄。"突朗"II从1943年5月开始量产，到1944年苏联占领匈牙利时总产量达到了139辆。

1943至1944年间，匈牙利还试图生产安装德国43倍径75毫米KwK 40坦克炮的"突朗"坦克，这便是43M"突朗"III，不过样车制造出来的时候德国已经向匈牙利大量提供四号坦克，所以这个项目就不了了之了。

此外，匈牙利还利用"突朗"坦克研发了44M"兹罗尼"I坦克歼击车和43M"兹罗尼"II突击炮，前者因为德国提供了数量可观的同类装备而没有量产，后者则在1943至1944年间生产了60辆。

基本参数

车型	40M "突朗" I	41M "突朗" II
乘员	5人	5人
战斗全重	18.2吨	19.2吨
车长	5.55米	5.68米
车宽	2.44米	2.54米
车高	2.39米	2.43米
发动机	1台魏斯·曼弗雷德V-8H汽油机（260马力）	
最大速度	47千米/时	43千米/时
最大行程	165千米	150千米
主要武器	1门51倍径40毫米41M坦克炮	1门31倍径75毫米41M坦克炮
辅助武器	2挺8毫米加保尔机枪	2挺8毫米加保尔机枪
装甲	8～50毫米	13～50毫米

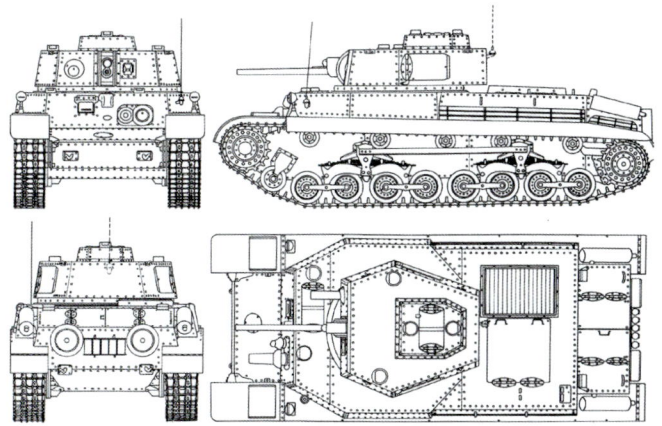

▲40M "突朗" I 中型坦克四视图。

▲43M "兹罗尼" II 突击炮，主炮为一门105毫米MAVAG 40/43M榴弹炮。

▲41M "突朗" II 中型坦克。

TK-3 & TKS Tankettes

波兰 | TK-3 与 TKS 超轻型坦克

1939年波兰战役中波兰装甲部队的主力坦克

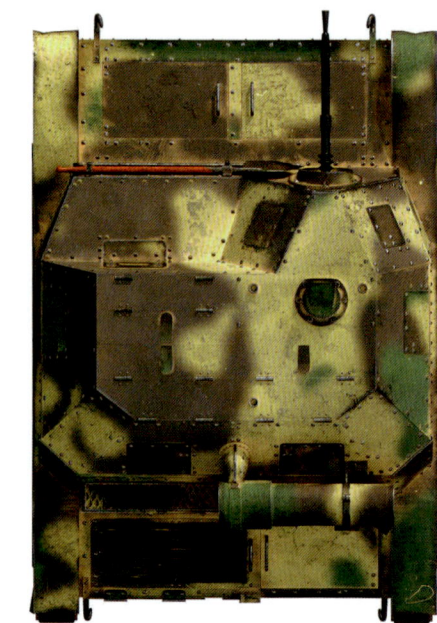

◀▲ *TKS超轻型坦克。*

20世纪20年代末，英国维克斯公司在华沙附近的伦伯托为波兰军事代表团演示了卡登-洛伊德Mk.IV超轻型坦克的性能，波兰人立刻购买了该坦克的生产许可证并根据自己的实际需要加以改进，最终在1930年研制出了TK-3超轻型坦克。

卡登-洛伊德Mk.IV没有顶棚，TK-3则采用了全封闭式车体，它的悬挂也比原版刚度更好且更加灵活。正面装甲厚度可

达8毫米，能够抵御8毫米步枪弹的攻击。发动机是一台从福特A型车上移植的汽油机，输出功率为40马力。

TK-3在1931年正式服役，主要配发给骑兵连，可以用来牵引75毫米野战炮、弹药车或者其他拖车。1933年，波兰又推出了一种TK-3的升级版战车，拥有更厚的铸钢装甲，悬挂得到了加强，发动机也换成了波兰国产的菲亚特122汽油机，这一改

基本参数

车型	TK-3	TKS
乘员	2人	2人
战斗全重	2.43吨	2.57吨
车长	2.58米	2.58米
车宽	1.78米	1.78米
车高	1.32米	1.32米
发动机	1台福特A型直列4缸汽油机（40马力）	1台波兰菲亚特122直列6缸汽油机（46马力）
最大速度	46千米/时	40千米/时
最大行程	200千米	180千米
主要武器	1挺7.92毫米霍奇基斯wz. 25机枪	
装甲	3～8毫米	3～10毫米

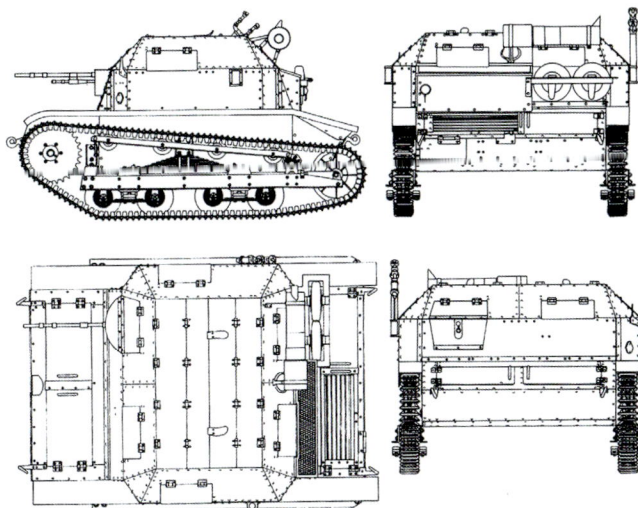

▲TK-3超轻型坦克四视图。

▲安装20毫米反坦克枪的TKS。

型称作TKS。

TK-3和TKS的基础武器是一挺7.92毫米霍奇基斯机枪，这是法国霍奇基斯M1914机枪的波兰版本。波兰人一直试图增强这些小战车的火力，包括为它们换装13.2毫米霍奇基斯重机枪、20毫米wz. 38反坦克枪，等等。不过只有少量战车接受了这样的改装。

TK-3和TKS超轻型坦克总产量达到了580辆左右，它们是波兰装甲部队中数量最庞大的战车。1939年时它们已经过时，但仍然投入到抵抗德国与苏联入侵的斗争中，装备20毫米反坦克枪的TKS在对阵苏德坦克时取得了一些战果。波兰被瓜分后，被缴获的波军战车一般用作训练车，有时也会配发给治安部队用来同游击队交战。

7TP Light Tank

波兰 | 7TP 轻型坦克

维克斯6吨坦克的波兰改进版

自1919年建国开始，波兰就一直用法国FT轻型坦克和数十辆装甲汽车支撑装甲部队的门面。不过情况到20世纪20年代末发生了变化，为了实现军队现代化，波兰人考察了几种设计。除了最终演化成TK系列超轻型坦克的卡登-洛伊德战车外，维克斯6吨坦克和克里斯蒂坦克也在考虑之列。在与美国人交易失败后，他们还是转向了英国坦克。

1930年，波兰与维克斯公司签下了50辆坦克的合同，其中12辆由波兰人在国内自行组装。虽然这些维克斯6吨坦克给

人的第一印象不错，但它们很快就暴露出了很多不足之处——可靠性不佳、发动机容易过热、火力不足、装甲薄弱、机动性差，等等。另外当时维克斯6吨坦克价格偏高，一辆的价格就相当于11.1千克黄金。

诸多因素的作用迫使波兰在1931年取消了订单并着手研发国产坦克。1933年，在军事工程研究所和国家工程公司装甲车辆设计局的共同努力之下，7TP轻型坦克的设计得以完成。

7TP就是"7吨坦克"的意思，它的悬挂几乎照抄维克斯6吨坦克，并且同样采用维克斯式的双机枪塔设计。动力来自一台110马力6缸液冷柴油机，因为发动机的体积几乎是维克斯6吨坦克的两倍，所以动力舱经过了重新设计。车体正面装甲仅有17毫米厚，侧面为13毫米厚。驾驶员位于车体右前方，拥有一个向前的双开舱门，舱门上有一个细小的观察缝。车长在右侧机枪塔中，左侧机枪塔里同样有一个机枪手，每个机枪塔都装有两个带有防弹玻璃和望远式瞄准镜的观察窗。两个机枪塔只能做280°旋转，各安装一挺波兰制造的7.92毫米勃朗宁机枪（即wz. 30机枪），可以在200米的距离上击穿8毫米厚装甲。

1935年，波兰开始生产单炮塔版本的7TP坦克，主要武器为一门37毫米炮博福斯火炮，可以在300米的距离上击穿60毫米厚的装甲，此后大部分双机枪塔型都被升级成了单炮塔型。

截至德国入侵时，波兰共制造了132辆7TP，它们全部投入到了战斗当中。7TP的性能优于其主要对手一号坦克和二号坦克，但它们数量太少，无法影响战争的走向。波兰战役结束后，有20辆被德军缴获，另有20辆被罗马尼亚扣留。7TP随德军参加了法国战役，此后主要在各占领区执行警察任务。

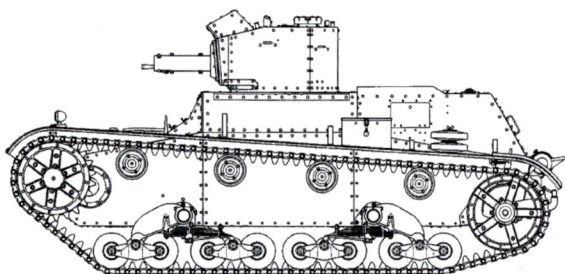

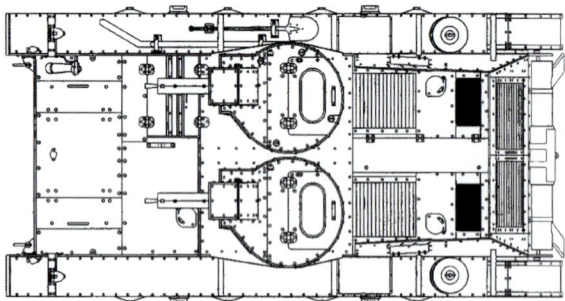

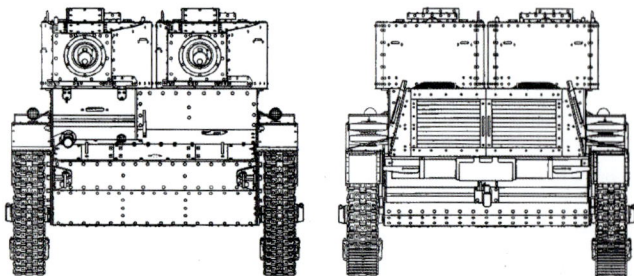

▲7TP双机枪塔型四视图。

基本参数（7TP 单炮塔型）

乘员	3人
战斗全重	9.9吨
车长	4.60米
车宽	2.41米
车高	2.12米
发动机	1台PZInż. 235直列6缸液冷柴油机（110马力）
最大速度	37千米/时
最大行程	150千米
主要武器	1门45倍径37毫米 wz. 37博福斯坦克炮
辅助武器	1挺7.92毫米Ckm wz. 30勃朗宁机枪
装甲	5～17毫米

▲ 1938年10月，波兰占领捷克斯洛伐克切欣地区，波军7TP坦克正在进行胜利游行。

Tank, Cruiser, Ram

加拿大 │ "公羊"巡洋坦克

由美国M3中型坦克发展而来的加拿大巡洋坦克

英国在敦刻尔克大撤退中损失了几乎全部重装备，作为英联邦一员的加拿大很难在短时间内从英国获得坦克，同时其邻国美国也将优先向英国供应坦克，因此加拿大决定自行研制并生产坦克以满足本土防卫及前线作战的需求。1941年，加拿大跨部门坦克委员会在美国M3"李"中型坦克的基础上开发出了"公羊"巡洋坦克，这是加大自行研制并大规模列装的第一种坦克。

"公羊"使用了M3"李"中型坦克的下部车体、悬挂、发动机和传动系统，不过重新设计了上部车体。上部车体为整体铸造件，高度比M3"李"更为低矮。车体正面厚51~76毫米，侧面为32~64毫米，后部为38毫米。它的三人炮塔相较M3"李"更为宽敞，炮塔的主体结构亦为铸造式，正面、侧面和后部的厚度分别为76毫米、51~76毫米与64毫米。受英国巡洋坦克的影响，起初在车体前部左侧设置了一个机

基本参数（"公羊"Mk. II 晚期型）	
乘员	5人
战斗全重	29.5吨
车长	5.79米
车宽	3.00米
车高	2.67米
发动机	1台莱特-大陆R-975径向9缸气冷汽油机（400马力）
最大速度	40千米/时
最大行程	232千米
主要武器	1门57毫米Mk. V型QF 6磅炮（备弹92发）
辅助武器	2挺7.62毫米勃朗宁M1919机枪（备弹4440发）
装甲	25~76毫米

枪转塔，安装一挺7.62毫米机枪，不过这一设计并不实用，后来被球形机枪座取代。主要武器方面，"公羊"的炮塔空间足够安装美制75毫米坦克炮，不过为了和其他英联邦国家统一规格，还是选择了英制武器，起初是一门40毫米QF 2磅炮，后来改为57毫米QF 6磅炮。"公羊"有Mk.Ⅰ、Mk.Ⅱ早期型和Mk.Ⅱ晚期型三个主要生产型号，它们的主要特征如下：

"公羊"Mk.Ⅰ——主炮为一门40毫米QF 2磅炮，车体前部左侧有一个机枪塔，车体两侧各有一个乘员舱门。

"公羊"Mk.Ⅱ早期型——主炮为一门43倍径57毫米Mk.Ⅲ型QF 6磅炮，车体前部左侧有一个机枪塔，车体两侧各有一个乘员舱门。

"公羊"Mk.Ⅱ晚期型——主炮为一门50倍径57毫米Mk.Ⅴ型QF 6磅炮，车体前部左侧有1个球形机枪座，车体两侧的乘员舱门被取消。

从1941年11月投产至1943年7月停产，加拿大蒙特利尔机

▲ 由"公羊"坦克底盘改装而成的"袋鼠"装甲运兵车。

车厂共制造了2032辆"公羊"，它们并未如预期那般执行作战任务，二战期间主要在加拿大和英国训练坦克乘员，不过由"公羊"底盘改装而成的"袋鼠"装甲运兵车、"司事"25磅自行火炮、炮兵前沿观察车等辅助车辆倒是在战场上相当活跃。此外，荷兰陆军在1945年从加拿大获得了29辆"公羊"，1947年又从英国得到了44辆，不过它们也从未参加过战斗。

Australian Cruiser Tank Mk.1 Sentinel

澳大利亚 | AC 1 "哨兵" 巡洋坦克

澳大利亚唯一一款投入量产的自研坦克

虽然工业实力有限，但在日本入侵的威胁增加后，澳大利亚还是迈开了自主研发坦克的步伐。他们的第一款量产自研坦克AC 1"哨兵"设计较为成熟，虽然性能算不上有多先进，但也具备了不输于英国"十字军"巡洋坦克的纸面数据。

AC 1巡洋坦克项目始于1940年11月，当时的形势已经十分严峻——法国已经沦陷，英国人龟缩进了英伦三岛之中，英联邦也被迫动员起来。因为担心日本入侵本土，澳大利亚便开始研发自己的"澳大利亚巡洋坦克Mark 1型"，AC 1是其英文缩写。

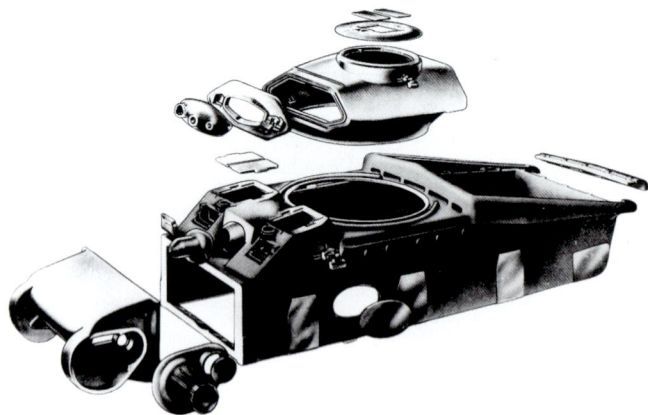

虽然以美国M3"李"中型坦克为设计基础并且大量沿用其零部件，但AC 1拥有与英国"十字军"巡洋坦克相似的炮塔和低矮的车体。北非的作战经验表明"十字军"的装甲过于薄弱，因此AC 1的防护得到全面强化，最终加强成一种中型坦克。其铸造车体正面厚度增加至65毫米，车体侧面和后部为45毫米。炮塔亦为铸造式，前后左右全向达到了65毫米。主要武器与"十字军"相同，为一门40毫米QF 2磅炮，辅助武器则选用了2挺7.7毫米维克斯液冷机枪。两挺机枪都有装甲护套以保护液冷套筒，安装在车体中部的那具机枪装甲护套外形格外夸张。履带与M3"李"中型坦克相同，其悬挂系统的结构与法国霍奇基斯H35骑兵坦克类似，不过弹性元件由水平螺旋弹簧变成了水平蜗卷弹簧。动力来自三台凯迪拉克5.7升V形8缸发动机，它

▲ AC 1 "哨兵" 装甲模块示意图，可见它采用了和美国M3"李"中型坦克类似的差速器外壳。

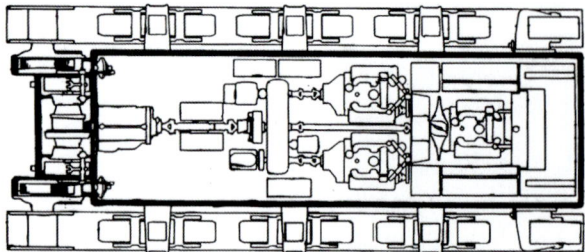

▲ AC 1 "哨兵" 动力及传动系统示意图（上视视角，左侧为车首方向），可见三台发动机以前二后一的方式布置。

们以三叶草式结构排列并且连入同一个变速器。

原型车于1942年1月问世，次月AC1获得了"哨兵"的代号，测试工作则在当年8月开始。1942年11月至1943年6月，新南威尔士州铁路公司共生产了65辆"哨兵"，这些坦克先是用于测试任务，接着被封存起来，从未配发给作战部队。

鉴于AC 1"哨兵"的火力较为薄弱，澳大利亚又先后在其基础上研制了安装25磅炮的AC 3"雷霆"和安装17磅炮的AC 4"哨兵"，不过它们从未量产，只有样车。AC 2则是AC 1的简化版，它将不再使用M3"李"的传动系统，转而安装美国麦克卡车公司的民用级传动系统，以期加快生产速度。AC 2连样车都没制造出来，仅停留在图纸阶段。

基本参数（澳大利亚 AC 1 "哨兵" 巡洋坦克）	
乘员	5人
战斗全重	28吨
车长	6.32米
车宽	2.77米
车高	2.56米
发动机	3台凯迪拉克5.7升V形8缸汽油机（共330马力）
最大速度	48千米/时
最大行程	240千米
主要武器	1门40毫米QF 2磅炮（备弹130发）
辅助武器	2挺7.7毫米维克斯机枪（备弹4250发）
装甲	最厚65毫米
总产量	65辆

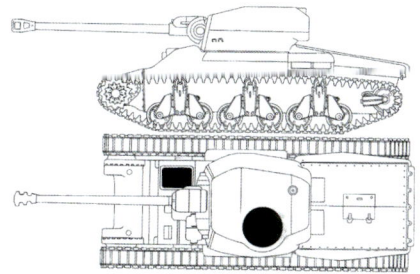

◀ AC 1 "哨兵" 巡洋坦克。

▲ AC 4 "哨兵" 二视图。

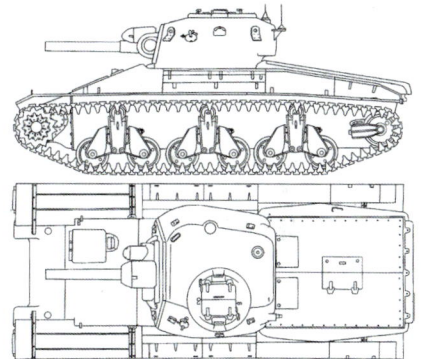

▲ AC 3 "雷霆" 二视图。

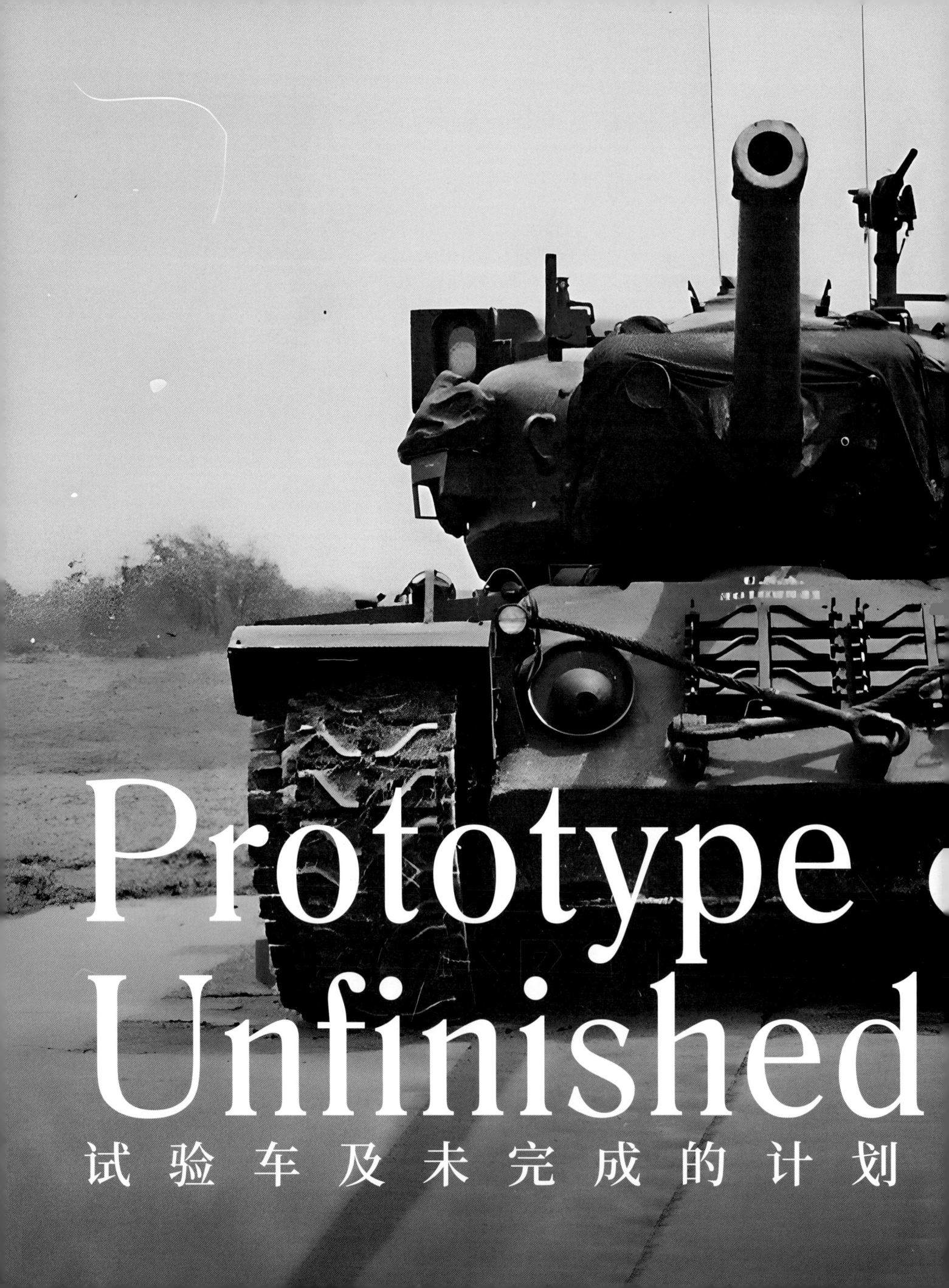

Prototype
Unfinished
试 验 车 及 未 完 成 的 计 划

▼美国T29E3重型坦克，凸出于炮塔两侧的测距仪物镜是其显著识别特征。

Project

▲ 美国T28重型坦克重达86吨，设计目的是用于突破德国的 "西墙" 齐格菲防线，装甲非常厚且没有炮塔，看起来更像突击炮。

第二次世界大战中有数以万计的坦克开出工厂奔向前线，其中许多车型至今仍然脍炙人口，并且在世界各地的博物馆中留有实物，向后人讲述着自己当年的英勇。不过这些至今仍然熠熠生辉的名牌战车并不是那个时代的全部：还有许许多多天马行空的设计由于各种原因永远停留在了制图板上，或者仅仅以模型、原型车的方式来这个世界走了一遭。这些坦克无一例外都代表了设计师对未来坦克设计和作战理念的探索，但它们相对于战场上的实际需求往往失之主观或过于前卫，受限于当时的工业水平和战争学说，抑或单纯因为成本问题而未能投入生产。

这些坦克反映了设计师对未来战争的预测，可能包括战争规模的大小、战场的地理环境、敌方出动的兵员装备种类，等等。一些设计师试图探索坦克设计的新方向，因此其设计方案会包含当时尚未得到验证的新技术或新概念，有时会使坦克本身的开发变得 "醉翁之意不在酒"。新技术包括新型发动机、悬挂系统、火炮等，它们无疑可以提高坦克的性能。随着坦克之 "盾" 和反坦克武器之 "矛" 的竞赛愈演愈烈，设计师也在不断探索对抗反坦克武器的措施，比如堆叠更厚重的装甲，配备更多的冗余耐耗装备，采用更合理的抗损毁设计和更先进的损管设备。还有一些设计师强调坦克的多功能性，例如能够执行火力压制、支援步兵、坦克对战等多种任务，这通常是通过装备不同类型的武器或者更多样化的弹药和设备来实现的。设计师们也意识到坦克在战场上的生存能力至关重要，因此许多

方案都强调坦克的隐蔽性、火力配置的灵活性和紧急状态下车组的逃生效率。

一些停留在图纸、模型、原型车阶段的坦克颇具针对性，比如美国和英国不约而同地开发了T28和 "土龟" 这两款重型突击坦克，都是为了在二战后期突破德国在德法边境德国一侧建造的齐格菲防线。此外还有一些设计单纯地起心理威慑作用，德国人曾经设想但并未实际开发的几款坦克，如七号 "狮" 式重型坦克，以及永远停留在宣传部门口中的九号和十号坦克，其纸面数据看起来非常夸张。在戈培尔的叫嚷声中它们成了相当恐怖的存在，甚至导致英美盟国的情报部门劳心费神，设法确认它们是不是真的存在，以减缓基层官兵听到传闻后产生的恐慌情绪。

生产这些坦克所需的人力和物力资源往往超出一个国家所能承受的极限，可即便投入如此多的资源，也未必能换来作战效能的大幅提升。以德国 "鼠" 式超重型坦克为例，它的重量达到了前无古人后无来者的188吨，相对于飞涨的重量，它在动力、传动、行走机构方面没有太大进步，因此机动性奇差无比，行驶速度哪怕在理想状态下也极其缓慢，越野能力也趋近于无。在重炮和飞机面前它和固定碉堡没什么两样，当然在防御力方面它远比不上碉堡。

这些坦克往往结构复杂，其零部件加工、组装所需的工艺也超出所在国的一般水平，通常只有工厂里的少数精锐技工才能胜任，远离工厂的一线部队很难凑齐维护这些坦克所需的人

员和设备。二战结束后，苏军在保时捷工厂的废弃设施里缴获了两辆"鼠"式坦克原型车V1和V2。这两辆坦克遭德军刻意破坏，已经无法行走，然而苏军手头的任何一种车辆都没有能力牵引它们。苏联人不得不用V1原型车的车体和V2原型车的炮塔拼凑出一辆完整的坦克并在现场搜集零件进行维修，勉强恢复动力之后才把它开上铁路平板车。在德军已经停止抵抗的情况下回收"鼠"式尚且如此艰难，想在战场上进行回收那就是天方夜谭了。

随着战争形势的发展变化，原本用于在特定战场克敌制胜的坦克可能会失去用武之地。比如，1945年年初，盟军取得了阿登森林战役的胜利，德国人不仅丢掉了自己在西线的最后一批进攻力量，而且还像1940年的英法联军那样把防御薄弱的比利时"缺口"亮了出来。盟军可以轻松地绕过齐格菲防线进入德国境内，因此就没有必要列装T28和"土龟"这样的阵地突破战车了。

在这些没有投入量产的坦克身上，也许优点并不比缺点少，但它们被放弃的原因也很现实，毕竟各国需要根据实际战略需求和资源状况，选择最适合自己的坦克设计和生产策略。总的来说，实际投入生产的坦克反映了战争中实际需求和工业能力的平衡，而这些未完成的计划则代表了对前沿作战理念和坦克设计理念的探索，为后人提供了宝贵的经验和设计灵感。

▲ 斐迪南德·保时捷无疑是最具话题性的车辆设计师，德国的"虎"P坦克、"鼠"式坦克、"甲壳虫"轿车、大众桶车、大众两栖车都是他的手笔。

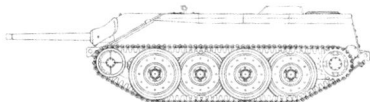

E-10

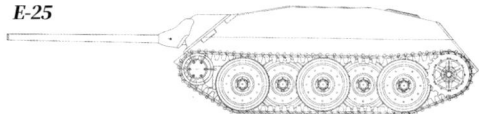

E-25

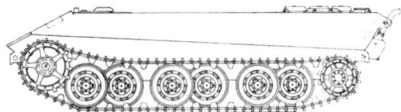

E-50

E-75

◀ 二战后期德国提出了E系列坦克计划，旨在实现战车零件的通用化。

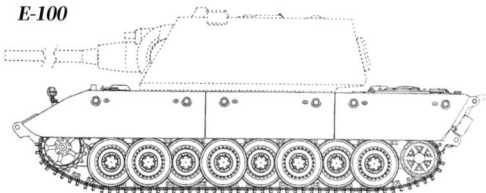

E-100

▶ 苏联的T-43是一种装甲比T-34更厚的中型坦克，旨在取代T-34中型坦克和KV-1重型坦克。虽然没能投入量产，但它的炮塔应用在了T-35/85坦克上。

▲ 斐迪南德·保时捷（右一）正在测试VK 30.01（P）中型坦克。

Neubaufahrzeug

德国 | NbFz 多炮塔坦克

华而不实的"陆地战舰"

基本参数（NbFz 多炮塔坦克）	
乘员	6人
战斗全重	23.4吨
车长	6.65米
车宽	2.88米
车高	2.90米
发动机	1台宝马Va发动机（290马力）
最大速度	30千米/时
最大行程	120千米
主要武器	1门75毫米KwK 37坦克炮（备弹80发） 1门37毫米KwK 36坦克炮（备弹50发）
辅助武器	3挺7.92毫米MG 34机枪（备弹6000发）
装甲	5～20毫米

NbFz多炮塔坦克是战间期盛行的"陆地巡洋舰"理论的产物，过分地追求消除火力盲区，在其他性能上牺牲较大。这种坦克结构过于复杂，装甲比较脆弱，机动能力有限，即不适合执行突破任务，也无法进行长途奔袭，在闪击战理论成型后愈发显得鸡肋。它并没有在实战中发挥多少威力，至多起到了一点宣扬德国国力的作用。

20世纪二十至三十年代，国际军事学术界出现了一种"陆地战舰"装备理论，强调在战场上仅靠某一型坦克，就既能突破敌方坚固阵地，又能以密集火力压制四面八方的步兵——既然要身兼多职并且同时和多个目标交战，那势必要配备多个炮塔。当时欧洲的军事强国几乎都对这种多炮塔坦克有浓厚的兴趣，期望重整军备的德国自然也不甘落后。NbFz是德文Neubaufahrzeug的缩写，意为"新型结构车辆"。为了规避《凡尔赛条约》的限制，NbFz最初以"大拖拉机"的名义研制。据说在设计这款坦克时德国军方通过秘密渠道买通了一名英国军官，拿到了英国"独立"号多炮塔坦克的设计图纸，因此"独立"号是NbFz的蓝本。

德国公开的资料显示，NbFz多炮塔坦克的战斗全重23.4吨，乘员6人，外观上已

经和英国"独立"号坦克有很大不同。主炮塔位于车体中央靠前位置，并列安装两门火炮，一门是75毫米榴弹炮，一门是37毫米反坦克炮，主炮的右侧还有一挺7.92毫米机枪。主炮塔的右前下方和左后下方各有一个机枪塔，各装一挺7.92毫米机枪。三种武器的弹药基数分别为：75毫米炮弹80发、37毫米炮弹50发、机枪子弹6000发。车体为钢装甲铆接结构，炮塔最初为铸造式，后来采用了铆接工艺，装甲厚度只有5～20毫米。行驶速度也不甚理想，最大公路速度仅为30千米/时。

NbFz的车体部分由莱茵金属公司研制，炮塔部分则出自克虏伯公司。1934年制成了两辆试制型车，1935年又有三辆实用试验车问世，不过最终未能定型。这5辆NbFz长期待在德军装甲兵训练学校，作为坦克教具使用。1940年4月对挪威的入侵作战中，三辆1935年制造的NbFz被编入德国陆军第40特种装甲营麾下的第3连。其中有两辆出现了机械故障，并未投入头战，有一辆于1940年4月25日在克瓦姆遭遇英军皇家约克郡

▲1940年4月，NbFz多炮塔坦克正在运往挪威的途中。

轻步兵团第1步兵营的攻击，被法制25毫米Mle 1934反坦克炮打瘫——这是NbFz唯一的作战记录。

Porsche Tiger

德国 | VK 45.01（P）重型坦克

"虎"式坦克的另一种可能

VK 45.01（P）亦称"虎"P、保时捷"虎"，是二战中德国重型坦克的竞争者之一。虽然它最终败给了VK 45.01（H），但在斐迪南德·保时捷这位战车和汽车设计史上的重量级大咖的背书之下，它依然颇具传奇色彩。

德国重型坦克计划开始于1937年，因为性能指标经常变更，所以要频繁改变尚未完成的设计方案，这导致研制工作经常拖延。正是因为这种情况，保时捷公司于1939年12月开始研发的VK 30.01（P）坦克最终未能成功服役，不过它成了VK 45.01（P）坦克的基础。

VK 30.01（P）是德国第一款同时拥有厚重装甲和强大火力的坦克，车体和炮塔正面厚80毫米，拟安装75毫米、88毫米或105毫米长身管火炮，足以对抗当时苏联的所有坦克。然而，希特勒在1941年5月26日重新为重型坦克定下了指标：在1500距离上可击穿100毫米厚的装甲，侧面装甲厚度为80毫米，车体和炮塔的正面装甲则必须达到100毫米。

亨舍尔公司和保时捷公司为研制这种坦克展开竞争，保时捷公司最初的想法是改进VK 30.01（P）以满足新的要求，但增厚装甲后坦克重量飙升，现有的发动机功率不足，因此需要安装更强大的发动机并重新设计动力舱。所以保时捷从1941年7月开始着手研制一款新的重型坦克，这导致了VK 45.01（P）的问世。

和VK 30.01（P）相比，VK 45.01（P）的车体在尺寸、外观上没有太大的变化，但它重新设计了车辆布局，侧减速器和驱动轮从车体前部移动至后部。车重的增加迫使VK 45.01（P）使用了两台保时捷101/1型V形10缸汽油机，单台功率310马力。每台发动机都与一台500千伏安的西门子-舒克特发电机相连。发电机为两台230千瓦的西门子电动机供电，两台电动机则各自驱动左右两侧的侧减速器，带动主动轮运转。这种设计省去了结构复杂的变速器和转向制动器。

除了采用电传动之外，VK 45.01（P）的悬挂系统也非常超前，这是一种纵向扭杆平衡悬挂，每两个负重轮共用一根较短的纵置扭杆，负重轮受到的冲击经过复杂的传递过程转化为扭杆的扭转。悬挂装置以螺栓固定在车体外侧，和贯穿车底的横置扭杆相比节省空间，易于更换。

希特勒曾要求为重型坦克安装由88毫米Flak 41发展而来的71倍径坦克炮，但这门炮实在是过于巨大，无法安装在由克虏伯公司提供的马蹄形炮塔里，VK 45.01（P）最终采用的是56倍径88毫米炮。直到"虎王"问世，希特勒才如愿看到安装71倍径88毫米炮的德国坦克。

尽管希特勒非常看好保时捷的设计，可VK 45.01（P）还是因为发动机容易过热，以及电传动技术和新型悬挂不够成熟可靠的问题败给了亨舍尔公司的VK 45.01（H）。后者的设计更为保守稳重，最终发展成为大名鼎鼎的"虎"式坦克，而已经制造出来的90个VK 45.01（P）底盘也没有浪费，它们被改造成了"斐迪南"重型突击炮。

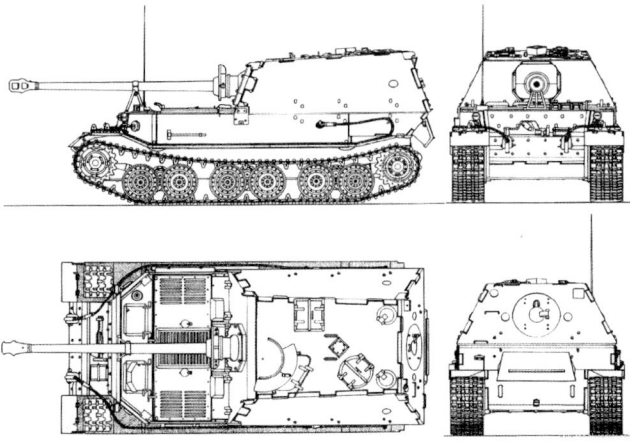

▲ "斐迪南"重型突击炮四视图。

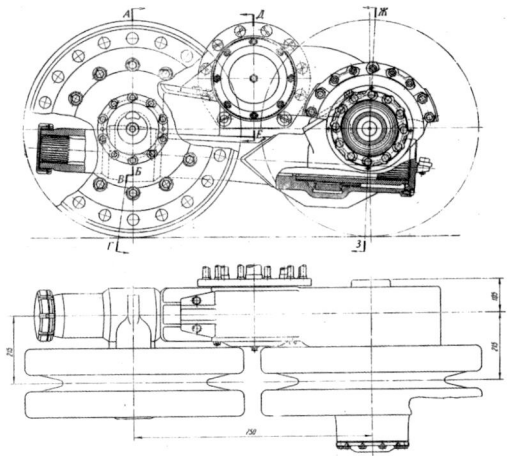

▲ 保时捷设计的纵向扭杆悬挂系统。

◀ 实战测试中VK 45.01（P）在车首螺接了100毫米厚的附加装甲，使车体前部的厚度增加至200毫米。

基本参数 [VK 45.01（P）重型坦克]

乘员	5人
战斗全重	60吨
全长	9.54米
车宽	3.40米
车高	2.90米
发动机	2台保时捷101/1 V形10缸气冷汽油机（单台功率310马力）
最大速度	35千米/时
最大行程	105千米
主要武器	1门88毫米KwK 36坦克炮（备弹80发）
辅助武器	2挺7.92毫米MG 34机枪（备弹1800发）
装甲	20～100毫米

Panzer VIII Maus

德国｜"鼠"式超重型坦克

有史以来最重的坦克

这个装甲怪物从1942年开始研发，是在斐迪南德·保时捷向希特勒提出建议后获得批准的。首个原型车预计在1943年完成，项目车辆被命名为"猛犸"（Mammut）。1942年12月，它的名字更改为"小老鼠"（Mäuschen），次年2月再次更名为"老鼠"（Maus），这种反差萌或许证明了德国人确实有幽默感。

"鼠"式坦克全长10.09米，宽3.67米，高3.66米高，重达188.9吨，装甲和火力都极为恐怖。车体前部装甲厚度达到了惊人的220毫米，侧面和后部也有190毫米。炮塔则更厚，前部为240毫米，侧面和后部为200毫米。炮塔内并列安装了两门火炮，主炮是一门55倍径128毫米KwK 44坦克炮，副炮是一门36.5倍径75毫米KwK 44坦克炮。

保时捷的"传家宝"电传动得以继承下来，在V1号"鼠"式原型车上，带动发电机的是一台1080马力戴姆勒-奔驰MB 509汽油发动机，尽管功重比低得吓人，可V1还是达到了25千米/时的极速。V2号原型车使用1200马力戴姆勒-奔驰MB 517柴油机，由于车辆自重太大，最大速度只有13千米/时速。

"鼠"式坦克的行走机构回归了"传统"，采用蜗卷弹簧平衡悬挂，不过其布置方式仍然十分独特。车体每侧有6个轮架，每个轮架上安装4个负重轮和2个托带轮，4个负重轮两两一组交错布置。为了支撑庞大的身躯，它的履带宽达1100毫米，单侧履带宽度几乎占了整个车体宽度的1/3。

坦克的木质模型于1943年5月展示给了希特勒，它随后被批准生产，计划建造150辆。虽然希特勒对"鼠"式评价很高，但海因茨·古德里安却批评它缺少机枪，极易受到步兵的抵近攻击。1943年12月，V1号原型车完成组装，它装有一个模拟炮塔。次年5月，V2号原型车问世，安装了装有主炮和副炮的炮塔，为解决反步兵问题，它还配有同轴机枪和榴弹发射器。1944年7月，克虏伯公司正在生产另外四个车体，但下个月整个项目就被废止了，尽管对V2号原型车的测试仍在继续。测试表明"鼠"式的机动性极差，另外它对任何现有桥梁来说都太重了，只能以泅渡的方式渡河。

"鼠"式是少数几种因战略轰炸而停产的坦克之一，工厂

▲苏军正在拖曳"鼠"式V2原型车的炮塔，以便将其与V1的车体组合在一起。

的生产设施在轰炸中被毁。此外，1944年苏军正在不断深入先前由德国控制的地区，"鼠"式坦克被苏军俘获的可能性越来越大，因此德国人不得不破坏这些原型车。V2号原型车被装上了炸药，因为弹药架上还有炮弹，所以整个车体都损坏了，不过炮塔大部分完好无损。第二次世界大战结束后，苏联人将V1的车体与V2的炮塔组装在了一起。为了把重达55吨的炮塔运送到车体上，他们动用了6辆Sd.Kfz. 9半履带车，这是德国生产的最大的半履带车辆。修复后的原型被送回苏联进行测试，随后在库宾卡坦克博物馆向公众展出，如今人人都能一睹这台装甲怪兽的真容。

基本参数（"鼠"式超重型坦克）

乘员	6人
战斗全重	188.9吨
车体长/全长	9.03米/10.09米
车宽	3.67米
车高	3.66米
发动机	1台戴姆勒-奔驰MB 509 V形12缸液冷汽油机（1080马力）或1台戴姆勒-奔驰MB 517 V形12缸液冷柴油机（1200马力）
最大速度	20千米/时（设计）
最大行程	190千米（设计）
主要武器	1门55倍径128毫米KwK 44坦克炮（68发）
辅助武器	1门36.5倍径75毫米KwK 44坦克炮（备弹100发）1挺7.92毫米MG 34机枪（备弹1000发）
装甲	50～240毫米

Panzer E-100

德国 | E-100 超重型坦克

扑朔迷离的第三帝国末日战车

　　E-100经常被认为是保时捷"鼠"式的竞争者，但严格意义上讲它是"鼠"式的竞争设计——克虏伯的130吨"虎鼠"式在竞标失败后的后续发展。1943年保时捷的"鼠"式被希特勒批准后克虏伯的"虎鼠"式即被放弃，然而战车委员会在没有通知克虏伯的情况下就让阿德勒公司依照克虏伯的设计建造一台简单的原型车——一个100吨的用于测试的底盘。这个底盘隶属通用先进测试装甲车辆计划，简称E计划，意图在不同的规定重量下开发通用作战车辆。

　　按照最初的设计，E-100将使用700马力的迈巴赫HL230 P30发动机，在130吨的全重下只能提供约5.4马力/吨的功重比，这意味着它虽然可以使用现成的转动和转向系统，但极速

▶安装"鼠"式炮塔的E-100。

堪堪能超过20千米/时。E-100还有一套使用1200马力迈巴赫HL232发动机的动力方案，搭配一套8速液力-机械传动系统，这让它拥有了可以接受的功重比，最大速度在理论上能达到40千米/时。

　　E-100的车体和"虎鼠"式几乎相同，首上为60°倾斜的

基本参数（E-100 超重型坦克）

乘员	6人
战斗全重	130吨
车体长/全长	8.73米/11.07米
车宽	4.48米
车高	3.32米
发动机	1台迈巴赫HL232 V形12缸涡轮增压液冷汽油机（1200马力）
最大速度	40千米/时（设计）
最大行程	120千米（设计）
主要武器	1门55倍径128毫米KwK 44坦克炮 或1门38倍径150毫米KwK 44坦克炮 或1门71倍径170毫米KwK 44坦克炮
辅助武器	1门36.5倍径75毫米KwK 44坦克炮 1挺7.92毫米MG 34机枪
装甲	40～200毫米

200毫米装甲，侧面为120毫米的垂直装甲加上可以拆卸的重型裙甲，后部则是30°倾斜的150毫米装甲。在一些图纸上E-100装有"鼠"式坦克的原型炮塔，但实际上它的底盘承受不了这个重达55吨的炮塔。为了减轻重量，克虏伯为其设计了"鼠"Ⅱ式炮塔，相对来说装甲薄弱了许多，这种炮塔正面是30°倾斜的200毫米厚装甲板，后部是15°倾斜的150毫米装甲板，而侧面装甲只有80毫米厚，倾斜角为30°。"鼠"Ⅱ式炮塔的侧面防护只与"虎王"坦克相当，但投影面积比"虎王"大得多，后部装甲比侧面更厚，主要是为了给前部的重量（装甲和主炮）提供配重。

1945年5月，E-100在被盟军缴获时仍未完工，阿德勒公司在战争结束前烧毁了大量的图纸。所幸战后加入同盟国阵营的原阿德勒制图师重新绘制了部分图纸，人们这才能推测出E-100的大致样貌。

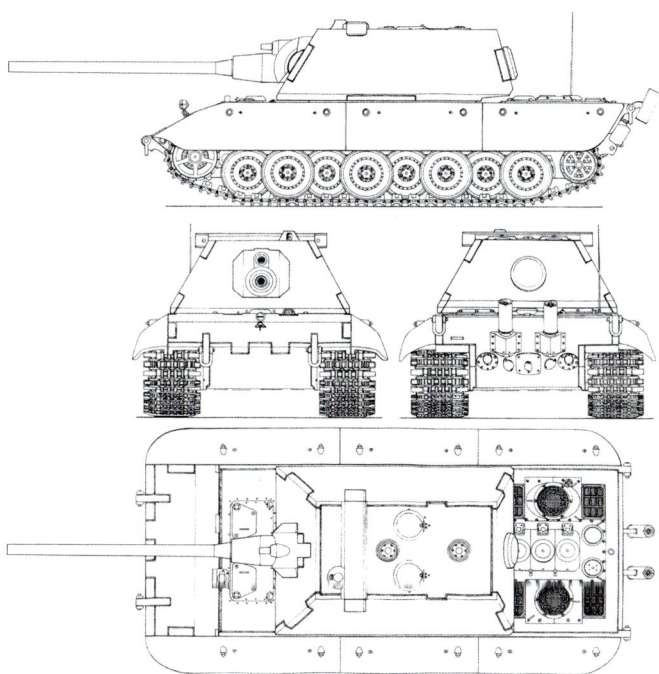

▲ E-00（"鼠"Ⅱ式炮塔）四视图。

Chi-To

日本 | 四式中战车

本土坦克决战用中型坦克

　　二战刚刚结束时，美军一个考察团的成员在见到四式中战车的样车时，说过一句耐人寻味的话："如果这辆坦克能大量制造出来，太平洋战场的历史将要改写。"虽然这辆坦克的总体设计和此前的日本中战车相比没有什么创新之处，但它的性能数据确实让人眼前一亮。

　　四式中战车的车体长达到了6.34米，车宽和车高均为2.87米，首上装甲厚度达到了75毫米，防御水平在众多日本战车中算是相当强悍的。由焊接装甲板制成的六角形炮塔虽然沿用了三式中战车的设计，但整体大了一圈，也就可以塞入更大更长的炮架。炮塔顶部有一个和一式中战车、九七改中战车类似的车长指挥塔，并且安装了车际通信天线。车组人员有5名，包括车长、炮长、装填手、驾驶员和坐在驾驶员身旁的机电员。为了避免主炮和炮塔变大带来头重脚轻问题，车体被拉长，和三式中战车相比增加了一对负重轮。悬挂系统包括七个由水平螺旋弹簧和钟形曲柄连接起来的负重轮，每侧有三个托带轮。

　　为了尽可能战胜美军的"谢尔曼"坦克，四式中战车装备了一门比三式中战车更先进的75毫米长管火炮。这门五式75毫米战车炮是基于四式75毫米高射炮专门开发的"新式七糎五战车炮"，初速可达860米/秒。炮管长度为56.4倍径，而不是三式中战车的32倍，对四式中战车的放大版三人炮塔来说刚刚好。这门炮可以使用一式穿甲弹和战争末期开发的四式对战车榴弹，即破甲弹。使用穿甲弹时可以在100米的距离上击穿145毫米的均质装甲，在1000米的距离上仍可击穿75毫米的均质装甲。虽然火炮和炮塔都变大了，但炮塔的高低机和方向机仍然采用手摇驱动，火炮俯仰角为－10°～＋25°。

　　四式中战车的战斗全重达到了30吨，比德国四号坦克的早期型号还要重，和T-34、M4"谢尔曼"量级相当。和小马拉小车的九七式、一式中战车不同，四式中战车安装一台400马力的三菱四式12缸气冷柴油发动机，据说最大公路速度达到了45千米/时，比三式中战车还要快些。

　　尽管困难重重，四式中战车的样车仍然在1944年12月完成了测试。1945年1月，三菱重工接到了量产的命令，但工厂显然没能妥善执行。日本投降之前三菱组装完成了至少2辆拥有炮塔和武器系统的完整版四式中战车，并且生产了至少6辆完成或半完成的车体。一辆四式中战车被美军运回本土的阿伯丁试验场进行测试，另一辆据说被日本人沉入了静冈县的猪鼻湖，今天没有任何一辆四式中战车留存在世上。

　　从纸面数据来看，四式中战车的防护性能与美国M4"谢尔曼"中型坦克持平，火力甚至超过早期的75毫米炮型"谢尔曼"，和装备F-34主炮的T-34/76相当。这已经达到了二战中期欧美坦克的水平，如果不考虑制造和装配水平，以及装备故障问题的话，四式中战车就是整场二战中日本唯一能拿得出手的中型坦克。

▲ 美军缴获的四式中战车——它被错误地标识为"五式重型坦克"。

基本参数（四式中战车）

乘员	5人
战斗全重	30吨
车体长	6.34米
车宽	2.87米
车高	2.87米
发动机	1台三菱四式12缸气冷柴油机（400马力）
最大速度	45千米/时
最大行程	250千米
主要武器	1门五式75毫米战车炮（备弹65发）
辅助武器	2挺九七式7.7毫米机枪（备弹5400发）
装甲	12～75毫米

Chi-Ri

日本｜五式中战车

从未完成的末日战车

基本参数（五式中战车）	
乘员	5人
战斗全重	37吨
车体长/全长	7.30米/8.47米
车宽	3.05米
车高	3.05米
发动机	1台川崎九八式汽油发动机（550马力）
最大速度	45千米/时
最大行程	200千米
主要武器	1门五式75毫米战车炮
辅助武器	1门一式37毫米战车炮 2挺九七式7.7毫米机枪
装甲	12～75毫米

五式中战车的设计方案于1945年战争结束前夕获得批准，车体较四式中战车进一步拉长，负重轮增加至8对。主要武器仍为一门五式75毫米战车炮，此外车首还安装一门一式37毫米战车炮——这门副炮500米距离穿深为46毫米，在二战末期几乎打不穿任何盟军坦克，作为反步兵武器其射速和灵活性又赶不上车载机枪，所以存在的价值很值得怀疑。机枪的安装位置也比较诡异，一挺和副炮并列安装，另一挺则位于炮塔左侧。

由于在体量和武备方面都有升级，五式中战车的战斗全重提高到37吨，比德国四号坦克的后期型号、苏联T-34中型坦克、美国M4"谢尔曼"坦克更重些，有些资料干脆将其划分为重型坦克。驱动这副身板的是一台川崎九八式汽油发动机，这原本是航空发动机，移除一些增压设备后装进了坦克的动力舱，功率从满配状态下的800马力降低至550马力，但对五式中战车来说还是够用的，可以达到45千米/时的最大公路速度。

五式中战车的底盘在1945年6月开始测试，但在战争结束前没制造出一辆完整的样车。这辆坦克以仅安装一个缺失主炮的四式中战车炮塔的姿态被美军缴获，随后被运送到阿伯丁试验场，1952年时它迎来了报废的命运。

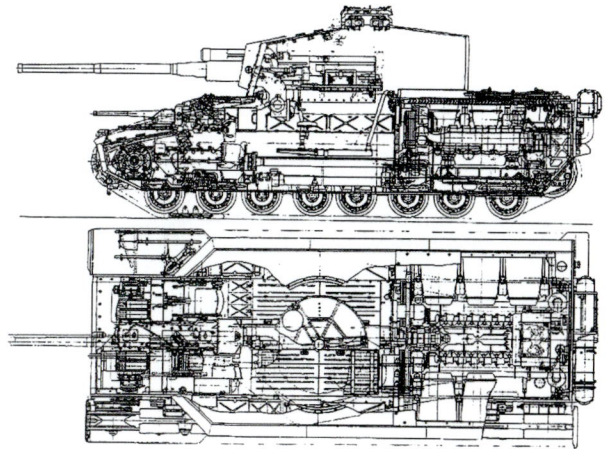

▲五式中战车剖视图。

Type 91 &
Type 95 Heavy Tank

日本 | 九一式重战车 / 九五式重战车

阵地战泥潭的突破者

　　20世纪20年代，列强的主流军事理论认为未来战争将延续一战那样的阵地战，因此这一时期的坦克设计思路仍然以支援步兵为主。一大批多炮塔坦克的设计方案涌现出来，赚足了英国、德国和苏联等国军界人士的眼球。多炮塔坦克体积庞大，可以遮蔽众多的士兵，它们的武器种类和数量都很多，横扫步兵和轰击工事都不在话下，怎么看都是突破阵地的利器。经常模仿西方同行的日本陆军也不甘落后，他们以拥有大量兵员和强大火力的苏联红军为假想敌，设计了一系列多炮塔坦克，其中就包括九一式重战车和九五式重战车。

　　九一式重战车的第一辆原型车于日本神武纪年二千五百九十一年（公元1931年）完成，"九一式"这个名称就由此而来。它拥有一座炮塔和两座机枪塔，炮塔安装在车体中部靠前部位，机枪塔安装在炮塔前的车首和发动机舱后的车尾。炮塔内安装一门九〇式57毫米战车炮和一挺九一式6.5毫米机枪，两个机枪塔各装一挺九一式机枪。乘员总数为5人，包括坐在炮塔里的车长和炮长、车体前部的驾驶员，以及两名在机枪塔里的机枪手。

　　跟同时期的英国"独立"号和稍后出现的苏联T-35相比，九一式重战车显得非常小巧，但在日本战车中它算是个庞然大物。它的战斗全重只有18吨，是个皮薄馅大的巨型小笼包，装甲最厚处仅为20毫米。动力来自一台宝马IV型直列6缸液冷汽油机，输出功率224马力，试车中跑出了25千米/时的最大公路速度。

　　1934至1935年，日本又在九一式重战车的基础上研发了

　　九五式重战车，整体外形与前型基本一致，装甲和火力大幅提升。车体防护升级为前部35毫米，侧面30毫米，后部25毫米；炮塔装甲也增厚至前部30毫米，侧面和后部25毫米。主炮则变成了一门九四式70毫米战车炮，这门炮是著名的九二式步兵炮的变体，战车版相对于原版拉长了身

▲九一式重战车正在进行翻越垂直墙的测试。

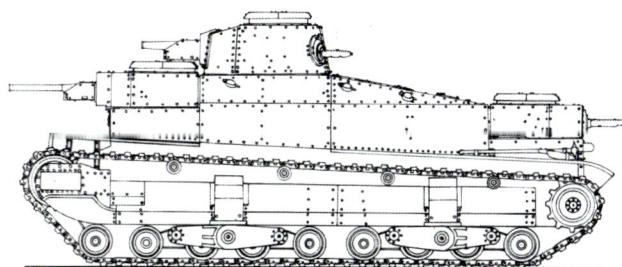

▲九五式重战车侧视图。

基本参数		
车型	九一式重战车	九五式重战车
乘员	5人	5人
战斗全重	18吨	26吨
车长	6.3米	6.47米
车宽	2.47米	2.69米
车高	2.57米	2.89米
发动机	1台宝马IV型直列6缸液冷汽油机（224马力）	1台宝马6290AG直列6缸液冷汽油机（290马力）
最大速度	25千米/时	22千米/时
最大行程	—	110千米
主要武器	1门九〇式57毫米战车炮	1门九四式70毫米战车炮（备弹100发） 1门九四式37毫米战车炮（备弹250发）
辅助武器	3挺九一式6.5毫米机枪	2挺九一式6.5毫米机枪（备弹2940发）
装甲	8～20毫米	12～35毫米

管，炮口初速提升到350米/秒。此外，前部武器转塔里的武器由九一式6.5毫米机枪升级为九四式37毫米战车炮。

九五式重战车的发动机是一台川崎重工制造的宝马6290AG发动机，这是宝马IV发动机的本土改进版，功率提升至290马力。但因为战斗全重增加至26吨，九五式重战车的最大速度下降到了22千米/时。

九一式重战车只有一辆样车，而九五式重战车则投入"量产"并制造了4辆，成为日本产量最大的重战车。由于日本陆军战车使用学说的变化，军官们对"大家伙"的兴趣点到为止，这使它们遭到了冷遇。

▲九一式重战车。

O-I Super-heavy Tank

日本 | O-I 超重型坦克

移动钢铁堡垒

　　1940年，担任日本陆军省军务局军事课长的岩畔豪雄绕过正规程序，向陆军技术本部下达了研制超重型坦克的极密命令。他召集技术人员，成立技术本部第四技术研究所，要求他们建造"一种能够在满洲的广阔平原上作为移动堡垒的巨型战车"，其尺寸要在当时日本陆军最重型的坦克——只制造了4辆的九五式重战车——的两倍以上。

　　技术本部第四技术研究所花费了一年时间，完成了205张初步设计图纸。三菱重工东京机器制作所接手了这些图纸，他们负责将初步设计图纸修改成可实际操作的工作图，同时还要设计那些没有完成的部分。1941年4月，岩畔豪雄又召集了一批三菱重工的工程师来到自己的总部，准备开始样车的试制。

岩畔豪雄下达的样车完成期限是1941年7月31日，也就是三个多月之后。这个期限令人感到意味深长，想必是准备在当年7月16日至31日的"关东军特种演习"中闪亮登场。

在设想中，这是一个长10.12米。宽4.84米，高3.63米的庞然大物，拥有三座炮塔和一座机枪塔，装甲厚达150毫米。然而由于战事吃紧，日本政府对军事原材料的使用采取了限制措施，秘密研制战车需要的零部件得不到保障。1942年2月，车体终于完成，但没有配备装甲，也没有安装炮塔。样车就以这种狼狈的形态亮相并进行了测试。

1943年8月，在一片野地里进行机动测试时，样车陷入泥里近1米深。因为悬挂系统的弹簧被紧紧压住，它根本无法自行脱困。由于悬挂系统在泥地中受损，在接下来的混凝土地面测试中它又把路面弄坏了，这反过来导致负重轮轴承和主动轮轮齿损坏，测试被迫停止。尽管如此，岩畔豪雄坚持认为测试是成功的，虽然有瑕疵，但车辆还是做好了应用准备。由于缺乏备件，测试无法继续，于是该车迎来了"等待指示"的命运。

1944年年底，样车被拆除，今天人们只能在静冈县富士宫市的若狮子神社看到残存的履带板。岩畔豪雄希望独自开发超级战车的想法荒唐无比，不仅没有任何意义，而且浪费了宝贵的战争资源。

基本参数（O-I 超重型坦克）	
乘员	11人
战斗全重	120吨
车长	10.12米
车宽	4.84米
车高	3.63米
发动机	2台川崎Ha-9 V形12缸液冷汽油机（单台功率550马力）
最大速度	25千米/时
最大行程	—
主要武器	—
辅助武器	—
装甲	20～150毫米

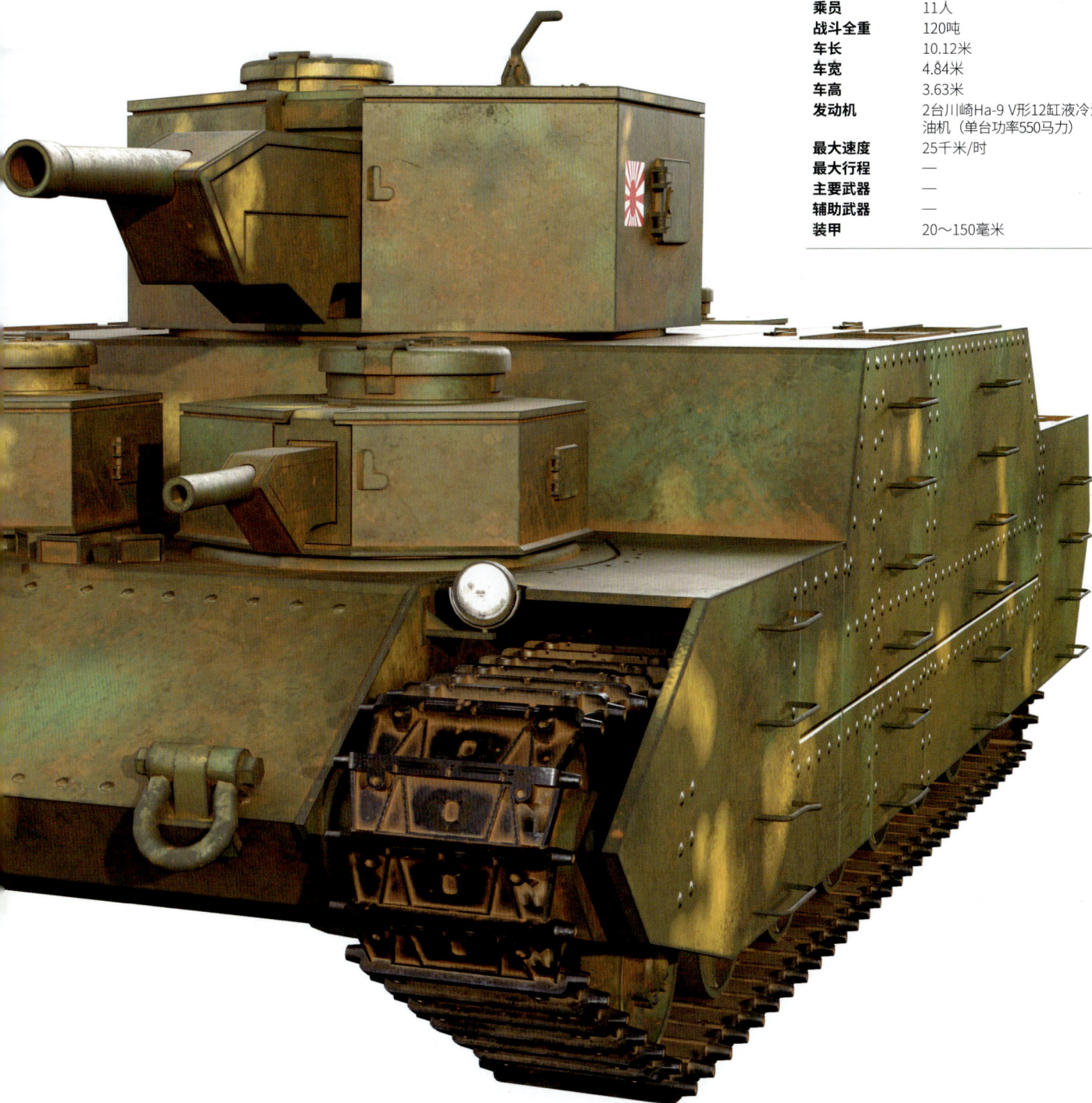

M6 Heavy Tank

美国 | M6 重型坦克

"大而无用的怪物"

第二次世界大战的爆发凸显了美国坦克短缺的问题，因此加速坦克开发成为当务之急。1940年5月20日，美国陆军军械局启动了一个50吨级坦克的研制项目。最初的设想是采用多炮塔设计，装备75毫米火炮、37毫米火炮和20毫米火炮。

随着多炮塔坦克（如苏联的T-35和德国的NbFz）因性能不佳和成本高昂而失去欧洲列强的青睐，美国也在1940年10月改变了设计方向。经过重新设计，坦克最终采用了单一炮塔，炮塔为电驱动，装备76.2毫米火炮和同轴37毫米火炮。1941年

至1942年间，三款采用不同传动装置的原型车被制造出来，一款使用电传动装置，其余两款则使用液力-机械传动装置。采用液力-机械传动装置和铸造车体的版本被定名为M6，采用液力-机械传动装置和焊接车体的版本得名M6A1，使用电传动的则是M6A2。虽然M6A2的设计未获批准，但军械部门依然建议生产115辆以便进行进一步的测试，M6和M6A1则会提供给美国的盟友。

然而，由于M4"谢尔曼"坦克在战场上表现出色，军方对

基本参数（M6 重型坦克）

乘员	6人
战斗全重	57吨
车体长/全长	7.54米/8.43米
车宽	3.12米
车高	3.19米
发动机	1台莱特G200径向9缸气冷汽油机（825马力）
最大速度	35千米/时
最大行程	160千米
主要武器	1门76.2毫米M7坦克炮（备弹75发）
辅助武器	1门37毫米M6坦克炮（备弹202发） 2挺12.7毫米勃朗宁M2 HB机枪（备弹6900发） 2挺7.62毫米勃朗宁M1919机枪（备弹5500发）
装甲	25～100毫米

▲ 正在进行碾压汽车表演的M6重型坦克。

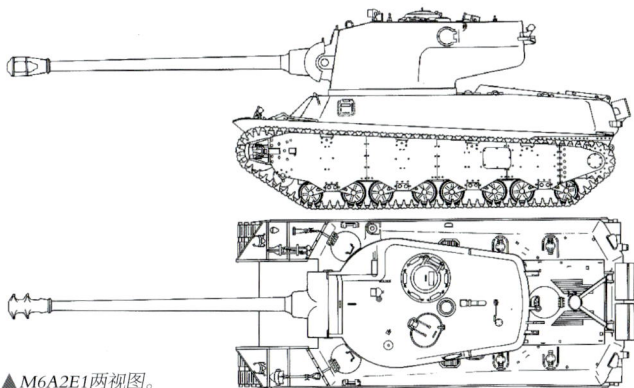

▲ M6A2E1两视图。

重型坦克的兴趣逐渐减弱。M6系列重型坦克虽然在火力和防护上略强于"谢尔曼"，但其性价比和战场适应性都不及"谢尔曼"。1944年年底，美军认为M6完全过时了，遂取消了这个项目。总共只有40辆M6被制造出来，他们从未参与实战。

值得一提的是，1944年8月曾出现过名为M6A2E1的改进方案，这个型号拥有190毫米厚的前装甲和105毫米火炮，用于突破坚固阵地，然而这个方案遭到了欧洲战区盟军总司令艾森豪威尔的否决。

T29 & T30 & T34 Heavy Tank

美国 ｜ T29、T30 与 T34 重型坦克

车体薄弱，炮塔厚重，火力强大的重坦"三兄弟"

为了对抗德国"虎王"坦克，美国在1944年8月启动了两个重型坦克项目，其中采用65倍径105毫米坦克炮的是T29重型坦克，采用40倍径155毫米坦克炮的则为T30重型坦克。1945年，两辆T30样车又被改造成了安装60倍径120毫米坦克炮的T34重型坦克，主炮威力已经远远超过了"虎王"。

T29的第一辆样车于1944年10月问世，它在T26E3坦克的基础上拉长了车体，安装一座巨大的4人铸造炮塔。车体装甲厚度与T26E3基本相同，但炮塔装甲得到了极大的加强，炮塔正面厚203毫米，侧面厚158毫米，后部厚102毫米，炮盾更是厚达305毫米，炮塔的防御力远远优于"虎王"。

T29的主炮为一门105毫米T5E1或T5E2坦克炮，914米距离可以30°的着弹角度击穿177毫米厚的轧压均质装甲。火炮射速为6发/分钟，俯仰角度为－10°～＋20°，在混合液压装置的驱动下，炮塔转速高达18°/秒，旋转一周仅需20秒。其第4种原型车（即T29E3）安装了供车长用的2.7米合像式测距仪，其物镜宛如两只伸出炮塔的耳朵，这也是如今人们最熟悉的T29形象。

T30项目与T29同时启动，它的车体和炮塔与T29相同，但主炮是一门155毫米T7或T7E1坦克炮，由著名的

▶ *T30重型坦克。*

"长汤姆"野战加农炮发展而来，可发射重达43千克的高爆弹，使用硬芯穿甲弹时可在1000米距离击穿355毫米厚的装甲（30°弹着角）。由于炮弹十分沉重，它配备了立式装弹机。

T29在1945年3月获得了1200辆的订单，次月订购数量减少到1152辆。随着战争的结束，生产被立即叫停，此时只有一辆完工，另有几辆在组装之中。截至1947年7月，最终只有10辆T29被制造出来，包括T29原型车2辆、T29E1、T29E2、T29E3原型车各1辆，以及5辆生产型T29。T30则从未投入量产，只制造了6辆原型车。

1945年有2辆T30换装了120毫米T53野战炮并进行测试，这个版本称作T34重型坦克。发射硬芯穿甲弹时T34在914米距离上的穿深是381毫米，1828米距离上穿深仍有 318 毫米（皆为30°弹着角），足以击穿包括"鼠"式在内的任何德国坦克。

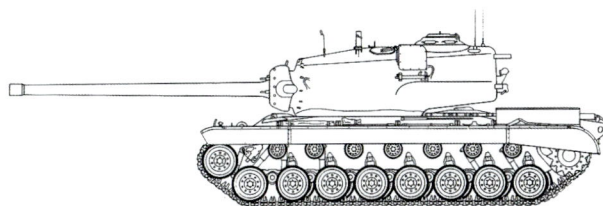

T29

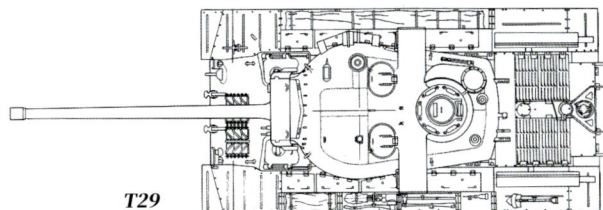

T30

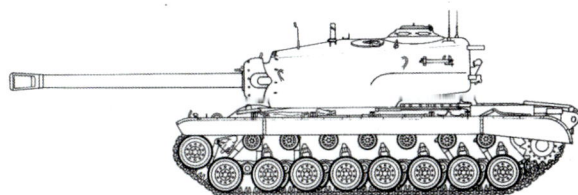

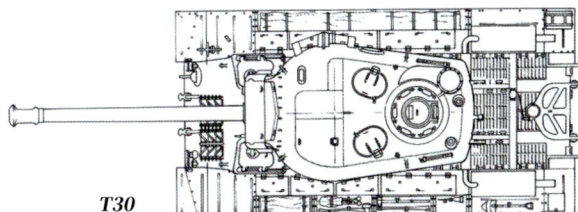

T34

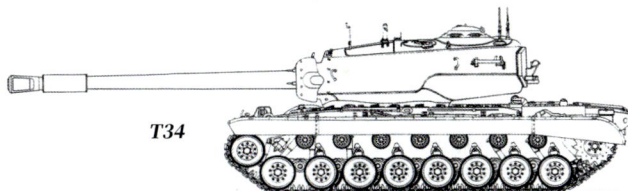

▲T29、T30、T34对比图。

基本参数			
车型	T29	T30	T34
乘员	6人	6人	6人
战斗全重	64.2吨	75吨	71.9吨
车体长/全长	7.62米/11.57米	7.62米/10.90米	7.62米/11.77米
车宽	3.80米	3.80米	3.80米
车高	3.20米	3.20米	3.20米
发动机	1台福特GAC V形12缸液冷汽油机（770马力）	1台大陆AV1790-5A V形12缸气冷汽油机（810马力）	1台大陆AV1790-5A V形12缸气冷汽油机（810马力）
最大速度	35千米/时	40千米/时	40千米/时
最大行程	160千米	160千米	160千米
主要武器	1门105毫米T5E1或T5E2坦克炮（备弹63发）	1门155毫米T7或T7E1坦克炮（备弹34发）	1门120毫米T53坦克炮（备弹34发）
辅助武器	3挺12.7毫米勃朗宁M2 HB机枪（备弹2420发）1挺7.62毫米勃朗宁M1919机枪（备弹2500发）	1挺12.7毫米勃朗宁M2 HB机枪1挺7.62毫米勃朗宁M1919机枪（备弹2500发）	2挺12.7毫米勃朗宁M2 HB机枪（备弹1500发）1挺7.62毫米勃朗宁M1919机枪（备弹2500发）
装甲	最厚305毫米	最厚305毫米	最厚305毫米

T32 Heavy Tank

美国 ｜ T32 重型坦克

二战美国重型坦克设计集大成者

第二次世界大战末期，欧洲战场上对重型坦克的需求日益增加。美国陆军意识到现有的中型坦克与重型坦克在火力与装甲方面都稍显不足，遂决定开发一款新型重型坦克以增强地面火力支援能力。T32重型坦克在这样的背景下应运而生，它的设计目的在于验证突破用重型坦克能否由现有坦克直接放大而成。

T32以M26"潘兴"坦克为研制基础，大幅加强了火力和装甲，并且采用了T29重型坦克的一些零件。这一设计思路旨在通过利用现有的成熟技术，以较低的成本快速制造出具有强大战斗力的重型坦克。

其车体侧面和后部装甲与"潘兴"持平，分别为76毫米和51毫米，车体正面装甲则增厚至127毫米。炮塔装甲较"潘兴"有大幅提升，正面厚达298毫米，侧面为152～197毫米，后部也有152毫米。主要武器为一门73倍径90毫米T15E2火炮，这门炮堪称当时美国坦克火炮中的佼佼者，发射标准穿甲弹时可在2600码（约2380米）的距离上击穿"黑豹"坦克的正面装甲。

M26"潘兴"在战场上暴露出了动力不足的问题，因此T32采用了T29重型坦克使用的福特GAC发动机，功率比"潘兴"的发动机提高了54%。与之匹配的是一套CD-850综合传动装置，这在后来成了美军坦克的标准配置。带液压减振器的扭杆悬挂在当时被认为是坦克悬挂技术的巅峰之作，能够有效吸收来自地面的冲击和震动，让T32具有优秀的行驶稳定性和乘员舒适度。

1945至1946年间，美国共制造了四辆原型车，它们在严格的测试中展现出了优异的性能和强大的战斗力。然而，由于二战的结束和国防预算的削减，T32重型坦克最终未能实现量产。尽管如此，T32的开发过程为美国陆军提供了宝贵的经验和技术数据，为战后美国重型坦克的发展奠定了坚实的基础。

基本参数（T32 重型坦克）

乘员	5人
战斗全重	54.43吨
车体长/全长	7.07米/10.84米
车宽	3.77米
车高	2.81米
发动机	1台福特GAC V形12缸液冷汽油机（770马力）
最大速度	35千米/时
最大行程	160千米
主要武器	1门90毫米T15E2坦克炮
辅助武器	1挺12.7毫米勃朗宁M2 HB机枪 1～2挺7.62毫米勃朗宁M1919机枪
装甲	最厚298毫米

TOG I & TOG II Heavy Tank

英国 | TOG I 与 TOG II 重型坦克

旧理念与新技术的扭曲组合

▲ TOG II 重型坦克。

基本参数

车型	TOG I	TOG II
乘员	8人	6人
战斗全重	81吨	81吨
车体长	10.13米	10.13米
车宽	3.12米	3.12米
车高	3.05米	3.05米
发动机	1台帕克斯曼-里卡多12TP V形12缸液冷柴油机（600马力）	1台帕克斯曼-里卡多12TP V形12缸液冷柴油机（600马力）
最大速度	14千米/时	13.7千米/时
最大行程	—	80千米
主要武器	1门75毫米榴弹炮 3门40毫米QF 2磅炮	1门76.2毫米QF 17磅炮或94毫米QF 28磅炮
辅助武器	7.92毫米贝莎机枪	1门75毫米榴弹炮 7.92毫米贝莎机枪
装甲	最厚62毫米	13~76毫米

▲ 1940年10月16日TOG I首次公开亮相，尚未完成武器的安装。

1939年7月，英国成立了一个名为特殊车辆开发委员会的机构，旨在研发适应未来堑壕战条件的新战车。这个委员会的成员普遍都已上了年纪，因此他们戏称自己为"老头帮"（The Old Gang）并将其英文缩写TOG作为他们所主导设计的战车的名称。委员会提出了一种具备翻越壕沟与输送兵员能力的重型坦克的构想并交由设计了Mk.I菱形坦克的威廉·阿什比·特里顿爵士进行具体设计。

这辆名为TOG I的重型坦克拥有长度夸张的巨大车体和复古的过顶履带，车体前方安装一门75毫米榴弹炮，车体两侧的炮郭中各有一门40毫米QF 2磅炮，车体顶部安装一座"玛蒂尔达"II步兵坦克的炮塔。此外，车体四周将布置反步兵用的机枪以及4具51毫米榴弹发射器。原型车在1940年10月完成制造，原本使用电传动装置，但因为出现大量问题而换成了液力-机械传动装置，更换工作直到1943年5月才完成。虽然这辆原型车被送到了乔巴姆的试验场，但却从来没有任何试验报告，TOG I就此消失在历史长河之中。

继TOG I之后，特殊车辆开发委员会又设计了更加"现代化"的TOG II，第一辆原型车于1941年3月完成制造。它的履带高度更低，悬挂装置由TOG I的钢板弹簧式改成了扭杆式。炮塔来自A30"挑战者"巡洋坦克，主炮最初是一门76.2毫米QF 17磅炮，后来改成了94毫米QF 28磅炮。TOG II同样使用电传动装置，但可靠性明显高于TOG I。样车在1943年5月顺利完成了测试，但此时"丘吉尔"步兵坦克已进入量产，因此TOG II没有获得更进一步的发展。二战结束后，唯一的一辆TOG II样车被送进了博文顿坦克博物馆。

A33 Excelsior Heavy Tank

英国 ｜ A33 "奋进" 重型坦克

"克伦威尔"巡洋坦克和"丘吉尔"步兵坦克的灵魂合体

1941至1942年在北非作战的经历，"丘吉尔"步兵坦克在迪耶普战役中的糟糕表现，以及美国中型坦克展现出的灵活性与适应性，导致英军总参谋部的坦克政策发生了重大变化。他们决定以"克伦威尔"巡洋坦克为基础，制造一种能够取代"丘吉尔"的坦克。新的坦克要兼具步兵坦克和巡洋坦克的功能，成为性能均衡、用途广泛的"通用坦克"。

为此，英国电气公司设计了A33"奋进"坦克并在1943年制造了两个原型车。A33的车体采用全焊接结构，行走机构得到了巨大的侧裙板的保护，两侧的裙板上都设有逃生舱门。相比"克伦威尔"，A33的防护大为加强：车体正面厚114毫米，侧面厚38～51毫米，后部厚76毫米，侧裙板厚25.4毫米；炮塔正面厚114毫米，侧面厚89毫米，后部厚76毫米。这样的防护相当全面，大部分方向上的装甲厚度都不低于76毫米。

在火力方面，最初的计划是安装57毫米QF 6磅炮，但实际上两辆原型车都配备了QF 75毫米火炮。动力和传动上则继承了"克伦威尔"坦克的劳斯莱斯"流星"发动机和梅里特-布朗变速器，只是略有改进。第一辆原型车使用美国M6重型坦克的水平蜗卷弹簧悬挂以解燃眉之急，第二辆原型车则换上了加固版的改进型克里斯蒂悬挂，可以提供更好的越野能力和驾乘体验。A33的最大速度为39千米/时，较"克伦威尔"坦克大幅下降，相对"丘吉尔"坦克则大为提高。

随着"丘吉尔"步兵坦克的可靠性问题得到解决，似乎已经没有必要再花费资源列装一种火力、装甲与之基本相当的"突破型重型坦克"，因此A33"奋进"的脚步就停留在了原型车阶段。

基本参数（A33"奋进"重型坦克）	
乘员	5人
战斗全重	40吨
车长	6.91米
车宽	3.39米
车高	2.41米
发动机	1台劳斯莱斯"流星"V形12缸液冷汽油机（620马力）
最大速度	39千米/时
最大行程	160千米
主要武器	1门QF 75毫米坦克炮
辅助武器	2挺7.92毫米贝莎机枪
装甲	20～114毫米

A43 Black Prince Heavy Tank

英国 | A43 "黑亲王" 重型坦克

"丘吉尔"步兵坦克的终极改型

A43"黑亲王"是一项基于"丘吉尔"步兵坦克的试验性设计，其名字来自14世纪的著名军事领袖爱德华·伍德斯托克，此君是英王爱德华三世的长子、英法百年战争前期英军的重要将领，喜好穿戴黑色的盔甲。

"丘吉尔"步兵坦克的防御力较强，但火力一直较为贫弱，其各个亚型装备的火炮，无论是QF 2磅炮、QF 6磅炮，还是QF 75毫米炮，在面对德军的"虎"式和"黑豹"时都显得相当乏力。为此，沃克斯豪尔公司在1943年受命设计了这款"超级丘吉尔"坦克，主炮换成了一门76.2毫米QF 17磅炮，这是当时盟军手中最好的反坦克炮。"丘吉尔"的原版炮塔无法容纳这门大炮，因此"黑亲王"使用了一种为"百夫长"坦克设计的大型炮塔。

"黑亲王"的车体与"丘吉尔"大体相同，车体正面装甲厚度同"丘吉尔"Mk.VII一致，达到了152毫米，不过驾驶员的位置稍微前移，履带挡泥板顶部稍微向下倾斜，以此来改

善驾驶员视野。和"丘吉尔"相比,"黑亲王"增重约10吨,因此悬挂装置得到大幅加强。然而它保留了"丘吉尔"的发动机,在大幅增重的情况下显得动力不足,最大行驶速度仅为16.9千米/时。

到1945年5月,"黑亲王"已经做好了投产准备,然而当时英军装备了许多配有17磅炮的坦克,如A30"挑战者"和"谢尔曼-萤火虫",它们虽然装甲较为薄弱,但更加机动灵活。此外,装备改进版17磅炮,火力、机动、防御均衡的A34"彗星"也开始服役。同时,英国第一代主战坦克A41"百夫长"的研发也接近尾声,它几乎在各个方面都超越了"黑亲王"。和这些坦克相比,"黑亲王"无疑已经过时,因此毫无悬念地被时代淘汰了。

▲ "玛蒂尔达"(左)和"黑亲王"(右),英国最初的步兵坦克与最后的步兵坦克。

基本参数(A43"黑亲王"重型坦克)	
乘员	5人
战斗全重	51吨
军体长/全长	7.39米/8.81米
车宽	3.44米
车高	2.74米
发动机	1台贝德福德水平对置12缸液冷汽油机(350马力)
最大速度	16.9千米/时
最大行程	160千米
主要武器	1门76.2毫米QF 17磅炮
辅助武器	2挺7.92毫米贝莎机枪
装甲	最厚152毫米

IS-6 Heavy Tank

苏联｜IS-6 重型坦克

IS-2坦克的深度改进

　　位于车里雅宾斯克的第100厂实验设计局在1944年开发了这个项目，目的是在不牺牲IS-2坦克机动性的情况下，通过大幅增加装甲的倾斜角度来提升防护能力。IS-6有两个亚型，采用机械传动的称作252工程，采用电传动的则是253工程。

　　总体布局方面，IS-6与IS-2非常类似，驾驶员位于车体前部正中，炮塔的位置较为靠前，炮长和车长位于炮塔左侧，装填手位于炮塔右侧，车长负责操作炮塔后部的无线电设备，装填手除了给主炮装填之外也负责同轴机枪的装填。坦克的侧减速器布置在动力舱后部，主动轮和诱导轮与IS-2相同，252工程使用6对大直径负重轮，没有托带轮，253工程则使用和IS-2坦克相同的负重轮与托带轮。

　　IS-6的车体装甲不仅非常厚，而且倾斜角很大。首上和首下装甲都是120毫米厚，倾斜角分别是65°和35°；车体侧面上部厚100毫米，倾斜45°；车体后部厚50～60毫米，上层和下层的倾斜角分别为60°和30°。理论上讲，德国的88毫米Pak 43反坦克炮在任何距离都无法击穿IS-6的车体正面，只有在极近距离才能击穿其车体侧面。

　　炮塔主体为铸造件，最厚的部分有150毫米，向侧面和后部逐渐变薄至100毫米。炮塔正面为圆弧形，侧面和后部都

有一定的倾斜角度。炮塔上没有指挥塔，车长舱门前后各有一具潜望镜，此外炮长和装填手也各有一具潜望镜。按照计划IS-6应该安装122毫米BL-13主炮，它配有自动装弹机和抽烟装置，射速高达8发/分，然而样车上安装的仍然是D-25T主炮。

　　坦克的动力由一台V形12缸涡轮增压柴油机提供，功率为700马力。发动机两侧是润滑油箱和油箱，为了能在极寒条件下启动，润滑油箱配有蒸汽加热器。发动机的散热系统配有4个冷却风扇，分列发动机两侧。电传动的253工程比机械传动的252工程重了3吨多，但它反而行驶更加平稳，机动性更加出色。不过253工程在测试中发生了传动装置起火的事故，这证明电传动技术在当时并不成熟。

　　IS-6最终没能进入量产阶段，论简单廉价，它不如更加粗糙的IS-3，论作战性能，它又不如装甲更厚的IS-4。1949年苏联取消了所有重量超过50吨的重型坦克项目，这样一来IS-6连仅存的试验价值也没有了，于是两辆样车皆作报废处理。

基本参数（252 工程）	
乘员	4人
战斗全重	51.5吨
车体长/全长	7.02米/10.03米
车宽	3.43米
车高	2.41米
发动机	1台V形12缸液冷柴油机（700马力）
最大速度	35千米/时
最大行程	—
主要武器	1门122毫米D-5T坦克炮或BL-13坦克炮
辅助武器	1挺12.7毫米德什卡机枪 1挺7.62毫米郭留诺夫机枪
装甲	20～150毫米

▲ 253工程（左）使用了和IS-2坦克相同的小直径负重轮和托带轮。

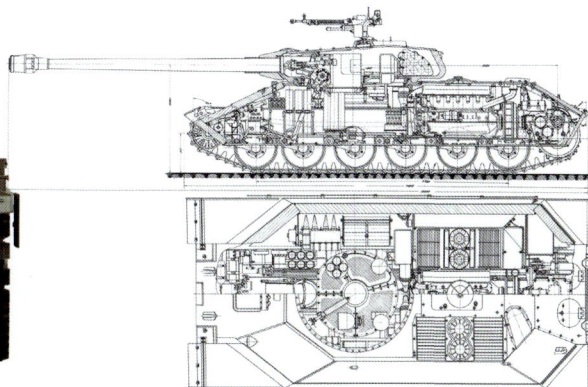

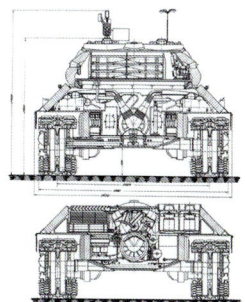

▲ 252工程设计图纸。